高等学校碳中和城市与低碳建筑设计系列教材

高等学校土建类专业课程教材与教学资源专家委员会规划教材

丛书主编　刘加平

低碳办公建筑设计

Low-Carbon Office Building Design

刘煜　叶飞　主编

中国建筑工业出版社

图书在版编目（CIP）数据

低碳办公建筑设计 = Low-Carbon Office Building
Design / 刘煜, 叶飞主编 . -- 北京：中国建筑工业出
版社，2024.12. --（高等学校碳中和城市与低碳建筑设
计系列教材 / 刘加平主编）（高等学校土建类专业课程
教材与教学资源专家委员会规划教材）. -- ISBN 978-7
-112-30639-8

Ⅰ . TU243

中国国家版本馆 CIP 数据核字第 2024NF2227 号

为了更好地支持相应课程的教学，我们向采用本书作为教材的教师提供课件，有需要者可与出版社联系。
建工书院：https://edu.cabplink.com
邮箱：jckj@cabp.com.cn　电话：（010）58337285

策　　划：陈　桦　柏铭泽
责任编辑：柏铭泽　陈　桦
责任校对：张　颖

高等学校碳中和城市与低碳建筑设计系列教材
高等学校土建类专业课程教材与教学资源专家委员会规划教材
丛书主编　刘加平
低碳办公建筑设计
Low-Carbon Office Building Design
刘煜　叶飞　主编
*
中国建筑工业出版社出版、发行（北京海淀三里河路9号）
各地新华书店、建筑书店经销
北京海视强森图文设计有限公司制版
北京中科印刷有限公司印刷
*
开本：787毫米×1092毫米　1/16　印张：16　字数：321千字
2025 年 1 月第一版　2025 年 1 月第一次印刷
定价：69.00元（赠教师课件）
ISBN 978-7-112-30639-8
　　（44029）

《高等学校碳中和城市与低碳建筑设计系列教材》
编审委员会

编审委员会主任：刘加平

编审委员会副主任：胡永旭　雷振东　叶　飞

编审委员会委员（按姓氏拼音排序）：

陈　桦　陈景衡　崔艳秋　何　泉　何文芳　侯全华

匡晓明　李岳岩　李志民　梁　斌　刘东卫　刘艳峰

刘　煜　覃　琳　沈中伟　王　怡　杨　虹　杨　柳

杨　雯　于　洋　袁　烽　运迎霞　张　倩　郑　曦

《高等学校碳中和城市与低碳建筑设计系列教材》

总序

党的二十大报告中指出要"积极稳妥推进碳达峰碳中和，推进工业、建筑、交通等领域清洁低碳转型"，同时要"实施城市更新行动，加强城市基础设施建设，打造宜居、韧性、智慧城市"，并且要"统筹乡村基础设施和公共服务布局，建设宜居宜业和美乡村"。中国建筑节能协会的统计数据表明，我国 2020 年建材生产与施工过程碳排放量已占全国总排放量的 29%，建筑运行碳排放量占 22%。提高城镇建筑宜居品质、提升乡村人居环境质量，还将会提高能源等资源消耗，直接和间接增加碳排放。在这一背景下，碳中和城市与低碳建筑设计作为实现碳中和的重要路径，成为摆在我们面前的重要课题，具有重要的现实意义和深远的战略价值。

建筑学（类）学科基础与应用研究是培养城乡建设专业人才的关键环节。建筑学的演进，无论是对建筑设计专业的要求，还是建筑学学科内容的更新与提高，主要受以下三个因素的影响：建筑设计外部约束条件的变化、建筑自身品质的提升、国家和社会的期望。近年来，随着绿色建筑、低能耗建筑等理念的兴起，建筑学（类）学科教育在课程体系、教学内容、实践环节等方面进行了深刻的变革，但仍存在较大的优化和提升空间，以顺应新时代发展要求。

为响应国家"3060"双碳目标，面向城乡建设"碳中和"新兴产业领域的人才培养需求，教育部进一步推进战略性新兴领域高等教育教材体系建设工作。旨在系统建设涵盖碳中和基础理论、低碳城市规划、低碳建筑设计、低碳专项技术四大模块的核心教材，优化升级建筑学专业课程，建立健全校内外实践项目体系，并组建一支高水平师资队伍，以实现建筑学（类）学科人才培养体系的全面优化和升级。

"高等学校碳中和城市与低碳建筑设计系列教材"正是在这一建设背景下完成的，共包括18 本教材，其中，《低碳国土空间规划概论》《低碳城市规划原理》《建筑碳中和概论》《低碳工业建筑设计原理》《低碳公共建筑设计原理》这 5 本教材属于碳中和基础理论模块；《低碳城乡规划设计》《低碳城市规划工程技术》《低碳增汇景观规划设计》这 3 本教材属于低碳城市规划模块；《低碳教育建筑设计》《低碳办公建筑设计》《低碳文体建筑设计》《低碳交通建筑设计》《低碳居住建筑设计》《低碳智慧建筑设计》这 6 本教材属于低碳建筑设计模块；《装配式建筑设计概论》《低碳建筑材料与构造》《低碳建筑设备工程》《低碳建筑性能模拟》这 4 本教材属于低碳专项技术模块。

本系列丛书作为碳中和在城市规划和建筑设计领域的重要研究成果，涵盖了从基础理论到具体应用的各个方面，以期为建筑学（类）学科师生提供全面的知识体系和实践指导，推动绿色低碳城市和建筑的可持续发展，培养高水平专业人才。希望本系列教材能够为广大建筑学子带来启示和帮助，共同推进实现碳中和城市与低碳建筑的美好未来！

丛书主编、西安建筑科技大学建筑学院教授、中国工程院院士

前言

进入 21 世纪以来，人类社会面临气候变化等严峻环境挑战。为推动构建人类命运共同体和实现环境可持续发展，我国提出了"双碳"目标。建筑领域是全球能源消耗和碳排放的主要领域之一，加快推动建筑领域节能降碳，对实现我国"双碳"目标、推动高质量发展具有意义重大。研究显示，公共建筑能耗约占建筑能耗总量的 30%，而公共建筑中办公建筑占比最大，因此"双碳"目标战略背景下的低碳办公建筑设计普及与推广刻不容缓。

办公建筑种类丰富、数量多、规模大，建筑形态特征、文化特征鲜明。进入信息时代，全球办公建筑的设计和建造呈现出信息化、智能化、人性化等新特征。办公建筑由于其空间特点（如开放办公）、使用特点（如分时段使用）、结构特点（如高层办公楼）、建材特点（如大面积玻璃幕墙），在碳排放特征和降碳策略方面和其他建筑类别相比有显著的差异性和侧重点。近年来，在研究和实践领域，涌现出不少既符合新时代办公需求又融入节能降碳策略的成果和案例，但少有相关教材问世。

本教材是"高等学校碳中和城市与低碳建筑设计系列教材"之一，系统讲述低碳办公建筑的降碳原理、设计策略、材料技术、工具方法和未来发展。主要内容由概念与原理（第 1 章、第 2 章）、策略与方法（第 3 章、第 4 章）、材料与技术（第 5 章）三个核心模块构成，并由案例分析（第 6 章）、未来发展（第 7 章）和工具标准（附录）三个辅助模块对其提供支撑和扩展。在章节组织上，首先概述办公建筑概念及类型、原型及演化、设计流程与要点，解析办公建筑碳排放特征及低碳设计原理。其次从低碳设计路径入手，讲述办公建筑低碳设计策略及工具方法；从低碳再生路径入手，讲述低碳办公建筑更新及再利用设计策略；从材料技术应用视角，讲述办公建筑低碳材料选择和技术要点；面向设计实践需求，介绍低碳办公建筑实践案例。最后探讨低碳办公建筑的未来趋势。此外，在附录中以数字资源形式提供低碳办公建筑设计相关软件、工具和标准作为参考。

教材各核心章的开头设置简短"问题引入"，鼓励学生对即将学习的内容表达自己的想法和观点；其后设置"开篇案例"，引导学生对知识应用预先进行思考；每章的结尾，设置"本章要点"和"思考题"，帮助学生回顾知识要点并引导创新思维和高阶探索。此外，教材还构建了课程相关知识图谱，并围绕重要知识点，已建成配套核心课程 5 节并上传至虚拟教研室，建成配套建设项目 10 项，教材配套课件 5 个，很好地完成了纸数融合的课程体系建设。

本教材由西北工业大学和西安建筑科技大学编写团队合作完成，主编刘煜、叶飞负责教材的总体策划、审阅和统稿工作；各章具体编写分工如下：

第 1 章　办公建筑概述，由李静、刘京华主笔，叶飞参与；

第 2 章　办公建筑的碳排放特征与低碳设计原理，由王晋主笔；

第 3 章　办公建筑的低碳设计策略，由陈敬、刘煜、邵腾主笔；

第 4 章　办公建筑的低碳再生设计，由叶飞、庞佳主笔；

第 5 章　低碳办公建筑材料与技术，由朱新荣主笔；

第 6 章　低碳办公建筑案例分析，由曹建主笔，刘煜参与；

第 7 章　低碳办公建筑的未来发展，由刘煜主笔；

附录 1　低碳办公建筑设计软件与碳排放计算工具、附录 2　低碳办公建筑相关标准，由郑武幸主笔。

此外，博士研究生刘博负责了写作过程中的文字图表汇总、格式梳理及参考文献梳理；硕士研究生王晓艳、董春朝、宋郭睿、岳缇萦、刘展宏、黄黛君、靳闲亭、李露昕、曹迪参与了相关基础资料收集及图表绘制等。西安华宇建筑设计有限公司曹禾旸参与了案例图纸绘制，靖蕊、解磊参与了案例资料收集和整理。

教材编写工作得到中国建筑工业出版社和"高等学校碳中和城市与低碳建筑设计系列教材"编审委员会的有力指导，得到西北工业大学和西安建筑科技大学教务管理部门及相关学院的大力支持；中国建筑西北设计研究院首席总建筑师、全国工程勘察设计大师、教授级高级建筑师赵元超对教材内容提供了宝贵的审稿意见和建议；以及其他提供过帮助的人士，恕未能一一列举。在此一并致以诚挚的感谢！

随着建筑节能降碳领域政策导向、理论研究与实践探索的不断深入和拓展，新政策、新规范、新理论、新方法、新技术和新成果不断提出，对教材编写提出了新挑战，在吸收融汇新思想、新知识、新技术的过程中，难免出现错误和疏漏，恳请关心低碳办公建筑设计的广大读者不吝批评指正。

目录

第 1 章 办公建筑概述

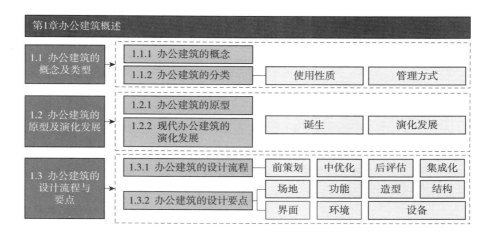

问题引入

▶ 什么是办公建筑？

▶ 办公建筑在设计时与其他类型建筑有什么区别？办公建筑设计的要点是什么？

开篇案例

　　位于美国华盛顿州西雅图市的亚马逊总部"球屋"（Spheres）于 2018 年竣工完成。它是由三个封闭的金属框架玻璃球体组成，最大的球体有 90 英尺（约合 27m）高，130 英尺（约合 40m）宽。球体里面种植了来自世界各地 400 余种、约 4 万株植物（图 1-1）。"球屋"拥有苍翠繁茂的景观，优雅舒适的生态环境，室内有花、有树、有草，还有小溪流水和迷你的水族馆，营造了一个建筑与自然的结合体。为了让室内温暖且避免潮湿，垂直绿化墙及通风系统协同工作，让室内白天温度和湿度控制在 22℃和 60% 的舒适区域。"球屋"内部设有"鸟巢"会议室、开放式工作区、休息区、员工放松和就餐区等。在亚马逊看来，一个充满异国情调植物的热带雨林式工作、休闲环境不仅是给员工最好的福利，同时也是激发员工灵感和创意，提高工作效率的最佳途径。"热带雨林"的每一个角落、树林深处的悬空栈道、小溪边、石子路旁都设有可以休息、交谈的座椅。员工工作累了随时走几步，就可以到树下闭目休息。如图 1-2 所示，一个悬空的"鸟巢"便是员工开会的地方。看到这样的场景，你是不是也喜欢这样的办公环境了呢？

图 1-1　"球屋"室内景观　　　　　　　　　　　　　　　　　图 1-2　"鸟巢"会议室

1.1.1　办公建筑的概念

办公业务是指办理行政事务或企事业单位从事生产经营与管理的活动，以信息处理、研究决策和组织管理为主要工作方式。为上述业务提供所需场所的建筑物统称为办公建筑。在我国，办公建筑目前已成为除住宅建筑外，建造数量最多、建设规模最大的一种建筑类型。因此，办公建筑也是我国建筑节能减排的主要组成部分。

现代办公工作主要通过网络、文字、电话、传真、书籍等信息交流为社会提供管理服务。为保证办公工作的高效运行，办公用房、公共用房、服务用房、设备用房及交通辅助用房等构成了办公建筑的主要功能用房。

1. 办公用房

办公用房是机关、团体和企事业单位进行行政、商务等活动的主要工作场所，也是各单位有效协调管理与执行的中枢。在传统办公用房里，常常按照功能需求独立分割设置办公室，但随着信息技术的发展，开放弹性的空间对提升工作效率、提升企业形象起到积极的影响，因此灵活、开敞、共享的办公空间组织模式越来越受到青睐。

2. 公共用房

公共用房是办公建筑的重要空间，包括会议室、对外办事厅、接待室、陈列室等公共区域。公共用房不仅为工作人员和来访人员提供交流与活动的公共空间，同时也是展示机关、团体、企事业单位形象与文化的载体。

3. 服务用房

服务用房包括一般性服务用房和技术性服务用房。一般来说，一般性服务用房包括档案室、资料室、员工餐厅、图书阅览室、茶水间、打印室、共享厨房、健身娱乐室、零售餐饮、卫生间等；技术性服务用房则包括计算机房、复印室、晒图室等。服务用房为办公人员提供了便利，有助于提高办公效率和员工的满意度。

4. 设备用房

设备用房主要为办公建筑的正常运行提供必需的设备设施空间，包括变配电室、水泵房、水箱间、中水处理间、锅炉房（或热力交换站）、空调机房、通信机房、电梯机房、建筑智能化系统设备用房等。设备用房是建筑正常运行和办公环境舒适的重要保障，需要合理规划和设计，以确保设备的运行效率和安全性。

5. 交通辅助用房及其他辅助空间

交通辅助用房主要包括门厅、过厅、走廊、楼梯间、电梯间等，其为办公人员提供便捷的交通和通行方式。交通辅助用房需要考虑交通的通行效率、安全性、舒适性等因素，确保办公人员能够快速、便捷地到达目的地。其他辅助空间主要包括物业管理、保卫室、消防中心、垃圾处理室、工作人员休息室、维修管理用仓库等。注重交通辅助用房及其他辅助空间的装饰和美化，会更加提升办公环境的舒适性。

1.1.2　办公建筑的分类

办公建筑可以根据使用性质和使用管理方式进行划分。

1. 按照使用性质划分

按照使用性质，办公建筑可分为行政办公建筑、专业办公建筑、综合办公建筑等。

行政办公建筑是最常见的办公建筑类型，通常用于各级机关、团体、事业单位和工矿企业的工作场所。这类办公楼以政府办公机构居多，因此对其公共性和安全性有较高要求。

专业办公建筑主要用于科研、商业、金融、设计等行业，具有特定的行业特征和专业需求。例如艺术、设计等行业的办公建筑，会出现较大的共享、展示型空间；商贸、金融行业多以中、小办公室为主；创意、咨询公司除满足基本的办公要求外，办公楼通常还增设一些展示公司自身形象及文化的特殊功能空间等。

综合办公建筑，也称为办公综合体，是指在一个建筑中同时拥有包括酒店、商业、娱乐设施、展览、会务等多种功能的办公楼。这种类型的办公楼通常地处城市繁华地段，除了办公空间以外，还融合了多种城市生活空间，从而实现了城市资源的均衡使用，使地块周边环境都充满活力。

2. 按照使用管理方式划分

按照使用管理方式，办公建筑可分为专用办公建筑和租赁办公建筑两类。

专用办公建筑是由机构或企业因自身发展需要而建立的自用办公楼。这类办公建筑，如银行办公楼、政府办公楼和企业专用办公楼，在安全措施、技术配置、特殊设施设备及运营要求上具有特殊性，因而需要定制设计。

租赁办公建筑是指由专业运营公司或房地产中介向单位或个人提供租赁办公服务的办公建筑类型。这种租赁方式不需要企业或个人投入资金进行土地招标、建设、配套设施建设，故而大大节约了成本。此外，租赁办公建筑通常会提供全面的物业服务和齐全的配套设施，如高速互联网、会议室、休息区等。因此，租赁办公建筑目前也已成为很受欢迎的办公建筑类型。

1.2.1　办公建筑的原型

办公建筑的原型可以追溯到中世纪修道院中的抄写室（也被称为缮写室，即 Scriptorium）。在印刷术尚未被引入欧洲的中世纪，无论是宗教故事还是神话传说，都需要依靠缮写员进行翻抄。抄写室就是专门为缮写员提供誊抄、装订和彩饰的工作室。在这个安静而专注的环境中，缮写员一字一句地抄写古籍或文献，同时也会开展哲学、神学、历史等话题的交流和讨论。尽管缮写室与现代办公室在技术和功能上存在差异，但二者在追求专业、高效、交流的工作环境的目标上是一致的。在某种程度上，缮写室可以认为是现代办公室的前身。

文艺复兴时期由于官僚体制的需要，在 16 世纪后半叶出现了政府办公楼，例如由瓦萨里（Giorgio Vasari）设计的意大利佛罗伦萨乌菲齐宫（Uffiizi）。该建筑的主要功能是为佛罗伦萨行政管理及各种官方机构提供办公用房。乌菲齐一词在意大利文中就是"办公室"的意思。乌菲齐宫在设计上注重办公空间的功能性，三面"环廊"形成 U 形的连廊，将办公空间连贯并统一在一起（图 1-3）。由标准单元重复形成的大量办公室，表现在立面上为排列规整的窗户。尽管乌菲齐宫现在已经成为美术馆，但其依然是早期办公建筑的建筑经典案例。同一时期，欧洲银行业和贸易快速发展。由于城市经常发生暴动，故集办公、居住和储存于一体的综合性的家族银行办公建筑出现了。这种建筑类型沿用了从事银行业的家族，其显赫的府邸建筑形式。银行家住在建筑物的上部，而账房、办公室和库房则位于建筑物的下部。此类建筑通常外形巨大、坚固、厚重，保留了府邸建筑的某些特征。

中国办公建筑的雏形是古代封建社会中的市政封建衙署建筑，按照当今的标准来看，应属于市政办公建筑。中国封建制的社会政治秩序极为强调中央集权和强权，社会伦理道德关系划分出上下、尊卑、主从等关系，形成等级森严的封建宗法制，因此在官衙的设计上表现出很强的威严性、等级性和秩序性。这些建筑通常采用封闭的建筑空间，形成了"前庭后院"的形制，即前面是官员的办公大堂、后面是家眷的住宅，并以此形成围合的庭院空间，例如山西省临汾市的霍州署即遵循了这种形制。

图1-3 乌菲齐宫U形的连廊

1.2.2 现代办公建筑的演化发展

1. 现代办公建筑的诞生

20世纪初期，在西方国家办公室工作变得十分普遍且分布广泛。在英国，办公室工作者从1851年占工作人口的0.8%，增加到1921年的7.2%。办公室规模的扩大，对办公建筑设计产生了巨大影响。这一时期，对现代办公建筑影响深远的设计实践主要来自美国。芝加哥学派最著名的建筑师路易斯·沙利文（Louis Sullivan）认为，办公建筑是由具体写字间作为细胞组成的建筑物。正如他所设计的信托银行大厦（The Guaranty Trust Building），其基本特征就是由许多完全相同的单元和重复的楼层组成，而处理好重复的韵律就成为设计的重点（图1-4）。这座大厦也是沙利文"形式追随功能"理念的经典演绎。标准办公室的大小规定了标准结构单元的尺寸，同样也规定了单元结构中立面窗洞的大小。这种设计理念影响了第二次世界大战后美国经营性办公建筑的格局。

1904年由弗兰克·劳埃德·赖特（Frank Lloyd Wright）设计的拉金大厦（Larkin Building）建成。这座大厦的规模、布局和环境控制技术标志着现代企业办公建筑的到来。一个巨大、通高5层的开放办公空间里，玻璃顶棚将自然光线和新鲜空气引入其中（图1-5）。该实践案例是第一个采用全空调系统覆盖的建筑。空调管道、楼梯等辅助空间用砖砌筑成独立的空心柱状体，与中心的办公空间进行区分（图1-6），环境调控的内容在热工、光学等方面得到延伸。赖特于1936年设计的约翰逊制蜡公司总部（Johnson and Son Inc. Administration Building）同样运用了这种开放式办公空间的设计理念（图1-7）。

1911—1913年由卡思·吉尔贝特（Cass Gilbert）设计的纽约伍尔沃斯大厦（Woolworth Building）建成。大厦高达52层，241m，外形仿照欧洲中世纪哥特式教堂的细部，体形高耸入云，成为当时高层大楼的代表作

图 1-4　信托银行大厦

图 1-5　拉金大厦内部空间

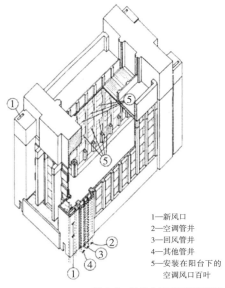

1—新风口
2—空调管井
3—回风管井
4—其他管井
5—安装在阳台下的
　空调风口百叶

图 1-6　拉金大厦空调管道设计

图 1-7　约翰逊制蜡公司总部室内

（图 1-8）。在 1930 年之前，这座办公建筑一直都是世界上最高的大厦。伍尔沃斯大厦的体量和构图使其像一座灯塔，屹立在城市建筑丛林之中。伍尔沃斯大厦完美体现了现代办公建筑"商业大教堂"的理念，成为纽约的城市地标。

综上所述，信托银行大厦、拉金大厦、伍尔沃斯大厦等 20 世纪初建成的办公建筑具有现代办公建筑基本要点，即适应需求的灵活租用空间、开放式的办公平面布置和办公建筑的形象认同感。这些特征对当代办公建筑产生了深刻影响，并沿用至今。

2. 现代办公建筑的演化发展

（1）20世纪50年代

20世纪30、40年代相继爆发的世界经济危机和第二次世界大战，使得办公建筑的发展一度停滞。一方面，为了减少成本，建筑减少装饰，遵循简洁、实用的设计原则；另一方面，由于战后城市大范围的重建、人口剧增和经济迅速膨胀，故此时为大规模、新型办公建筑——玻璃幕墙的高层办公建筑的到来提供了契机。

伴随着空调和荧光灯环境控制技术的普及，玻璃幕墙的办公建筑不再被采光和自然通风所束缚，从而创造出更大的进深和开放空间，令空间更加开敞、通透。1958年，美国社会学家赖特·米尔斯（Wright Mills）将这样的现代化办公空间称为"一览无余的大面积"的办公空间，整齐划一地排列着的办公桌。

1950年，纽约建成了39层的联合国秘书处大厦，向世人展现了第一座玻璃幕墙的办公建筑塔楼。塔楼两个主立面上的玻璃幕墙被石材覆盖的侧墙框住，赋予大厦一种强烈的方向感。紧随其后的是1952年SOM建筑事务所设计的纽约利华大厦（Lever House），其开创了全部玻璃幕墙"板式"高层办公建筑新手法（图1-9）。1958年，密斯·凡·德·罗（Mies Vander Rohe）设计的纽约西格拉姆大厦建成，大厦的柱子和楼板、梁被玻璃幕墙掩饰起来。这种办公摩天楼形成的所谓"国际风格"，很快在世界各地被纷纷效仿。直到能源危机爆发后，人们才认识到玻璃幕墙带来的高耗能问题。

图1-8　纽约伍尔沃斯大厦　　　　　　　　　图1-9　纽约利华大厦

（2）20 世纪 60 年代

20 世纪 60 年代，西方国家逐渐进入信息时代。信息技术的普及要求办公建筑能适应企业、组织、机构的快速变化。这种变化主要体现在办公建筑内部办公空间模式的革新上。这一次欧洲国家代替了美国，成为办公建筑探索的先锋。

景观式办公空间是德国的一个咨询团体——魁克伯纳小组（Quickerborner Team）提出的新型办公建筑理念。他们认为，早期现代主义办公建筑缺乏自然光线、空气流通和绿色植物等元素，忽视人际交往，从而导致员工身心疲惫、工作效率低下，甚至影响员工的身心健康，因此已经无法适应现代办公的需求。魁克伯纳小组提倡美国的开放式办公空间平面布局。这布局让所有办公人员不分职位等级均在同一个开放式空间中工作，空间内部分隔和家具摆放方式灵活多样，并不受企业等级制度制约。为了强调人与人之间的接触是平等自由的，并且能充分发挥人在工作中的主观能动性，要求在离办公场所不远的位置设计茶水间和休息交流空间，这样方便员工交往。办公桌椅等家具成组地任意摆放，将大型室内观赏绿植作为空间的点缀和分隔手段。在当时的背景下，景观办公室概念的诞生可谓是办公室规划领域的一种先锋思想。

1965 年建成的德国欧司朗总部大楼是"景观办公室"概念实践的典型代表，也是魁克伯纳小组参与的案例之一。这座 6 层的总部大楼以方形平面布局为基础，在功能和美学方面受到当时国际现代建筑的启发。从平面图上看，总部大楼这些桌椅的摆放似乎凌乱，但实则是基于人们的工作路径与调研后而有意为之（图 1-10）。大楼内部空间的办公家具进行了分组和自由摆放，设置了可移动的屏风（图 1-11）。考虑到工作需要安静的环境，室内采用经过声学处理表面的隔板和顶棚，地板上铺满了地毯，以减少噪声。这种

图 1-10　德国欧司朗总部大楼平面

图 1-11　德国欧司朗总部大楼平面内部空间

新的、开放式的、以人为本的规划理念，后来获得了一批先锋企业的追捧。

（3）20 世纪 70 年代

伴随着石油危机引发的经济衰退，人们注意到了办公建筑因供暖和照明高能耗而带来的高额支出的问题。同时，景观式办公空间室内温度紊乱、缺少自然通风和自然光及私密空间的缺失等问题也带来了员工的不满。加之欧洲一些国家出台了一些保护员工获得自然采光和室外视野权利的相关条例，使得景观式办公空间不再受欢迎，并逐渐被人们舍弃。

20 世纪 70 年代中期逐渐兴起了一种格间式办公空间。这种格间式办公空间让每位公司员工都能获得具有良好采光的个人办公室，可以根据自己的需求调节室内温度，同时还可以欣赏窗外的景观。斯德哥尔摩附近的 IBM 总部就是应用格间式办公空间的很好的范例。该建筑平面空间由面积和形式相同的、方方正正的单元及连接它们的走廊构成，并用矮墙和半开敞式的隔断隔开每个格间，这样既保证了空间的私密性，也不妨碍各部门之间的交流。虽然格间式办公空间比较受推崇，但不是所有人都喜欢这种用走廊连通的格间式办公空间。赫曼·赫茨伯格（Herman Hertzberger）设计的荷兰比希尔中心办公大楼（Centraal Beheer Office Building）就是与之不同的实验性尝试。该设计营造了家庭式的办公氛围（图 1-12），其办公空间被设计成一个个的组团，小的办公单元可以容纳 10 人左右，并且用空中通道、公共空间或者中庭将这些单元相互联系。该案例另一个独具匠心之处就是让使用者也参与其中设计，员工可以自己装饰和布置自己的办公空间。

（4）20 世纪 80 年代

20 世纪 80 年代，世界经济开始有所好转，商业活动逐渐恢复。企业实力的增强带动着科技的快速发展，计算机等电子办公设备相继被引入办公空间，工作效率得到了前所未有的提高。办公室的信息交流因计算机的使用而变得更加便捷：以小组形式进行交流的方式被程序系统和信息中心所替代，传统纸质文件的传递方式被电子文件所替代。同时，计算机成为智能办公空间的重要设备，用来维持环境控制。

在这个时期，各国办公空间的设计存在较大的差异。欧美国家关注空间的灵活性及办公建筑的智能化。例如，1986 年理查德·罗杰斯（Richard Rogers）设计的伦敦劳埃德大厦（Lloyd's Building）就是为满足这种对电气化办公空间的需求而进行的建筑实践（图 1-13）。劳埃德大厦富于表现

图 1-12　比希尔中心办公大楼

图 1-13 英国劳埃德大厦

力的高科技外观表达了公司的信心和实力。建筑的附属功能设施，如电梯、楼梯、厕所等都环绕在建筑物周边，建筑内部有一个从地面到顶部高达 72m 的巨大中庭，中庭之上是一个拱形采光顶，从而为大进深的平面形式引入天然采光。同时，办公区设计了更高的楼层空间和吊顶，以便安装大量电缆和管线装置。而在北欧，建筑师们则更加关注办公空间环境的舒适性，并将员工的亲密性及交流空间的设计放在首位。

（5）20 世纪 90 年代

伴随着信息技术的快速发展和全球化进程的加快，因特网的大众化普及、移动通信技术的普遍使用和电子设备的快速更迭，使得办公自动化的程度越来越高，办公效率得到了前所未有的促进，并相应地涌现出越来越多的新的办公方式。

因为有了移动通信设备、便携式电脑和因特网这些硬件设施，再加上电子邮件和办公软件的出现，使得原本应安坐在办公室内工作的员工获得了更多的自由。他们摆脱了办公室的束缚，可以在其他任何的地方工作，即工作的地点再也不会受到限制。随之而来就产生了办公建筑上的变化，也就是虚拟式办公空间模式。虚拟式办公空间模式意味着企业的选址不再受地理位置的限制，进而促发员工随时、随地办公及居家办公等办公模式的出现。

（6）进入 21 世纪

2000 年左右，以 Google 为首的一批硅谷科技公司引领了开放式办公的潮流。共享长桌、主题会议室、专属游戏屋和休闲咖啡餐吧等元素，开始成为办公建筑的"标配"。尤其是智能手机、无线网络及远程视频设备的普及，促使"SOHO"办公、"共享办公"模式的生长，一大批建筑项目在相继诞生，例如美国的 We Work、Tech Shop 和英国的 Regus 等。但由于 SOHO 办公存在难以管理的问题，这种趋势在美国出现逆转。一些大公司掀起了一波兴建 Campus 式办公总部的浪潮，例如华盛顿州西雅图市的亚马逊总部（图 1-1）、加利福尼亚州库比蒂诺市的苹果新总部（图 1-14）及洛帕克市的 Facebook 新园区。在提升建筑的空间感和整体性的同时，Facebook 新园区采用开放式的中庭及大面积屋顶花园（图 1-15），并运用参数化方法设计成高性能的办公建筑，从而创造出高效、舒适、自由、节能低碳的办公空间，成为 21 世纪初办公建筑的新趋势。

图 1-14　苹果新总部（Apple Campus 2）外观

图 1-15　Facebook 新园区屋顶花园

1.3 办公建筑的设计流程与要点

1.3.1　办公建筑的设计流程

办公建筑设计流程始于为确定建设项目设计依据的"前策划"阶段，经过"中优化"阶段，形成文字和蓝图等可以落实各项工程技术的设计文件，最后通过"后评估"环节分析使用后状况，为今后同类型建筑设计或该建筑更新改造提供设计决策反馈，从而形成一个"前策划—中优化—后评估"的闭环流程，实现建筑发展的良性循环，如图 1-16 所示。

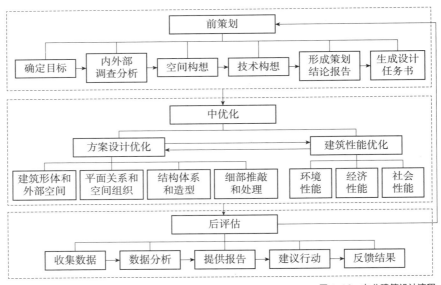

图 1-16　办公建筑设计流程

1. 办公建筑设计的前策划阶段

建筑策划是介于规划立项和建筑设计之间的一个环节，是在城市总体规划的指导下对建设项目自身进行的包括社会、环境、经济、功能等因素在内的策划研究。建筑前策划特指建筑师根据总体规划目标，从建筑学角度出发，不仅依赖于经验和规范，更以实态调查为基础，运用计算机等现代科技手段客观分析研究目标，最终定量得出实现既定目标应遵循的方法及程序的研究工作。建筑策划使建筑项目研究具有科学性和逻辑性，其工作实质就是科学地制定设计任务书，为下一步建筑设计提供有力依据。办公建筑策划工作可以分为以下六个步骤。

第一步是确定建筑目标。建筑师可以用抽象单位元法[1] 获得单位尺寸；或通过考察使用方式，获得最大负荷周期和最大负荷人数及空间特征；或通过考察项目在社会环境中的运转负荷，综合确定建设项目规模等目标。

第二步是对外部及内部条件进行调查分析，以反馈修正建筑目标规模，同时为接下来的空间构想阶段作准备。办公建筑策划调查研究可从建筑设计外部条件和内部条件两个方面把握。外部条件主要包括场地的地理条件、地域条件、社会条件、人文条件和经济条件等。这些外部条件中有一些是明显属于客观资料类型的条件，如建筑管理部门的总体规划要求和相关的规范资料集等，策划不需要进行调查研究就可以直接引用这些文件和资料；另一些如人文条件、景观条件等，则可能没有直接明确的资料来源，这就需要建筑师进行调查研究和分析把握。内部条件主要是指建设项目自身的条件，包括建筑的功能要求、使用者的条件、使用者的使用方式、建设者的设计要求等条件。内部条件中以建筑的功能要求、使用者的条件及使用者的使用方式最为重要。

第三步是进行空间构想，即空间策划。这一过程将制定项目空间内容，进行总平面布局，分析空间动线；进行空间分隔，平面、立面、剖面构想及感观环境的构想，最终导入空间形式。这一过程的重点是对空间、环境、氛围等依据功能要求和心理量、物理量因素进行研究。

第四步是进行技术构想。技术构想是以空间构想为前提条件，研究构想空间中的结构选型、构造、环境装置及材料等技术条件和因素的过程，涉及空间中的结构构造、设备材料等技术及硬件装备。

第五步是总结形成策划结论报告。建筑策划的结论由框图和文字表格两部分组成。框图部分内容包括经济模式、环境模式、人口构成模式和使用模式等，文字表格部分内容包括规模、性质、用途，房间表，面积分配表和造价估算表等。围绕建筑创作活动的各个因素都体现在框图或表格中，各种因素的影响都可以从框图和表格中找出其机制和相互关系，得出相应的要求，如图 1-17 所示。

第六步，也是最后一步，就是生成设计任务书。依据由框图和表格文字组成的建筑策划结论报告，最终制定出建筑项目设计任务书，基本信息包括

---

① 抽象单位元法是指以建筑的使用者个体为判断基数，提取与之对应的相关空间、设施、设备等单位量的方法，以求得建筑面积的单位规模、设备的单位个数，以及各种相关量的单位尺寸。引自：庄惟敏，张维，梁思思 . 建筑策划与后评估 [M]. 北京：中国建筑工业出版社，2018：28.

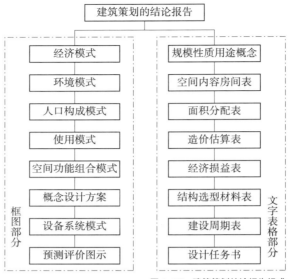

图 1-17　建筑策划结论报告组成

项目建设的背景与总体目标、项目的基本情况、项目的有关基础资料、设计依据、设计范围、周期、设计深度、成果交互、汇报形式、功能设置与面积分配、流线设计要求和各专业设计要求等。

2. 办公建筑设计的中优化阶段

在完成前期策划后，应在中间的建筑设计阶段（包括方案设计、初步设计和施工图设计三个阶段）进行反复推敲优化，内容包括规划设计、功能空间等的建筑方案优化及建筑性能优化。在办公建筑设计的中优化阶段就考虑节能降碳，对发展高性能低碳建筑具有重要意义。

建筑设计是分阶段的迭代过程，方案设计处于初期，随着设计进程的推进，建筑能耗和性能可优化余地越来越小，因此方案设计阶段是决定建筑节能效果的关键。建筑方案设计优化主要考虑以下问题。

（1）建筑形体和外部空间：建筑体量满足任务书要求；建筑形体与周边城市和环境的肌理融洽；建筑形体界面高度与周边道路或者外部空间的界面控制线协调；主次入口的位置适应外部人流来向；开放空间的位置为建筑提供足够的配套服务和缓冲空间；场地内景观绿化设置合理；建筑和场地及周边各要素形成一个有机整体。建筑设计师在进行方案设计优化时要有全局观念与整体意识，对整个建筑设计方案进行优化。

（2）平面关系和空间组织：建筑的功能分区、流线组织合理，主要功能与辅助功能之间的组织关系适宜，平面布局紧凑与高效；消防疏散便捷并符合相应的规范；建筑空间的构成与限定应体现内部不同功能的潜在要求，并与周围环境呼应。在场地、形体、界面的综合作用下，建筑空间设计应考虑诸多如功能需求、交通组织、空间品质等影响因素，合理组织内部空间，重点做好功能分区设计的优化，确保建筑功能的清晰化与秩序化。

（3）结构体系和选型：优化结构形式以适应建筑功能的要求，充分发挥结构自身优势，考虑材料和施工技术条件的选择，并尽可能降低造价。

（4）细部推敲和处理：通过建筑细部推敲体现建筑技术和工艺水平；体现建筑的地域性和场所性，反映特定的社会和文化特征等。一方面，设计师需要对建筑空间的比例、尺寸等进行科学的优化调整，并进一步调整建筑设计的立体结构及平面布局，确保每一个细节精益求精。另一方面，设计师应关注并检查无障碍设计、结构体系、防火分区等细部设计。

建筑性能优化包括环境性能、经济性能和社会性能优化。提高环境性能包括改善环境质量（声、光、热和通风）和减少环境荷载；提高经济性能包括减少建设运营成本，增加投资回报；提高社会性能包括提高设计的社会文化性、美学性和技术性等，其中以建筑环境性能优化为主要目标。

随着计算机辅助设计方法、绿色建筑性能模拟技术、参数化设计方法和工具的飞速发展，设计师可以借助计算机强大的计算能力，将建筑性能目标纳入建筑设计优化方案过程中去。办公建筑设计优化方法有经验导向式优化、模拟试错式优化和自动式优化三种。

（1）经验导向式优化

在传统经验导向的建筑设计过程中，建筑师对建筑性能的评价主要基于自身经验，这种经验可能来源于当地传统的地域性设计手法，或者来源于多次设计实践总结出的设计规律。例如伦佐·皮亚诺（Rexzo Piano）设计的吉巴欧文化艺术中心就借鉴了当地土著棚屋式住宅的设计手法，在方案设计过程中选取原生材料，采用现代技术建造，将竹篓式的造型与自然通风结合，设计出了具有良好通风和热舒适性能的建筑，如图 1-18 所示。经验导向式优化设计在过去很常用，但有时建筑师的设计经验是有限的，并且存在个体差异，同时凭经验的性能优化设计也无法量化设计方案的性能提升水平。

（2）模拟试错式优化

建筑性能模拟技术的发展，使在方案设计过程中评估多个设计方案性能变为可能，于是产生了一种依赖模拟试错式的优化设计模式，这种设计方法能实现对建筑性能的半自动优化。建筑设

图 1-18　吉巴欧文化艺术中心

计相关人员首先创造初始的建筑设计方案，待设计方案经计算机模拟计算后，再根据模拟结果判断方案优劣，进行方案修改和再设计，形成了一种"设计—模拟—再设计"的设计循环试错模式。由于建筑设计中的设计参量数目众多，故设计参量的可能取值会有多种组合，因此使用通过人工修改设计参量取值、进行建筑性能模拟来优化设计方案的试错过程具有效率低、耗时长的缺点。

（3）自动式优化

自动优化设计方法可以克服单纯通过模拟试错的缺点，通过将优化程序与模拟程序结合，可以实现自动搜寻最优设计方案，从而更好地辅助建筑性能优化设计。在自动优化设计过程中，设计者不需要手动调整建筑设计参数，只需要定义优化问题和初始优化参数，确定优化搜索范围、目标及其他条件，然后借助 Rhino、Grasshopper 等建模平台，Ladybug、Honeybee 等性能模拟平台，以及 Octopus 等数据处理平台，通过模拟实验来进行多目标优化设计的应用研究。与经验导向式和模拟试错式的设计优化方法相比，自动式优化设计方法具有更高效的设计方案探索与评估模式，尤其是多目标优化方法突破了单一维度目标的方案评估与优化逻辑，使方案设计决策的制定更加科学。

3. 办公建筑设计的后评估阶段

后评估是建筑设计全寿命周期中重要的一环，也是对建筑环境的反馈和对建设标准的前馈，推动了建筑学科时间维度上的完整性和人居环境科学群的学科交叉融合，对建筑效益的最大化、资源的有效利用和社会公平起到重要作用。在建筑设计的后评估阶段，可以通过问题域、数据分析、决策技术、设计验证和评估反馈，实现建筑设计的全链可控、动态修正、精准预测和风险评价。

后评估工作根据侧重点不同可分为三种类型。第一种是描述式的后评估，目的是对建筑成败的快速评价，揭示建筑的主要问题，为建筑师和使用者提供改进依据；第二种是调查式后评估，是对建筑性能的细节评价，为建筑师和使用者提供更具体的改进依据；第三种是诊断式后评估，是对建筑性能的全面评价，为建筑师和使用者提供所有问题的分析和建议，为改进现存标准提供数据和理论支持，是一种长期评价行为。这三种类型的研究深度和范围顺序依次加深变广。

不同类型的建筑由于使用对象的不同，评估的重点也会不同。办公建筑更侧重建筑的能耗表现、室内环境质量和使用者舒适度评价。

4. 办公建筑的集成化设计

集成化设计是一个将建筑作为整体系统，从全寿命周期来加以考虑和优化设计的过程，其关键点是项目所有参与者的跨学科合作。集成化设计建立在多学科合作及现代通信技术上，不同专业的设计人员在不同环境下使用各种手段进行同步的沟通，配合模拟仿真技术与工具等手段后，设计中进行的综合评价会较为全面和客观。集成化设计的核心是多目标决策方法。

办公建筑集成化设计通常在形式、功能、性能和成本上把绿色建筑设计策略与常规建筑设计标准紧密结合起来，不同专业的设计人员紧密配合，在建筑设计的各个阶段形成独立的循环，并对贯穿整个设计流程的设计目标和准则不断检查，协同完成办公建筑主体设计、供暖、通风、空调、采光、电气及室内设计和景观设计，如图 1-19 所示。集成化设计越早开始，它的有效性就越高，其节能降碳的效果也就越明显。

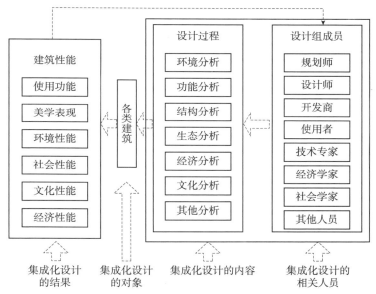

图 1-19　集成化设计决策与建筑整体性能关系

1.3.2　办公建筑的设计要点

提高办公效率、营造满足生理与心理需求的工作场所、控制建造和运行成本、展示适宜的建筑形象及维护社会公共利益是办公建筑设计的基本要求，也是确定设计目标、制定设计要点的基础。办公建筑的设计要点涉及以下几个方面。

1. 场地规划

办公建筑基地应选择在公共交通便利、市政设施比较完善的地段，并避开有害物质污染和危险品储存的场所，符合安全、卫生和环境保护等法规的相关规定。合理规划场地可以为建筑设计创造一个良好的设计环境，同时场地规划对于建筑节能降碳的影响也至关重要。

场地规划应符合项目所在地的总体规划，满足容积率、绿地率等规划指标，以及基地出入口位置、建筑退界等规划要求，同时应根据办公建筑的类型、业务需求、场地条件和管理安保等要求合理设置各类流线。

办公建筑应从城市设计角度出发，将建筑及其外部空间、基地内部道路作为城市整体形态的组成部分，保持与上位规划和城市设计成果的有序衔接。容积率是控制建造规模的主要指标，低层及多层办公建筑的容积率一般为1~2，高层和超高层办公建筑一般为3~5。办公建筑出入口的设置除了考虑满足城市规划退界要求之外，还应满足消防规范对出入口数量、位置及大小方面的要求。出入口应尽可能设置于能紧密连接项目内部与外部环境的位置，并尽可能做到人车分流、机动车与非机动车分开设置。办公建筑的停车设计需根据项目类型、建设规模、业务需求和所处城市地段的交通情况综合考虑。

此外，场地规划还应考虑当地气候条件、地形条件等自然因素，通过优化场地规划设计，统筹考虑冬季、夏季节能需求，优化设计体形、朝向。办公建筑的位置与朝向设计原则为冬季增加得热，夏季减少得热。在北方寒冷地区，办公建筑的朝向应避开不利风向，合理安排出入口位置和方向；而在南方湿热地带，合理地组织自然通风有利于建筑降温和创造舒适的办公环境。

2. 功能布局

办公建筑的功能空间按照使用性质可分为主要使用、次要使用和交通联系三部分。办公建筑的主要使用部分是办公人员开展日常工作所需要的房间，包括办公室、会议室、资料室等，是办公建筑的基本功能用房，其种类和数量应根据项目的类型、使用需求和建设标准合理确定。例如当代企业办公建筑设计中，个体办公室面积占比正逐渐缩减，而如会议室、咖啡厅等用于促进交流的团队空间，以及大堂、企业展示区等用于对外展示和交流的公共空间的面积，正在逐渐增大。办公建筑的次要使用部分包括储存间、车库、后勤区、卫生间等。办公建筑的交通联系部分包括水平交通、垂直交通和交通枢纽等。水平方向展开办公流线可以保证各部分功能空间的紧密联系，其布局要与整体空间密切联系并尽量防止曲折多变，同时具备良好的采光通风。办公建筑中包含楼梯与电梯的垂直交通，应满足办公楼使用功能和设备布置的要求，方便人员使用，设计应紧凑高效，达到消防疏散标准，符合结构受力原理。考虑到人流集散、空间过渡及通道、楼梯等空间的连接等，需要设置门厅、过厅等空间，起到交通枢纽与空间过渡的作用。主入口部分是空间的咽喉要道，既是人流交汇的地方，也是空间设计的重点。例如，行政办公建筑入口空间的设计应直接反映政务办公建筑的规模和性质，合理控制尺度；应重视交通流线规划，区分内部人员和外部访客路径；同时结合门厅值班功能设置，保证办公区域的安全和效率。

由于办公室空间的使用对象、使用性质、管理方式和家具规格不同，所以其组合方式也不同，大致可以分为外廊式、内廊式、共享中庭式和天井内院式等。办公建筑的标准层平面通常不全是单一的布置模式，而是几种模式的混合形式。

办公室的家具主要包括办公桌、椅子、文件柜、书架和会议桌等，同时还需配有复印机、投影仪等设备，其中办公桌椅的布置是办公室空间布局的主要内容。办公建筑中的会议用房种类较多，设置时要充分考虑使用对象、使用频率、面积规模和规格等因素。小型会议室可分散布置在办公区域，或集中形成公共的会议区域；大型会议室则需要独立设置，并综合考虑结构、层高、安全疏散及视听等因素。

在组织办公空间时，一般应把办公部分与技术用房分开，运用单元化、模数化的设计方法实现办公空间的适应性和可变性；根据使用对象的使用性质、使用要求和使用方式进行合理的功能布局和流线组织；根据业务需求确定建筑规模、用房分类和房间数量，合理控制辅助面积的比例以提高有效办公面积的比例。例如，公寓式办公建筑具备办公和居住功能，因此在设计时应特别注意功能分区的动与静、公共性与私密性等要求；商务办公建筑的商业化运作特征决定了办公用房空间组合的不确定性和可变性，故设计中应使空间布局具有较强的适变性。

3. 造型与结构

建筑形体组合与造型既是建筑空间组合的外在表现，又是内在诸因素的反映。办公建筑造型设计同样需要遵守形式美法则，运用主从、对比、韵律、均衡等形式美规律，把使用功能、空间、材料、结构、经济与艺术造型等有机地结合在一起。现代办公建筑的外部风格是多变的，但无论是什么类型的办公建筑，都要从城市设计角度考虑建筑形象在城市环境中的视觉效果，准确把握建筑形象语义，使建筑的形体、尺度和场地周边的传统文化、地方特色、建筑艺术风格统筹协调。例如，政务办公建筑应采用简洁、恰当的设计语言，体现庄重朴素、亲民开放的作风；公司总部办公建筑设计常需要通过建筑的形体、表皮等直观特征或建筑的空间组合模式来展示企业文化特色。

办公建筑结构选型一般有墙体承重结构、框架结构、剪力墙结构和空间结构等。墙体承重结构适合于中小型办公建筑，特别是平面规整的单元式办公；框架结构适合于大中型办公建筑；高层办公建筑可采用框架剪力墙、纯剪力墙、中筒外框、筒中筒等结构形式；三维的空间结构在办公建筑中的应用不多，主要有网架结构和壳体结构，通常应用于局部大空间中。一般带中央空调的办公建筑层高为 3.6~4.5m，在智能化办公楼中，还应考虑架空地板综合布线的空间要求。办公建筑一般选用与最小办公单元、空调负荷条件、照明、楼面管道等条件相协调的柱网尺寸和建筑模数，常用柱网尺寸为 8~10m。对于设有地下停车库的办公建筑，柱网尺寸的确定还要与停车布置统一考虑。

4. 外围护界面

办公建筑的外围护界面主要包括外墙、屋顶、门窗和外遮阳等部分，是应对恶劣的室外环境和创造舒适室内环境的坚实屏障，对于建筑降碳效果的影响巨大。要实现办公建筑的节能设计，就需要提高其外围护结构的保温隔热性能。对于不同气候区的办公建筑，外墙、屋顶、外窗、幕墙等主要部位的传热系数和太阳得热系数均应符合相关设计标准的要求。外墙和屋顶的隔热性能，对于建筑在夏季时室内热舒适度的改善，以及空调负荷的降低，具有重要意义，应进行隔热性能验算。

办公建筑外墙应选用导热系数低、强度高的建筑材料，例如加气混凝土、陶粒混凝土等。外墙外保温是被广泛推行使用的一种建筑墙体构造技术，具有保护主体结构、减少结构热桥和不占用室内空间等优点。

办公建筑屋顶节能的主要措施有保温屋顶、架空通风屋顶、绿化屋顶、蓄水屋顶等，其中绿化屋顶和蓄水屋顶是值得推广的形式。绿化屋顶不仅能为城市增添绿色，而且能减少建筑屋顶的辐射热，减弱城市的热岛效应；蓄水屋顶不仅可以有效隔热降温，改善屋顶热工性能，减少室内空调能耗，还能防止刚性防水层的干缩。例如，苏州大学炳麟图书馆整体造型呈莲花状，裙房屋顶采用蓄水屋顶，形成独特的跌水瀑布景观，在衬托主楼莲花造型的同时具有良好的隔热性能，如图 1-20 所示。

图 1-20　苏州大学炳麟图书馆

办公建筑在进行外门窗设计时应以满足不同气候及环境条件下的建筑使用功能要求为目标，明确抗风压性能，气密、水密性能指标和等级。在现代办公建筑中，玻璃幕墙由于其通透光洁、现代感强的特点而经常被用作外围护界面。但因为玻璃的传热系数较高，热传导量大，是最容易造成热损失的部位，所以办公建筑不推荐大面积使用玻璃幕墙。如果必须采用玻璃幕墙，则应考虑使用双层通风式幕墙。

办公建筑的固定外遮阳有水平式遮阳、垂直式遮阳、综合式遮阳和挡板式遮阳四种基本形式，其在增强外围护界面的韵律感和美观性的同时，还可以有效遮阳和防止眩光，并进一步提升建筑整体质量和提高使用寿命。

5. 室内外环境

办公建筑设计中应尽可能多地提供可停驻交流的室内外环境，为正式与非正式交流创造条件。办公建筑室内环境的空间尺度把握在设计中非常重要，办公空间的大小与形状、办公家具与设备的位置等都会给处在这个环境中的人带来不同的感受。在办公室中可采用不同形式的隔断将空间区分与联系起来，并借助吊顶与地面高低错落的变化，打破空间形式上的单一性，给办公人员带来不同的空间体验。

在办公建筑室内环境中，材料的质感带给人不同的感觉。对于有隔声、吸声、防静电、光照不同要求的办公空间，应根据实际需要选择不同材质、不同性能的材料，使材料性格与空间氛围相吻合。例如，企业办公建筑的门厅可以选用天然石材或金属材料，利用其光滑明亮的质感体现企业的现代感；会议室可选用隔声效果较好、耐磨度较高的地毯作为地面装饰材料。办公建筑室内环境是否统一协调而又不呆板，也和室内界面图案设计有着密切关系。例如，简洁的几何图案可以使办公空间显得更加活泼明快，主题性的图案则容易成为视觉焦点。色彩在办公空间中也可以有效起到突出公司的个性、激发工作人员创造思维的作用。

办公建筑室外环境设计的重点是充分利用地形、植被、构筑物等景观要素，为员工创造更多的亲自然的空间，增加休闲与交流空间，以及增强外部环境的整体性、共享性和地域性。如果在办公建筑室外布置大面积的水体，不仅可以调节建筑周围的微气候，还可以改善人的心理状态。例如，在临街办公建筑室外设计动态水景，不仅可以使建筑充满了生命力和动感，而且给人以一种心理上的清凉安逸感，同时水声也可以遮蔽一些环境噪声。景观绿化可使办公环境具有舒适自然的特征，在办公建筑中利用庭院、露天平台和屋面创造更多的与自然环境亲近的场所，可为办公人员提供亲切宜人的交流场所，缓解工作压力。

6. 设备系统

办公建筑设备用房及系统设计应从安全可靠、舒适灵活等方面综合考虑，使有效办公面积最大化，并使系统达到最佳运行条件。办公建筑主要设备系统包括给水排水设备、冷热源设备、空调通风设备、电气设备和信息通信设备等。办公建筑是新型设备与先进技术应用的最好载体，目前针对建筑行业开发的设备和技术大多具有较好的节能环保功能。

在进行办公建筑设计时，除了需要考虑办公区域的整体环境、舒适度外，还应注重办公区域的智能化设计。随着人工智能技术与 5G 通信技术的不断发展，包括能耗监测和智能调控的建筑智能化系统功能已更加先进。智能系统操作平台中可随时实现资源共享和数据交换，维持楼宇的正常运转，实现办公建筑智能化。

本章要点

1. 办公建筑设计的前策划、中优化、后评估流程。
2. 办公建筑设计的要点。

思考题与练习题

1. 办公建筑的集成化决策与建筑整体性能的关系是什么？
2. 在办公建筑场地规划设计中应注意哪些问题？
3. 办公建筑功能布局应考虑哪些因素？

参考文献

［1］ 尤金·科恩 A，保尔·卡茨. 办公建筑 [M]. 周文正，译. 北京：中国建筑工业出版社，2008.
［2］ 乌峻. 办公建筑 [M]. 武汉：武汉工业大学出版社，①1999.
［3］ 张文忠，赵娜冬，贾巍杨. 公共建筑设计原理 [M]. 5 版. 北京：中国建筑工业出版社，2021.
［4］ 庄惟敏，张维，梁思思. 建筑策划与后评估 [M]. 北京：中国建筑工业出版社，2018.
［5］ 徐峰，解明镜，刘煜，等. 集成化建筑设计 [M]. 北京：中国建筑工业出版社，2011.
［6］ 中华人民共和国住房和城乡建设部，国家市场监督管理总局. 绿色建筑评价标准（2024 年版）：GB/T 50378—2019[S]. 北京：中国建筑工业出版社，2024.
［7］ 中国建筑工业出版社，中国建筑学会. 建筑设计资料集：第 3 分册 办公·金融·司法·广电·邮政 [M]. 3 版. 北京：中国建筑工业出版社，2017.
［8］ 丁沃沃，刘铨，冷天. 建筑设计基础 [M]. 2 版. 北京：中国建筑工业出版社，2020.
［9］ 伦佐·皮亚诺建筑工作室. 伦佐·皮亚诺全集：1966—2016 年 [M]. 袁承志，等，译. 北京：中国建筑工业出版社，2021.

---

① 现为武汉理工大学出版社。

第
2
章

办公建筑的碳排放特征与低碳设计原理

第2章 办公建筑的碳排放特征与低碳设计原理				
2.1 办公建筑的碳排放特征 →	组成	特点	管理方式	使用性质
2.2 低碳办公建筑的概念 →	低碳办公　低碳建筑　近零碳建筑　零碳建筑　全过程零碳建筑			
2.3 办公建筑的低碳设计原理 →	节能	能源利用	材料/部品	建筑运行

问题引入

▶ 办公建筑的碳排放特点有哪些?

▶ 什么是低碳办公建筑?

▶ 影响办公建筑碳排放的因素有哪些?

2.1.1　建筑的碳排放组成

建筑物在材料开采、生产、运输，施工及拆除，运行及维护等各阶段均产生碳排放。根据国家标准《建筑碳排放计算标准》GB/T 51366—2019，建筑全寿命周期的碳排放由建筑材料生产及运输、建造及拆除、建筑物运行的碳排放量组成。

建筑材料生产及运输阶段中，建筑材料、构件、部品从原材料开采、加工制造直至产品出厂并运输到施工现场，各个环节都会产生温室气体排放，这是建筑材料内部含有的碳排放，可以通过建筑的设计、建筑材料供应链的管理进行控制和削减。该阶段的碳排放应至少包括主体结构材料、围护结构材料、粗装修用材料，例如水泥、混凝土、钢材、保温材料、玻璃、铝型材、瓷砖、石材等。

建筑建造阶段是根据建筑设计文件、施工组织设计或施工方案，按相关标准通过一系列活动将投入到项目施工中的各种资源（包括人力、材料、机械、能源和技术）在时间和空间上合理组织，变成建筑实体的过程。建造阶段的能耗是在建造阶段各种施工机械、机具和设备使用的能耗，主要由两部分组成：一是构成工程实体的分部分项工程的建造能耗；二是为完成工程施工，发生于该工程施工前和施工过程中技术、生活、安全等方面非工程实体的各项措施的能耗。相应地，建筑建造阶段碳排放也分为两部分：一是分部分项工程施工过程消耗的燃料、动力产生的碳排放；二是措施项目实施过程消耗燃料、动力产生的碳排放。拆除阶段的碳排放主要是场地内拆除设备及运输设备将建筑物拆除过程中产生的能耗。建筑拆除方式包括人工拆除、机械拆除、爆破拆除和静力破损拆除等。

建筑运行阶段的碳排放量涉及暖通空调、生活热水、照明等系统能源消耗产生的碳排放量，以及可再生能源系统产能的降碳量、建筑碳汇的降碳量。建筑碳汇主要来源于建筑红线范围内的绿化植被对二氧化碳（CO_2）的吸收。

从方案设计阶段评估碳排放强度的角度，应重点关注设计方案所选用的建筑材料及建筑运行阶段的碳排放。建筑碳排放与建筑材料、运行模式、空间使用和能源需求等特点密切相关，因此针对不同类型的建筑，其各阶段的碳排放占比具有一定差异性。

2.1.2　办公建筑的碳排放特点

相比于其他类型的建筑，办公建筑在材料使用方面的特点体现在：为了营造明亮、开放的办公环境，办公建筑通常采用玻璃幕墙或大面积玻璃窗，故玻璃建材的使用量较高。此外，大量人员和设备承载需求对结构安全性的要求提高，办公建筑需要使用强度高、稳定性好的材料，如高性能钢材、混凝土等。随着办公方式的不断变化，现代办公建筑内部的空间布局具有高度灵活性，常更多地使用易于拆卸、重组和再利用的材料，如轻质隔墙、模块化地板等，这些材料在生产和使用过程中都会产生大量碳排放。

在建筑运行、空间使用和能源需求类型方面，办公建筑具有运行时间集中、空间使用集中、能源使用类型相对单一的特点。办公建筑的用能行为集中在工作日的白天工作时间，这一时间段的建筑能源消耗相对较高，主要集中在空调、照明、电梯、办公设备等方面；而在工作日的夜间非工作时间和节假日，办公建筑的设备通常处于关闭或低能耗运行状态，该时间段的能源消耗明显降低。针对不同功能空间的能耗状况，办公建筑的运行能耗主要集中在办公区域，故需要在有限的空间内，合理安排空调、照明等能源供应，以确保工作环境的安全性和舒适性；而其他区域如会议室、休息室等间歇使用的空间则用能较少。办公建筑的能源需求类型以煤和电为主，不同气候区的办公建筑有所区别。例如，严寒地区的建筑以冬季供暖为主，集中供暖采用煤作为主要能源；夏热冬暖地区的建筑以夏季制冷为主，电能为主要的能源类型；兼有供暖和制冷需求的建筑，则根据冬季和夏季时间的长短各有侧重。由于办公建筑中存在大量设备和系统需要电力驱动，故电能为不可或缺的能源类型。

2.2 低碳办公建筑的概念

低碳办公建筑涉及低碳办公、低碳建筑、近零碳建筑、零碳建筑和全过程零碳建筑等相关概念。

1. 低碳办公

团体标准《低碳办公评价》T/CSTE 0146—2022 提出，低碳办公就是以为员工提供安全、卫生、舒适的办公环境为前提，以能源、资源节约为目标，通过经济合理的现代化管理举措和技术手段，降低碳排放，引导员工低碳行为，达到能源、资源利用效益最大化。评价要点涉及低碳办公的制度引导、低碳行为、管理创新、技术创新、文化创新等。

2. 低碳建筑

关于低碳建筑，在既有标准中提出了不同定义。在团体标准《低碳建筑评价标准》T/CSUS 60—2023 中，低碳建筑指在满足建筑使用要求的基础上，以较少的化石能源和资源消耗，在全寿命期实现最大限度降低碳排放的建筑。

在国家标准《零碳建筑技术标准（征求意见稿）》[①]中，低碳建筑是适应气候特征与场地条件，在满足室内环境参数的基础上，通过优化建筑设计降低建筑用能需求，提高能源设备与系统效率，充分利用可再生能源和建筑蓄能，建筑降碳率符合表2-1或碳排放强度符合表2-2规定的建筑。建筑降碳率为基准建筑碳排放强度和设计建筑碳排放强度的差值，与基准建筑碳排放强度的比值。

低碳公共建筑降碳率　　　　　　　　　表2-1

气候区	严寒地区	寒冷地区	夏热冬冷地区	夏热冬暖地区	温和地区
建筑降碳率	≥ 40%	≥ 35%	≥ 30%		

低碳公共（办公）建筑碳排放强度限值　单位：kg CO₂/（m²·a）　表2-2

气候区	小型办公建筑	大型办公建筑
严寒地区	23	25
寒冷地区	21	25
夏热冬冷地区	21	28
夏热冬暖地区	23	30
温和地区	18	22

3. 近零碳建筑、零碳建筑、全过程零碳建筑

在国家标准《零碳建筑技术标准（征求意见稿）》中，也提出了近零碳、零碳和全过程零碳建筑的定义。

近零碳建筑是在低碳建筑的基础上进一步提高降碳率或减少碳排放强度，符合表2-3或表2-4规定的建筑。当设计建筑满足表2-1或表2-2的低碳建筑碳排放指标，并符合《零碳建筑技术标准（征求意见稿）》中的第8.4.6条规定时，也可判定为近零碳建筑。

近零碳公共建筑降碳率　　　　　　　　　表2-3

气候区	严寒地区	寒冷地区	夏热冬冷地区	夏热冬暖地区	温和地区
建筑降碳率	≥ 55%	≥ 50%	≥ 45%		

零碳建筑是在实现近零碳建筑的基础上，可结合碳排放权交易和绿色电力交易等碳抵消方式，碳排放强度满足表2-3或表2-4规定，经碳抵消后

---

① 教材中涉及《零碳建筑技术标准（征求意见稿）》的内容均为征求意见稿版本，待标准正式发布后，内容以正式版本标准为准，若存在不一致情况，将对教材进行修订。

近零碳公共（办公）建筑碳排放强度限值　单位：kg CO$_2$/（m^2·a）　表 2-4

气候区	太阳辐照量等级	建筑类型	
		小型办公建筑	大型办公建筑
严寒地区	I	16	19
	II	17	20
	III	18	21
寒冷地区	I	14	18
	II	15	19
	III	16	20
夏热冬冷地区	III	16	23
	IV	17	24
夏热冬暖地区	II	16	24
	III	17	25
温和地区	II	12	18
	III	13	18
	IV	14	18

的年碳排放总量应不大于零，且应符合下列规定：①除单体建筑面积大于 40 000m^2 或高度大于 100m 的建筑外，其他建筑碳抵消比例不超过基准建筑碳排放量的 30%；②单体建筑面积大于 40 000m^2 或高度大于 100m 的建筑，碳抵消比例不超过基准建筑碳排放量的 40%，并组织专家对其降碳方案进行专项论证。或者当设计建筑满足表 2-3 或表 2-4 规定的近零碳建筑碳排放指标，并符合《零碳建筑技术标准（征求意见稿）》中的 8.4.7 条规定时，也可判定为零碳建筑。

全过程零碳建筑指在满足零碳建筑技术指标的基础上，通过采用低碳建材、低碳结构形式和材料减量化设计，可结合碳排放权交易和绿色电力交易等碳抵消方式，建筑材料生产及运输、建造和建筑物运行等全过程的总碳排放量不大于零的建筑，其中隐含碳排放不应高于 350kg CO$_2$/m^2。

2.3 办公建筑的低碳设计原理

办公建筑的总体低碳设计目标是最大限度地减少碳排放，同时增加碳汇，以降低总的碳排量，减轻建筑对环境影响的负荷。在降碳设计的同时，需要考虑降低建筑能耗，实现"能碳双控"。根据降碳的一般规律和办公建筑的碳排放特征，解析基于节能设计、能源利用、材料/部品、建筑运行视角下的办公建筑低碳设计原理，引导办公建筑的低碳设计，以降低建筑能源消耗，提高能源利用效率，同时满足办公建筑使用功能要求，力求将低能耗、低污染、低排放运用于建筑全寿命周期的各个阶段。

2.3.1 节能设计视角下的低碳设计原理

建筑节能设计是指在建筑规划、设计、建造和使用过程中，采用节能型的技术、工艺、设备、材料和产品，提高建筑围护结构热工性能和用能系统效率，加强用能系统的运行管理，在保证室内热环境的前提下，减少供热、空调制冷供暖、照明、热水供应的能耗。通过建筑节能设计可有效降低办公建筑运行过程中的能源消耗，从而降低建筑运行阶段的碳排放。在这一层面上低碳设计与节能设计的内涵是一致的，其本质都是降低建筑运行能耗。

建筑节能设计的实现方式包括被动式设计和主动式设计两大类，设计过程中应遵循"被动优先、主动优化"的原则，即首先要分析建筑所在地区的自然环境、气候条件和资源能源状况，在满足功能要求的前提下，尽可能利用建筑自身特点和环境条件来满足舒适需求，以减少能源消耗。例如，建筑朝向和布局应充分考虑光照和气候条件；寒冷气候条件下应最大限度地利用太阳辐射，而炎热气候条件下则宜减少太阳辐射对建筑的直接照射；通过合理的建筑布局，可以形成内部庭院或夹层空间，以提升自然采光和空气流通；通过恰当选择和搭配外墙和屋面保温材料，可以有效降低与室外接触的围护结构界面的能量损失。然后，在少数极端的情况下，再有限度地采用经过优化的主动式供暖、空调、照明等技术，来满足办公建筑的使用需求。

依据不同节能设计标准和措施形成的建筑能耗高低对办公建筑的降碳影响不同，从低能耗建筑、超低能耗建筑、零能耗建筑到产能建筑，其碳排放量和环境影响逐渐降低。低能耗和超低能耗的办公建筑通过采用先进的节能技术和设备，显著降低了能源消耗量。这些建筑在设计和运行过程中注重能源的高效利用和减少浪费，从而有效降低了碳排放量。零能耗办公建筑通过充分利用可再生能源和节能技术，实现建筑能源消耗与自身产生的能源相平衡。这类建筑通常配备太阳能光伏板、风力发电设备等可再生能源系统，同时结合高效的建筑设计和设备选择，最大限度地减少对传统能源的依赖。产能建筑不仅可以实现能源的自给自足，还有可能向外部电网输送多余的电力，从而对减少整体碳排放量作出积极贡献。

2.3.2 能源利用视角下的低碳设计原理

建筑运行阶段的碳排放量包括传统能源消耗产生的碳排放量和可再生能源利用产能的降碳量。从能源利用的视角来看，为了推动办公建筑的低碳设计，一方面应提高能源的利用效率，另一方面应尽可能充分利用可再生能源。

建筑能源高效利用能够有效降低办公建筑碳排放，例如通过采用高效节能的空调系统、照明设备及智能化能源管理系统等先进的技术和设备，在满足相同办公需求的情况下，建筑所消耗的能源更少，从而减少了相应的碳排放量。高效能源利用还有助于优化建筑的能源使用模式，例如实现能源的峰值削减和负荷平衡，从而进一步降低碳排放。反之，低效能源利用不仅会对办公建筑碳排放产生负面影响，还会导致更高的能源成本。因此，需要注重提高能源利用效率，采用高效节能的设施，优化建筑设计和运行管理策略。

不同能源类型在其使用过程中产生的碳排放量具有差异性。传统化石能源中，煤炭的碳含量最高，石油和天然气相对较为清洁，但仍然会产生显著的碳排放。而可再生能源作为一种清洁、可持续的能源形式，在使用过程中几乎不产生碳排放，故被认为是减少碳排放和缓解气候变化的重要资源。在设计中充分利用可再生能源可有效降低对传统能源的依赖。常见的可再生能源包括太阳能、风能、地热能、生物质能等，其中太阳能是最为广泛利用和易于获取的类型，主要应用于发电、供暖等方面。例如，太阳能光伏发电可直接将光能转化为电能，且不会产生二氧化碳等有害排放物；太阳能热能利用则可以替代传统的燃煤、燃油设备，减少燃烧过程中的碳排放。在低碳建筑设计时应最大化获取太阳辐射，从太阳能利用的角度，包括被动式和主动式两种形式。被动式太阳能利用是完全通过建筑物一部分实体的结构、朝向、布置及相关材料的应用作为集热器和贮热器，利用传热介质（空气、水）对流分配热能；主动式太阳能利用则是通过使用机械电力装置收集并贮存太阳能，其由集热器、蓄热器、循环管路、水泵动力系统和自动控制系统组成，设计时鼓励采用太阳能与建筑一体化设计，将太阳能利用设备与建筑有机结合融为一体。太阳能设备不仅能产生能源，而且作为建筑的一部分，也要实现与建筑外观的协调统一。

其他可再生能源也在不同领域得以应用。例如，风能在电力领域得到广泛应用。风能发电不产生任何有害气体，具有零碳排放的特点，与传统火力发电相比，不仅能减少大气污染物，还能降低碳排放。又如，地热能是地球内部储存在岩石、水和土壤中的能量，最常见的利用方式是地源热泵系统，其不仅可以利用地热能为办公建筑供暖或制冷，还可以应用于其他领域，如电力、农业、钢铁炼制等。再如，生物质能源主要包括农作物秸秆、林木废弃物等，通过生物质能源的燃烧可以替代化石燃料，减少碳排放。同时，生物质能源的利用还可以减少有机废弃物的堆积和处理，从而进一步降低对环境的影响。因此，从能源类型的选择来看，为了推动办公建筑的低碳发展，应尽可能减少对传统能源的使用，增加对可再生能源的利用。

2.3.3 材料／部品视角下的低碳设计原理

建筑材料／部品的生产和运输过程会产生大量的碳排放，这也是建筑全寿命周期碳排放的重要组成部分，主要包括建筑主体结构材料、建筑围护结构材料、建筑构件和部品等。在建筑的全寿命周期中，无论是新建还是更新再利用，材料的选择与使用都对物化阶段建筑的碳排放产生影响。办公建筑中大量使用的混凝土、水泥、钢材、玻璃等材料在生产过程中消耗了大量能源，同时产生大量的二氧化碳排放。这些材料虽然性能稳定、强度高，但对环境造成的负担较大。此外，材料／部品的运输、加工和安装等环节也会产生额外的碳排放。因此，办公建筑选择材料时，应在综合考虑材料性能、成本和环境影响的基础上，优先选择低碳、本地化、可再生、可再利用、碳固化及低损耗／长寿命材料等。

低碳材料是指能够在确保使用性能的前提下降低不可再生自然原材料的使用量，制造过程低能耗、低污染、低排放，使用寿命长，使用过程中不会产生有害物质，并可以回收再生产的新型材料，例如使用工业废弃物或农业废弃物制成的复合材料、低碳水泥等。

使用本地化材料，不仅可以减少长途运输带来的能耗和碳排放，同时支持了当地经济发展。外地材料指那些需要从较远地区（通常 500km 以外）运输到建筑工地的材料，这类材料的选择可能会增加运输成本和环境负担。

可再生和可再利用材料是相比于一次性材料而言。一次性材料指的是那些在使用后无法回收或再利用的材料，这些材料通常具有较低的成本和较短的使用寿命，但在处理过程中会产生大量的废弃物和碳排放。可再生材料来源于可持续的资源，如植物、动物或地球资源，它们可以在人类的时间尺度上自然再生，如木材、竹材，以及不需要较大程度加工和开采的石材等。可再利用材料则是指那些经过处理后可以再次使用的材料，如木材、砖石、金属、塑料、玻璃等，这些材料的使用不仅可以减少资源浪费和环境污染，还能降低建筑的整体碳足迹。

碳固化材料与碳排放材料相对应。碳排放材料指的是在生产和使用过程中会释放碳到大气中的材料，大部分传统建材都属于这一类。碳固化材料能够在生产或使用过程中吸收并固定大气中的二氧化碳，如某些生物基建材或具有碳捕获功能的混凝土。例如，在湖州安吉开发区新建的零碳变电站项目中，大规模商业化地应用了具有碳封存属性的固碳预拌混凝土，这种特殊混凝土能够在生产或使用过程中吸收并固定大气中的二氧化碳，从而减少碳排放。

低损耗／长寿命的材料在使用过程中能耗低、耐久性好、维护需求少，能够减少更换和维护的频率，从而降低生产、运输等相关能耗和碳排放。例如，高性能的保温材料和节能窗户就是典型的低损耗 / 长寿命建材。高性能的保温材料可以有效减少建筑的热损失，使得建筑在冬季保持温暖而在夏季保持凉爽，从而减少了对供暖和制冷设备的依赖。节能窗户通过采用多层玻璃、低辐射涂层等技术，提高了窗户的保温性能和隔热性能，减少了室内外热量的交换。与此相反，高损耗 / 短寿命的材料在使用过程中能耗高、易损耗、需要频繁维护和更换，进而增加碳足迹。例如，某些廉价塑料部件或装饰品可能在使用几年后就需要更换；一些质量较差的窗户可能在短时间内就出现密封性能下降的问题，导致室内外空气交换增加，进而影响建筑的保温隔热性能。这样的窗户就需要频繁维修或更换，不仅增加了维护成本，也间接增加了碳排放。

此外，从不同结构建筑的生命周期碳排放对比来看，木结构建筑的碳排放相对较低。这主要是由于木材是可再生资源，其制造和加工碳排放少，且木材寿命长，故可以有效减少维护和拆除过程中的碳排放。混凝土建筑的碳排放量较高，主要是由于混凝土材料的制造过程所产生的碳排放较多，且在建筑物运行阶段其所需的能源消耗也较为显著，这同样会增加碳排放。钢材的生产过程需要大量的煤炭和电力，从而产生了大量二氧化碳排放，同时其运输也会产生大量的碳排放。总体来说，虽然木材作为建筑结构材料具有环保、低能耗、可持续等优势，但也需要注意木建筑使用过程中存在的安全和维护难题。总之，在选择建筑结构材料时，应根据办公建筑实际需求和环保需求进行权衡和考虑，选取合适的材料和施工方法。

2.3.4　建筑运行视角下的低碳设计原理

建筑运行过程的降碳关键是降低能源消耗，这不仅与办公建筑的本体性能相关，还与建筑使用过程中空调、照明等设备的启停控制或调控有关。同时，办公建筑中人的用能行为（如时间集中使用、空间集中使用等），以及对室内环境的个性化需求决定了设备的使用状态。因此，结合办公建筑的运行特征，可对其进行分时分区控制，根据不同区域的使用需求和人流量来划分不同的时间段。例如，从使用时间上，办公区域的工作日夜间和节假日使用人数较少，可以通过降低温度设定来减少空调能耗；从使用空间上，可将办公建筑划分为多个独立的控制区域（如楼层、房间或工作区），以精确地满足每个区域的能源需求。例如对于公共办公区域、会议室等，根据使用的时间段来合理设置相应的空调温度和照明亮度，有助于提高能源使用效率，避免浪费。

为了实现个性化的控制目标，在现代办公建筑运行过程中，建筑环境智能调控技术得到了广泛应用。智能调控技术是利用计算机、网络、传感器、控制器及各种自动化设备，通过对室内环境状况和人行为（如室内温度、光照水平、人员活动等）等实时条件进行监控，并根据这些条件自动调整各类设备运行，使建筑具备一定的智能化、自适应性和自我调节性。例如，智能温控系统可以根据人们在办公室的活动状态自动调节室温，使办公室处于一个舒适的温度范围内；智能照明系统可以实时监测办公室内的光线、人员流动等情况，并根据光线强度自动调节灯光亮度，实现能源的智能化管理，从而有效降低能源消耗和碳排放，同时营造更加舒适、便捷的办公环境，提高管理效率和服务水平。未来，随着技术的不断发展，智能调控技术将会得到更广泛的应用。

本章要点

1. 办公建筑的碳排放组成及特点。
2. 低碳建筑、近零碳建筑、零碳建筑、全过程零碳建筑的区别与联系。
3. 不同视角下的办公建筑低碳设计原理。

思考题与练习题

1. 简述低碳办公建筑的概念与碳排放指标。
2. 办公建筑低碳设计与节能设计有何区别与联系？

参考文献

[1] 中华人民共和国住房和城乡建设部，国家市场监督管理总局. 近零能耗建筑技术标准：GB/T 51350—2019[S]. 北京：中国建筑工业出版社，2019.
[2] 中华人民共和国住房和城乡建设部，国家市场监督管理总局. 建筑碳排放计算标准：GB/T 51366—2019[S]. 北京：中国建筑工业出版社，2019.
[3] 张时聪，王珂，徐伟. 低碳、近零碳、零碳公共建筑碳排放控制指标研究 [J]. 建筑科学，2023，39（2）：1-10+35.
[4] 江亿. 建筑领域的低碳发展路径 [J]. 建筑，2022（14）：50-51.

第 3 章 办公建筑的低碳设计策略

第3章 办公建筑的低碳设计策略			
3.1 办公建筑的低碳设计路径	目标确定 · 来源识别与评估 · 策略选择 · 设计流程		

3.2 场地选址与规划布局
- 3.2.1 场地选址与规划布局碳排放影响因素
- 3.2.2 场地选址与规划布局原则
- 3.2.3 规划布局低碳设计策略

太阳辐射强度 · 风环境 · 地理 · 生态 · 风 · 热辐射 · 水 · 交通

3.3 建筑布局与形体设计
- 3.3.1 建筑布局与形体设计碳排放影响因素
- 3.3.2 建筑布局与形体低碳设计原则
- 3.3.3 建筑布局与形体低碳设计策略

建筑朝向 · 体形系数 · 日照间距 · 形体设计 · 空间布局

3.4 内部空间设计
- 3.4.1 内部空间设计碳排放影响因素
- 3.4.2 内部空间低碳设计原则
- 3.4.3 内部空间低碳设计策略

空间体量 · 空间布局 · 使用方式 · 平面布局 · 空间设计

3.5 外围护界面设计
- 3.5.1 影响外围护界面低碳设计因素
- 3.5.2 外围护界面低碳设计的原则
- 3.5.3 外围护界面低碳设计的策略

传热系数 · 遮阳系数 · 材料反射系数 · 气密性 · 窗墙比 · 外围护界面 · 屋顶 · 主入口 · 外窗与幕墙 · 地面

3.6 景观设计
- 3.6.1 景观元素的分类与碳排放
- 3.6.2 低碳景观设计的基本原则
- 3.6.3 低碳景观的设计策略

分类 · 碳排放 · 碳减排 · 源头降碳 · 过程降碳 · 末端降碳 · 植物景观 · 水景观 · 综合景观

问题引入

▶ 办公建筑低碳设计与常规设计路径有何区别与联系？

▶ 从低碳的角度看，办公建筑景观应如何设计？

▶ 低碳办公建筑设计过程中需要考虑的要素有哪些？

开篇案例

深圳建科大楼（图 3-1）是深圳市建筑科学研究院的研发基地，也是深圳市绿色建筑工程技术研究开发中心和深圳市节能检测评价中心的依托地。建科大楼用地面积 $3000m^2$，地下 2 层，地上 12 层，总建筑高度 57.9m，设计总建筑面积约 1.8 万 m^2。

深圳建科大楼作为财政部、住房和城乡建设部第一批可再生能源建筑应用示范项目，同为国家"十一五"科技支撑计划的"华南地区绿色办公建筑室内外综合环境改善示范工程"，联合国开发计划署（UNDP）低能耗和绿色建筑集成技术示范与展示平台。2009 年 4 月 15 日，住房和城乡建设部发布了第一批民用建筑能效测评标识项目（20 个项目），深圳建科大楼测评标识等级为三星级。

深圳建科大楼秉承绿色低碳的设计理念，采用了 40 多项主、被动结合的绿色建筑技术措施。建成运营后经测算分析，整座大楼每年可减少运行费用约 150 万元，其中相对常规建筑节约电费 145 万元，节约水费 5.4 万元，节约标煤 610t，每年减少 1600t 二氧化碳排放量。基于优异的节能降碳性能表现，深圳建科大楼成为国内高层绿色低碳办公建筑设计的经典案例。

图 3-1 深圳建科大楼

1. 低碳设计目标确定

办公建筑进行低碳设计时，除了要满足常规设计中对功能流线、空间布局、建筑形象、经济性能等目标的要求以外，还应明确碳排放指标（降碳率或碳排放强度）的要求，对于不同强度的降碳模式，制定相应的技术策略体系，并通过方案性能综合评估，最终确定降碳设计策略。结合第 2.2 节中对低碳办公建筑相关概念的解析，根据降碳率或碳排放强度的不同，可将其分为低碳建筑、近零碳建筑、零碳建筑、全过程零碳建筑四个等级。低碳设计时应根据实际需求选择相应的等级，进而在该等级的具体要求和指标约束下进行设计。具体降碳率或碳排放强度指标见表 2-1～表 2-4。

2. 碳排放来源识别与评估

建筑碳排放受多方面因素的共同影响，对碳排放来源进行识别和评估，是低碳设计策略选择的依据。识别碳排放来源可以帮助确定降碳应关注的阶段和具体源头，找出主要碳排放来源和与之关联的设计要素。针对碳排放的产生阶段，建筑物在材料开发、生产、运输，施工及拆除，运行及维护等各阶段均产生碳排放，对环境造成影响。目前，国际上所指建筑碳排放主要指建筑物运行阶段碳排放，《建筑碳排放计算标准》GB/T 51366—2019 中从建筑全寿命周期的角度，将碳排放的阶段划分为建筑材料生产及运输、建造及拆除、建筑物运行三个阶段，每个阶段的碳排放形成机制不同，从而使应对措施也具有一定差异性。因此，应根据碳排放来源阶段的不同寻找相匹配的技术策略。

在明确碳排放产生阶段的基础上，需要进一步辨识碳排放的具体源头，以明确与之相关的建筑设计要素。例如全寿命周期的三个阶段中，建筑物运行阶段的碳排放是碳排放控制的关键环节，且与建筑设计的关联性最大。建筑物运行阶段的碳排放主要源于供暖、供冷、生活热水、照明及电梯系统等在运行期间由于能源消耗产生的碳排放量，以及可再生能源利用及建筑碳汇系统的降碳量等，故降低建筑运行能耗是低碳建筑的核心问题。不同气候特征、资源利用条件或建筑运行模式下，各系统的能耗占比及主导作用不同，为了使制定的措施更具针对性，还应对其降碳潜力进行评估。例如，严寒和寒冷地区办公建筑供暖能耗较高，而夏热冬暖地区以制冷能耗为主，这与办公建筑的使用标准、工作性质及时间、建筑空间体型、外围护结构热工性能、暖通空调系统形式及室内环境控制要求等相关，并且随季节的变化而有很大起伏，从而使选择的降碳设计策略不同。又如，照明设备普遍开启时间较长，使用时间集中，能耗较大，而照明能耗主要取决于建筑物使用特点、建筑朝向、建筑界面的透光面积及智能控制程度等，同时也与建筑所处的光气候分区有关。此外，办公设备耗电量受人均办公面积、工作时间长短、工作类型、办公自动化程度等因素的影响较大，但与建筑设计基本无关。

3. 低碳设计策略选择

在碳排放来源识别与评估的基础上，应根据各碳排放源的碳排放形成原因及减排潜力，从场地选址及规划布局、建筑布局与形体设计、内部空间设计、外围护界面设计、绿化景观设计等方面入手，首先初步选择相适应的低碳设计策略，然后通过模拟和分析所选设计策略的降碳效果及建筑能耗、自然通风和采光性能等，判断哪些措施在保证建筑节能和环境舒适的前提下会产生较大的减排效益，从而优化资源分配和决策制定，确定最优设计方案。

在选择设计策略时，还应综合考虑建筑所在地区的地域、文化、气候、环境等资源禀赋条件，以及功能需求、经济约束、技术条件、建筑美学等多种因素，通过分析问题的内在关联性，采用系统化、一体化的技术措施。例如，建筑应结合场地环境与气候特点，充分利用太阳辐射、风、地形及景观等自然条件，对太阳能、风能等可再生能源利用条件进行综合分析。以太阳能资源利用为例，我国太阳能资源根据丰富程度可划分为五类地区，从一类地区的年太阳辐射总量 $6680 \sim 8400 MJ/m^2$ 到五类地区的 $3344 \sim 4190 MJ/m^2$，太阳能资源相差一倍，即同样的光伏电池年发电量相差一倍。因此，太阳能资源越丰富的地区越容易实现低碳甚至零碳。此外，建筑方案设计应基于当地气候条件和办公建筑的空间使用需求，合理区分确定建筑舒适度等级，减少不必要的用能空间；或通过设计优化，适当降低办公建筑中部分空间、部分时间的环境需求。根据办公建筑功能和环境资源条件，强化气候环境适应性，应优化空间布局，合理选择和利用景观、生态绿化等措施，营造适宜的场地微气候环境；应充分利用自然采光和通风，以及围护结构保温隔热等被动式建筑设计手段，降低建筑碳排放；应优化办公建筑的窗墙面积比和屋顶透光面积比，综合考虑室内采光通风、供冷供暖负荷及照明能耗之间的关系，加之智能控制系统、能源回收技术等，降低设备能耗。

4. 低碳方案设计流程

低碳设计属于办公建筑设计流程的中优化阶段，应采用性能化设计方法，采用多目标协同设计组织形式，从建筑设计内在本质和基本规律出发，综合考虑建筑碳排放指标，建筑节能率及光热环境性能指标，以及办公建筑常规设计目标。通过优化建筑设计参数，提高建筑能源设备与系统效率，充分利用可再生能源，实现降低办公建筑用能需求和减少碳排放量的目的。低碳方案的具体设计流程如下。

（1）设计目标确定

设计目标包括办公建筑碳排放指标和常规设计目标。碳排放指标需要根据设定的低碳、近零碳、零碳或全过程零碳建筑模式，以《零碳建筑技术标准

（征求意见稿）》的相关要求为依据，明确设计建筑的碳排放强度或降碳率。

（2）碳排放来源识别与评估

确定碳排放的具体源头，并分析降碳、碳汇潜力，明确相关的办公建筑设计要素（如场地规划、建筑布局、建筑形体、内部空间、围护界面、绿化景观等）。

（3）降碳策略选择及方案初步生成

针对相关的设计要素，初步确定各要素的降碳设计及技术策略，并集成生成低碳办公建筑初步设计方案。

（4）方案性能评估及优化

方案性能的评估包括建筑碳排放及环境性能指标和常规设计目标两个部分。对于建筑碳排放及环境性能指标，可利用碳排放模拟软件进行设计方案的碳排放计算，同时采用建筑环境性能模拟工具对建筑能耗、建筑热环境、自然通风和采光性能等进行模拟。常规设计目标通常包括功能流线、空间布局、建筑形象、经济性能等。

根据计算结果，判定方案的各类指标（目标）是否满足（符合）碳排放及环境性能标准、使用需求及技术经济指标等综合要求。若满足各项要求，则可确定办公建筑低碳设计方案；若不满足某项要求，则需要对设计方案进行修改、计算、分析和评估，并通过迭代优化直至满足各项要求，以确定最终的办公建筑低碳设计方案。

综上，办公建筑低碳设计流程如图3-2所示。

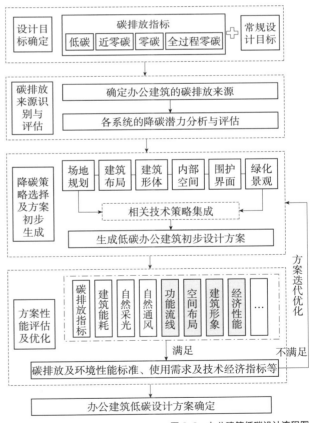

图 3-2 办公建筑低碳设计流程图

在场地选址与规划布局方面，应考虑场地气候、地形地质、水文、污染物、交通等因素，科学地确定选址。同时，宜对场地太阳辐射强度、风环境及生态系统这些与碳排放密切相关的影响因素进行分析考量，随后结合冬季防寒与夏季防热的热环境设计策略，利用和改善小气候，合理规划场地布局。

3.2.1　场地选址与规划布局碳排放影响因素

1. 太阳辐射强度

太阳辐射强度是指在某一时间，地球上单位面积接收到的太阳辐射能，其与日照时间、太阳高度、海拔高度，大气透明度等因素有关。太阳辐射强度决定了场地接收到的太阳热量，从而影响场地的温度。在夏季，太阳辐射强度较高，地面和空气的温度也会相应升高；在冬季，太阳辐射强度较低，地面和空气的温度也会相应降低。同样，太阳辐射强度对建筑的能耗也起到重要影响。夏季太阳辐射会增加建筑的室内温度，从而增加建筑的空调负荷；反之，冬季的太阳辐射在增加建筑室内温度的同时，也会降低建筑的供暖负荷。因此，在不同地区、不同季节，应合理控制进入建筑的太阳辐射量，从而减少建筑的碳排放。

2. 风环境

风环境对建筑的保温性能和热舒适性有着显著影响。在冬季，冷风渗透和冷风直接作用在建筑外墙和屋顶上，可能导致热量流失，增加建筑的供暖负荷。特别是在强风地区，建筑的围护结构需要承受更大的风压，这就要求建筑有更强的保温性能和气密性。因此，在建筑设计阶段，需要对风环境和建筑保温性能进行综合考虑，通过优化建筑布局、合理选择建筑材料、强化保温隔热措施等手段，提高建筑的保温性能，减少能源消耗。在夏季，自然通风可以有效地降低室内温度，减少空调能耗。但是，强风则可能会导致气流速度过快，影响人体的舒适感，甚至损坏建筑外部设备。因此，需要对建筑物的高度、宽度、长度（进深）进行合理规划，以便在夏季充分利用自然通风，同时避免强风的影响（表3-1）。

3. 地形地貌与地质条件

场地地形和地质条件是建筑规划与设计中至关重要的因素，它们直接影响建筑的安全性、稳定性、功能和能耗等方面。

地形条件决定了建筑物的布局和外观。在山地、丘陵等地区，地形起伏较大，建筑设计需充分考虑地形特点，合理利用高差，减少土方开挖，保护

建筑高度、宽度、长度（进深）与风的关系　　　　　　　　　　　表 3-1

内容	图示
建筑高度与风环境的关系	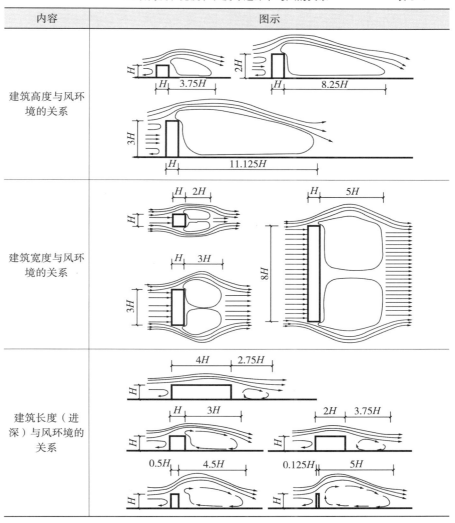
建筑宽度与风环境的关系	
建筑长度（进深）与风环境的关系	

自然环境。同时，根据地形的坡度、朝向等因素，可以优化建筑物的采光、通风和景观效果。

地质条件对建筑物的地基设计和稳定性具有决定性作用。进行建筑规划设计时应了解土壤的承载能力、地下水位、地质灾害风险等信息。根据地质勘查结果，可以确定合适的地基方案、基础类型和施工方法。在软土地区，可能需要采用桩基、深基坑支护等措施；在地震活跃地区，则要注重抗震设计，提高建筑的稳定性和安全性。

地形地貌和地质条件还会影响建筑物的能耗和环境舒适度。因此在设计过程中，根据地形和地质条件，可以综合考虑可再生能源的利用，以降低建筑能耗，提高环境舒适度。例如，在地下水资源丰富的地区，可以利用地下水进行制冷和灌溉；在地热资源丰富的地区，通过科学规划和合理利用地热能，不仅可以满足当地居民在供暖和制冷方面的需求，还能实现能源的可持续利用。这些措施都有助于降低建筑的能源消耗，实现节能降碳的目标。

4. 生态系统

场地生态系统对于低碳建筑的作用是全方位的，它不仅影响建筑的能源消耗和环境，而且关系到居住者的生活品质和全球气候变化的应对。首先，场地生态系统通过多种方式降低建筑对能源的依赖。在炎热的夏季，树叶可以遮挡太阳辐射，降低建筑表面温度，减少室内冷气需求；在寒冷的冬季，密集的树冠可以阻挡寒风的侵袭，减少建筑的供暖需求。其次，场地生态系统通过碳汇作用助力建筑的低碳运行。植物通过吸收二氧化碳进行光合作用，并释放氧气，这一过程有助于减少大气中的二氧化碳含量，进而减缓全球气候变化。建筑周围的绿色植被可以吸收并储存大量的二氧化碳，从而降低建筑运行过程中产生的碳排放。再次，场地生态系统对改善室内环境具有显著效果。绿色植物是自然的空气净化器，它们通过光合作用将二氧化碳转化为氧气，释放到室内环境中。这种生物过程不仅有助于清除室内的有害物质，还能为室内提供新鲜、健康的空气，从而显著改善室内空气质量。除了光合作用，植物的蒸腾作用也是一个重要的生态功能。通过蒸腾作用，植物释放水分，增加室内的湿度，这些都有助于降低建筑对机械通风和湿控制的依赖，从而节约能源。总之，通过合理利用场地生态系统，可以在降低建筑的能源消耗、吸收并储存二氧化碳、改善室内环境、提升建筑美观度、保护地基和水资源管理等方面发挥重要作用（表3-2）。

场地生态设计内容 表3-2

场地生态系统内容	评价指标
充分保护或修复场地生态环境，合理布局建筑及景观	①保护场地内原有的自然水域、湿地、植被等，保持场地内的生态系统与场地外生态系统的连贯性； ②采取净地表层土回收利用等生态补偿措施； ③根据场地实际状况，采取其他生态恢复或补偿措施
规划场地地表和屋面雨水径流，对场地雨水实施外排总量控制	场地年径流总量控制率达到55%~70%
充分利用场地空间设置绿化用地	①公共建筑绿地率应达到规划指标105%及以上； ②绿地向公众开放
利用场地空间设置绿地雨水基础设施	①下凹式绿地、雨水花园等有调蓄雨水功能的绿地和水体的面积之和占绿地面积的比例达到40%~60%； ②衔接和引导不少于80%的屋面雨水进入地面生态设施； ③衔接和引导不少于80%的道路雨水进入地面生态设施； ④硬质铺装地面中透水铺装面积的比例达到50%

3.2.2 场地选址与规划布局原则

场地选址与规划布局的原则主要包括以下几个方面。

1. 充分考虑场地气候条件

在进行建筑设计和运营的过程中，场地气候条件扮演着举足轻重的角色，是一个必须重点考虑的关键因素。场地气候条件包含了众多自然因素，如温度、湿度、降水、风速、风向、日照时间及太阳辐射等。这些因素不仅影响建筑物的能耗，还决定了环境舒适度、材料选择和建筑布局。首先，温度是影响建筑设计和能耗的主要气候因素。在寒冷地区，冬季温度低，建筑物的保温和供暖就成为重点考虑的问题。设计时需选用保温材料，安装供暖设备，并合理设计建筑布局，充分利用太阳能辐射，减少热量损失。而在炎热地区，夏季温度高，故建筑物的隔热和通风就显得尤为重要。建筑设计时需注重遮阳、通风，选用反射性强的材料，以降低建筑物表面温度。其次，湿度也是影响建筑的重要气候因素。在潮湿地区，建筑设计需要考虑防潮、防水，合理设计排水系统，并选用耐腐蚀的材料；而在干燥地区，则需要考虑加湿、保湿，以保证室内湿度适宜。此外，降水对建筑的影响主要体现在防雨、排水设计上。不同地区的降水量和降雨强度各有特点，建筑设计需要根据这些特点进行针对性设计。再次，风向和风速对建筑物的通风和抗风能力提出了要求。在风力较大的地区，建筑设计需考虑抗风强度和稳定性；而在风力较小的地区，则要注重建筑的通风性能。最后，日照时间和太阳辐射也是影响建筑采光和供暖的重要因素。在日照充足的地区，建筑设计需考虑合理利用太阳能；而在日照较少的地区，则需要采用人工照明和供暖设备。

2. 选择适宜建设的地形以避免地质灾害的影响

在选择适宜建设的场地以避免地质灾害的影响时，应综合考虑多个因素。首先，需要分析地形地貌的特点，包括地势高低、坡度、地形起伏等。在条件允许的情况下，宜选择平坦且坡度适中的场地进行建设。应尽量避免坡度过大或地形过于崎岖的场地。其次，需要关注地质构造和土壤条件。宜选择地质稳定、土壤承载力高的地区进行建设。如果土壤松散、含有大量碎石或存在断层等地质缺陷，那么在这些地区进行建设可能会面临较大的地质灾害风险。最后，需要充分考虑场地的水文条件，应避开滑坡、泥石流等地质危险地段，以及避开低洼、易发生洪涝地区。当用地条件存在困难时，易发生洪涝地区应有可靠的防洪涝基础设施。

3. 避免选择有污染的场地

场地环境污染是指在一定空间范围内的土壤和地下水受到污染物的影响，导致其质量下降，对人类和生态系统造成危害的现象。场地环境污染是一个复杂且多源的问题，其来源极为多样，包括化学污染、微生物污染、放射性污染、噪声污染及光污染。为了避免场地环境污染，在场地选址阶段，就应充分考虑环境因素，避免选取已被污染的场地。当场地已被污染时，应采用适宜的生态修复技术，如植被恢复、土壤改良等，对已经受到污染的场地环境进行修复和改善。在场地规划布局阶段，应合理规划功能的分区，避免将污染性强的功能分区布置在场地的上风向。在场地建设阶段，应建立和完善污水处理设施，对废水进行有效的处理和再利用。同时，还应加强垃圾分类和处理设施建设，对生活垃圾和工业垃圾进行无害化处理，避免其对场地环境造成污染。

4. 避免周边要素的干扰

当场地周边建筑、道路、水体等要素较多时，在进行场地规划布局的时候要尽量避免场地周边不利因素的影响。例如，应避免周边建筑的阴影遮挡，避免道路的交通噪声影响，避免周边水体布置在冬季主导风向路径上等不利影响。

5. 拥有便利的交通条件

拥有便利的交通条件在降低碳排放方面发挥着重要作用。首先，便利的交通条件通常意味着更高效的交通系统，包括优化的道路网络、合理的交通流线设计及丰富的公共交通设施。这样的系统能够减少车辆拥堵和行驶距离，从而降低燃油消耗和尾气排放。其次，便利的交通条件促进了公共交通的使用。当公共交通系统发达且便捷时，人们更倾向于选择公交、地铁等公共交通工具出行。公共交通工具通常具有更高的载客量和更优化的行驶路线，因此其单位运输量的碳排放往往低于私家车。最后，便利的交通条件还鼓励了非机动交通方式的发展，如步行、骑行等。这些低碳出行方式不仅有助于减少碳排放，还有益于人们的身心健康和城市环境的改善。

6. 场地雨水的保留

利用场地透水铺装技术，实现雨水迅速渗入地表的目标。这种铺装设计使得雨水能够更自然地与土壤接触，进而迅速还原成地下水，从而及时补充了宝贵的地下水资源。这不仅有助于维护地下水的稳定供应，而且在一定程度上缓解了城市洪涝问题。同时，透水铺装的设计还有助于保持土壤的湿度，为地表的植物提供适宜的生长环境，促进了植物的生长和繁茂。此外，保持土壤湿度还能改善土壤微生物的生存条件，从而增强了土壤的生态功能。

3.2.3 规划布局低碳设计策略

1. 不利因素的退让

在面对诸如地质不稳定、阴影遮挡、环境敏感等不利因素时，退让策略的运用显得尤为重要。例如通过退让，可以避免在地质条件较差的区域进行大规模的建设活动，从而减少因地质问题导致的安全隐患；或是通过退让，减少周边建筑的阴影对于场地的遮挡。在环境敏感区域，如湿地、绿地等，退让不仅是对自然环境的尊重和保护，也是实现可持续发展的必然要求。通过合理的退让，可以确保建筑活动不对这些敏感区域造成不可逆的损害，保留和恢复场地的生态功能。

2. 顺应／避免主导风向

在场地设计中，顺应或避免主导风向是一个至关重要的考虑因素。顺应主导风向，意味着可以巧妙地利用自然风力，实现建筑的自然通风，提高室内环境的舒适度，同时降低能源消耗，实现绿色低碳的建筑设计理念。例如，在热带地区，可以设计开敞式的场地布局，利用主导风向穿过建筑，带走室内的热量，从而降低空调的使用频率，节约能源，减少碳排放。而在寒冷地区或风力较强的地区，过强的风可能会带来不舒适感，甚至对建筑的稳定性和安全性造成威胁。在这种情况下，需要通过增强建筑的密封性，设计合理的挡风设施，来减少主导风对建筑内部的影响（表 3-3）。

顺应／避免主导风向的规划布局 表 3-3

类型	规划布局	图示
顺应主导风	平面布局：错列式和斜列式通风效果更好，可以增大建筑的迎风面	
	群体组合：①建筑长短结合，院落开口迎向夏季主导风向；②建筑高低结合布置，较低建筑布置在迎风面；③建筑疏密布置，风道断面变小使风速加大，可改善东西向建筑通风	

类型	规划布局	图示
顺应主导风	群体组合： ①建筑长短结合，院落开口迎向夏季主导风向； ②建筑高低结合布置，较低建筑布置在迎风面； ③建筑疏密布置，风道断面变小使风速加大，可改善东西向建筑通风	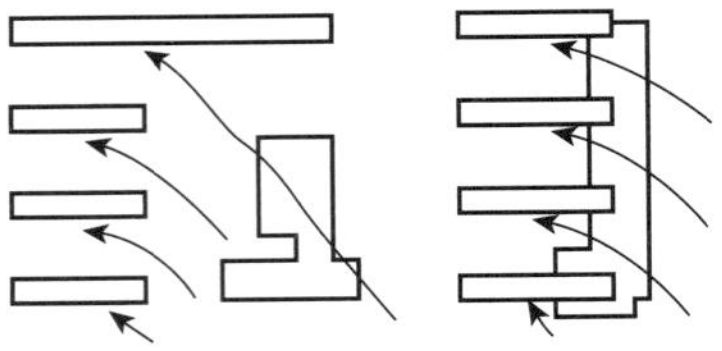 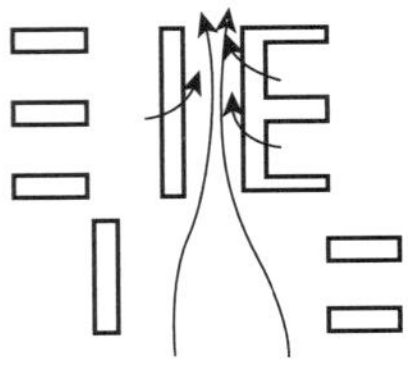
	开敞空间引风：通过道路、绿地和水面等将夏季主导风引入	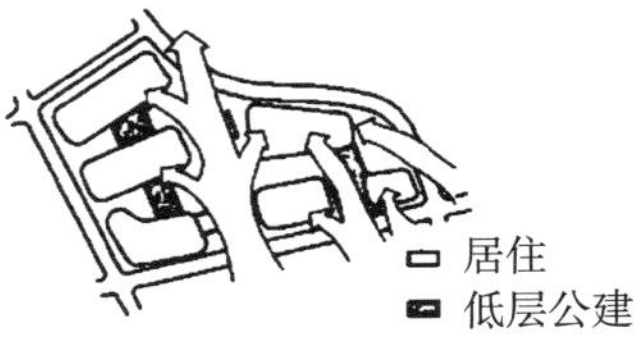 　□ 居住　■ 低层公建
	绿化植被引导气流：利用成片树丛阻挡或引导气流	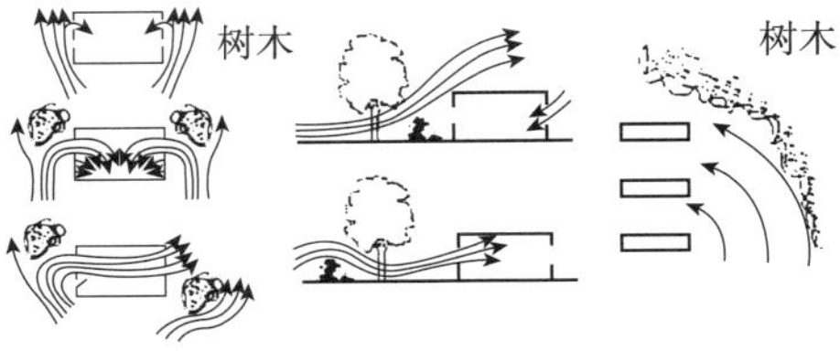 　树木
避免主导风	合理选择封闭或半封闭周边式布局的开口方向和位置，使得建筑群的组合做到避风节能	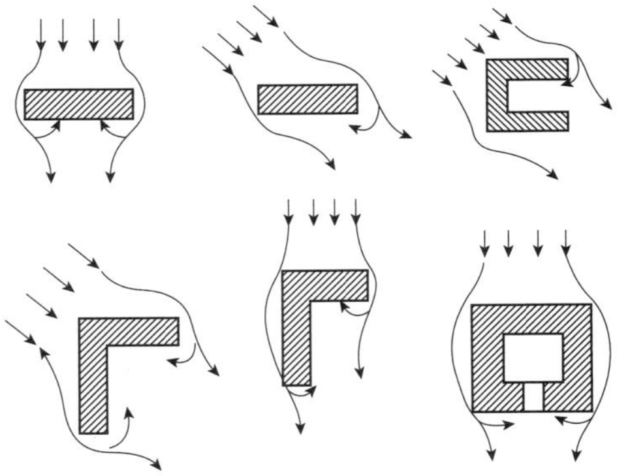
	建筑物紧凑布局，使建筑间距与建筑高度之比在1：2的范围以内，可以充分利用风影效果，使后排建筑避开寒风侵袭	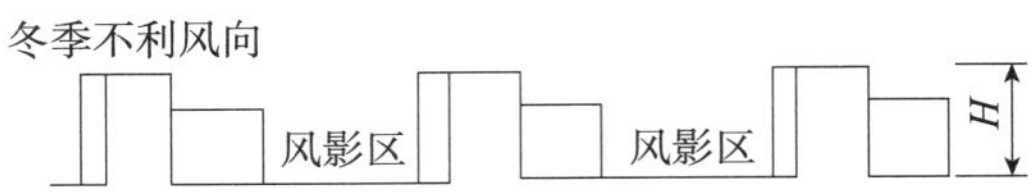 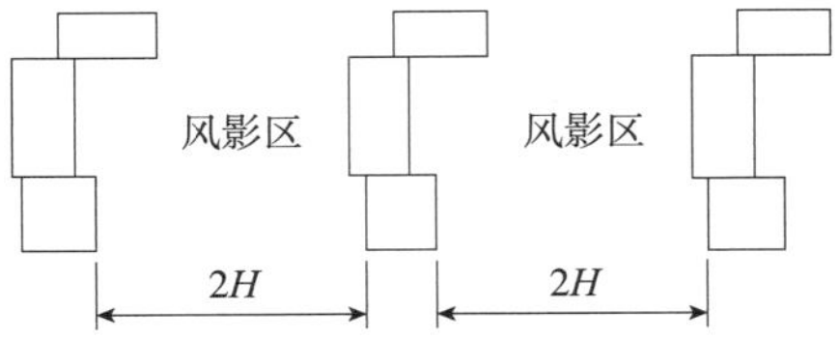 　冬季不利风向　风影区　风影区　H　$2H$

44

3. 设置防风体系

在场地生态环境方面，通过布置植物防护林，可以有效地为场地提供物理阻挡作用。这种防护林不仅美化了环境，而且起到了重要的保护作用。防护林能够显著地降低风速，减弱强风对场地的直接冲击，更重要的是，它还能有效地减少强风所夹带的沙、尘等颗粒物对建筑和周边环境的侵袭（表3-4）。同时，通过布置防风构筑物，可以减弱强风对建筑物及人们生活工作的影响，提高安全性，并可以创造相对平静的区域，阻挡强风对于人居环境的干扰。

设置防护林　　　　　　　　　　　　　　表3-4

内容	功能	图示
防护林	阻挡强风：浓密的大树及林下灌木可阻挡强风的侵袭，防风林应与季节风盛行的方向垂直，而且在树高5~10倍距离范围内具有最佳的防风效果	
	阻挡颗粒物：缓和空气粉尘、汽车尾气等影响	

4. 降低地表热辐射

在场地生态环境方面，应采取技术手段改造地表放热设施。利用地表乔灌木绿化手段遮阳与水体蒸发降温，可减小太阳辐射得热及地表辐射作用，营造舒适的场地热湿环境。

5. 场地排水与储水

在场地的竖向设计中，必须充分考虑雨水的排除问题，确保场地不会积水，从而满足场地的正常使用要求。为了实现这一目标，需要建立有组织的排水系统。这一系统能够有效地引导雨水流向指定的排水口，从而避免雨水在场地内滞留（表3-5）。同时，应配置必要的排水构筑物，在满足自然排水的同时，尽可能使雨水下渗（表3-6），并将雨水截留在场地当中。

场地排雨水方式	适用情况
自然排水	①降雨量较小的气候条件； ②渗水性强的土壤地区； ③雨水难以排入管沟的局部小面积地段
明沟排水	①整平面有适于明沟排水的地面坡度； ②场地边缘地段，或多尘易堵、雨水夹带大量泥沙和石子的场地； ③设计地面局部平坦，而水口收水不利的地段； ④埋设下水管道不经济的岩石地段； ⑤未设置雨、污水管道系统的郊区或待开发区域； ⑥雨水管道埋深、坡度不够的地段
暗管排水	①场地面积较大，地形平坦； ②采用雨水管道系统与城市管道系统相适应者； ③建筑物和构筑物比较集中、交通线路复杂或地下工程管线密集的场地； ④大部分建筑屋面采用内排水的地区； ⑤场地地下水位较高的地区； ⑥场地环境美化或建设项目对环境洁净要求较高

场地储水方式 表 3-6

场地储水方式	简述	图示
透水铺面	在场地内设置透水铺面，通过采用不同层次的构造措施，将雨水逐层过滤下渗。硬质铺装地面中透水铺装面积的比例应达到 50%	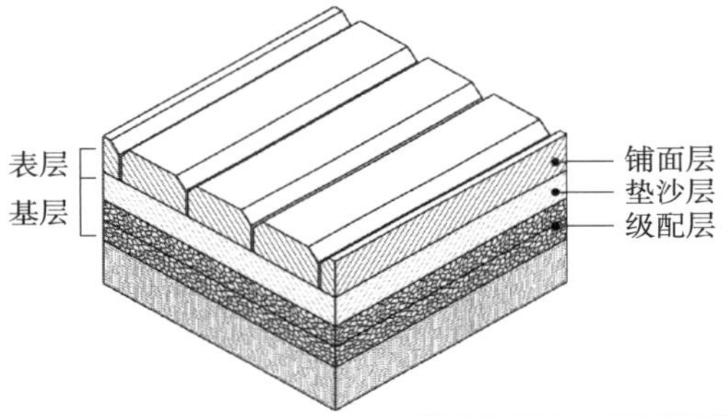
绿地、被覆地或草滩设计	利用绿地、道路等非硬化地面进行雨水收集。在设计的时候应避免地表直接裸露，应铺设碎石、脚踏石、枕木等，避免尘土飞扬、土壤流失等情形发生	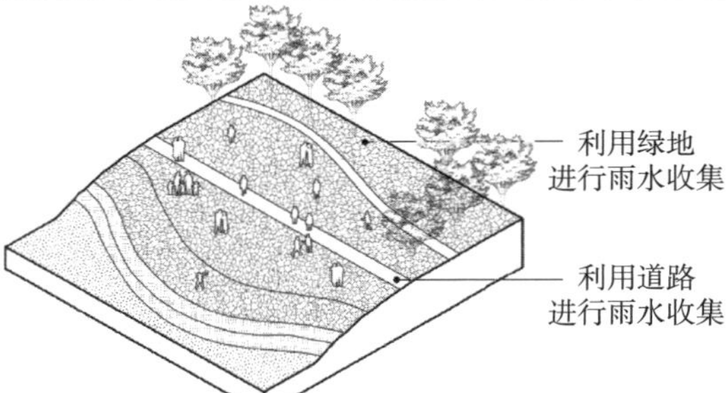
景观预留渗透水池	雨水预留设施，通常是指人工湖、庭院水池、广场、校园、停车场、屋顶等具有缓慢渗透排水功能的预留水塘，先将雨水暂时截流于低洼处，再让其慢慢渗透循环，从而使其具有如湖泊、水库、池塘、沼泽一样的功能或兼具促进生态之功效。雨水预留设施等有调蓄雨水功能的绿地和水体的面积之和占绿地面积的比例应达到 40%~60%	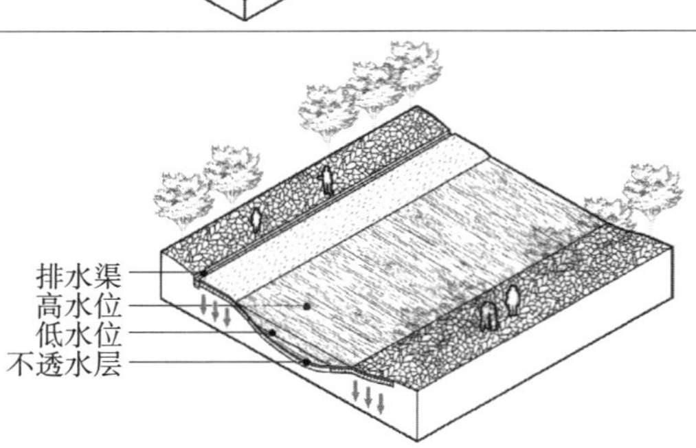

场地储水方式	简述	图示
预留渗透空地	预留渗透空地的设计，即利用低洼地区作为暴雨来临时的雨水储存空间，使其自然成为淹水的区域；待雨停后再慢慢入渗至地下，或将多余的雨水排入下水道	 排水渠 溢留水位线 可预留体积 透水铺面
人工地盘预留	利用建筑基地中的人工地盘上方来做雨水的预留设计，例如屋顶花园及中庭花园的预留雨水、屋顶层雨水预留设施等设计，从而达成暂时预存雨水的功效，以延迟暴雨时雨水径流，减缓都市洪峰现象，同时达到部分保水的功能。屋顶层雨水预留设施应衔接和引导不少于80%的屋面雨水进入地面生态设施	 屋顶花园 阳台花园 中庭花园
渗透排水管、渗透雨井	通过人工辅助入渗设施来加速降水渗入地表以下，以弥补自然入渗不足。此外，在降雨量极大的状态下亦可使雨水暂时预留其中，待雨停后再缓缓回渗，从而达到辅助入渗的作用	 渗透井 渗透管
道路排水	道面排水宜采用生态排水的方式。道路雨水首先汇入道路绿化带及周边绿地内的低影响开发设施，并通过设施内的溢流排放系统与其他低影响开发设施或城市雨水管道系统、超标雨水径流排放系统相衔接。应衔接和引导不少于80%的道路雨水进入地面生态设施	 路面滤网 绿化带 路面 土壤 雨水管道 流向雨洪系统

6. 合理的交通设置

为了实现降碳目标，场地交通的设计必须综合采取一系列策略。第一，应充分利用现有的城市公共交通网络，鼓励更多人选择公共交通作为出行方式，降低私家车的使用频率。第二，通过实施人车分流，将行人和车辆分开，不仅提高了交通安全性，也确保了交通的流畅性。第三，增设便捷安全的自行车道、步行道等慢行交通系统，为场地使用者提供更多绿色、健康的出行选择。第四，对室外活动区域进行合理的分区，从而有助于优化交通组织和管理，减少不必要的交通拥堵和排放。第五，积极支持新能源交通工具的使用，推动清洁能源在交通领域的广泛应用，从源头上减少碳排放。合理的交通设置具体包括以下措施。

（1）应优化场地出入口的设置，以便利用公共交通，并确保使用者步行到轨道交通站点的距离不超过500m或场地出入口步行距离800m范围内设有不少于2条线路的公共交通站点，以提升交通便捷性。

（2）通过降低小汽车使用频率、限制车辆进入及形成人车分流的交通体系，可以有效地提升场地内交通的便捷性和安全性，为场地内的人员创造一个更加舒适、安全的出行环境。

（3）停车场和地下车库出入口尽量集中、隐蔽设置，以避免对人的主要活动区产生干扰（如安全干扰、噪声干扰及废气排放干扰）。

（4）建筑场地的规划中，积极推广和构建自行车道、步行道等慢行交通系统，为使用人群提供更为便捷、健康的出行方式。

（5）在交通组织上满足能为各区所共享的公共服务设施的人、车流交通需求。

（6）交通系统与场地环境中的生态廊道和通风廊道结合起来考虑。

（7）支持对节能和采用新能源的交通工具的使用。

3.3.1　建筑布局与形体设计相关碳排放影响因素

3.3
建筑布局与形体设计

1. 建筑朝向

选择建筑物的朝向，需要综合考虑多种因素，以确保建筑能够在满足功能需求的同时，还可以达到节能和舒适度的最优状态。

首先，必须根据当地的气候条件和局地气候特征进行考量，因为这些因素将直接影响建筑的热环境和通风效果。建筑朝向作为影响建筑节能和室内舒适度的重要设计因子，其选择应谨慎。日照和通风是决定建筑朝向的关键因素，它们对于创造宜人的室内环境和提高能源利用效率至关重要。因此，在选择建筑朝向时，需要深入分析和理解当地的气候特点，包括日照时长、风向、风速等，以确保建筑能够最大限度地利用自然资源，减少能源消耗。

其次，地理环境、建筑用地情况等因素也不容忽视。因此，在进行朝向选择时，需要进行全面的现场调研和数据分析，以确保所选朝向既符合节能和舒适度的要求，又能够适应具体的地理环境和用地条件。

在节约用地的前提下，不同气候区朝向选择考虑如下（表3-7）。

我国不同气候分区主要城市建筑朝向建议　　　　　　　　　　　　　　表 3-7

气候分区	地区	最佳朝向	适宜朝向	不宜朝向
严寒地区	哈尔滨	南偏东 15°~20°	南至南偏东 15° 南至南偏西 15°	西北、北
	长春	南偏东 30° 南偏西 10°	南偏东 45° 南偏西 45°	北、东北、西北
	沈阳	南、南偏东 20°	南偏东至东 南偏西至西	东北至西北
寒冷地区	北京	南至南偏东 30°	南偏东 45° 范围内 南偏西 35° 范围内	北偏西 30°~60°
	石家庄	南偏东 15°	南至南偏东 30°	西
	太原	南偏东 15°	南偏东至东	西北
	呼和浩特	南至南偏东 南至南偏西	东南、西南	北、西北
	济南	南、南偏东 10°~15°	南偏东 30°	西偏北 5°~10°
	郑州	南偏东 15°	南偏东 25°	西北
夏热冬冷 地区	上海	南至南偏东 15°	南偏东 30° 南偏西 15°	北、西北
	南京	南、南偏东 15°	南偏东 25° 南偏西 10°	西、北
	杭州	南偏东 10°~15°	南、南偏东 30°	西、北
	合肥	南偏东 5°~15°	南偏东 15° 南偏西 5°	西
	武汉	南、南偏西 15°	南偏东 15°	西、西北
	长沙	南偏东 9° 左右	南	西、西北
	南昌	南至南偏东 15°	南偏东 25° 至 南偏西 10°	西、西北
	成都	南偏东 45° 至 南偏西 15°	南偏东 40° 至 南偏西 45°	东、西
	重庆	南偏东 30° 至 南偏西 30°	南偏东 45° 至 南偏西 45°	西、西北
夏热冬暖 地区	福州	南、南至南偏东 5°~10°	南偏东 20° 以内	西
	深圳	南偏东 15° 至 南偏西 15°	南偏东 45° 至 南偏西 30°	西、西北
	广州	南偏东 15° 至南偏西 5°	南偏东 22°、 南偏西至西	西
	厦门	南至南偏东 15°	南至南偏西 15° 南偏东 15°~30°	西南、西、西北
	南宁	南、南偏东 15°	南偏东 15°~25° 南至南偏西 15°	东、西
温和地区	昆明	南偏东 25°~56°	东至南至西	—

注：以上数据都来源于各地区制定的建筑节能设计标准或规范，对于尚未制定相关标准或细则的地区，可以借鉴相近地区的推荐值。

（1）严寒地区：应使建筑物在冬季能最大限度地获得太阳辐射，夏季则尽量减少太阳直接射入室内。

（2）寒冷地区：冬季争取获得较多的太阳辐射，并避开主导风向；夏季避免过多的日照，并有利于自然通风。

（3）夏热冬冷地区：冬季充分利用太阳辐射，并避开主导风向；夏季尽量减少太阳辐射，并有利于自然通风。建筑朝向应与夏季主导季风风向控制在 30°~60°。尽量避免东西向日晒。

（4）夏热冬暖地区：考虑太阳辐射，避免西晒，在夏季和过渡季充分利用自然通风。在平衡冬季防风的前提下，应顺应夏季主导风向，尽最大可能获取自然通风。

（5）温和地区：冬季争取获得较多的太阳辐射，夏季则避免过多的日照，全年利用自然通风。

最佳朝向的地区性差异较大，故无法笼统给出明确要求，具体实践中应选用经过认证的软件工具，辅助选择最佳朝向。

此外，不同功能空间应按照功能不同安排朝向。一般来说，主要功能空间（办公室、会议室等）应优先放置在采光、防寒、防晒最为有利的朝向，辅助功能空间（含档案室、储藏室、卫生间）除考虑必要的服务需求外，应避免占用有利朝向（表 3-8）。

不同功能空间的适宜朝向　　　　　　　　　　　　　表 3-8

房间名称	北	东北	东	东南	南	西南	西	西北
普通办公	*	*	*	*	*	*		
领导办公	*	*	*	*	*	*		
会议	*	*	*	*	*	*	*	*
微机室	*	*	*					*
档案室							*	*
复印							*	*
工作餐厅	*	*	*				*	*
休息	*	*	*	*	*	*		
楼梯	*	*	*				*	*
卫生间	*	*	*				*	*
设备用房	*	*	*					*

注：* 表示不同功能空间的适宜朝向，未打 * 的则表示不适宜朝向。

2. 体形系数

所谓体形系数，即建筑物与室外空气接触的外表面积与建筑体积的比值。体形系数具有明确的物理意义，代表着单位建筑体积所占有的外表面积，也就是散热面的大小。这一指标在建筑设计和节能评估中具有重要意义。建筑物的能耗在很大程度上受到围护结构传热耗热量的影响，而这种传热耗热量与传热面积成正比。换句话说，建筑物的外表面积越大，其通过围护结构散失的热量也就越多。因此，体形系数的大小直接关系到建筑物的能耗水平。

具体来说，当建筑物的体形系数较大时，单位建筑空间的热散失面积相对较大。这意味着在相同条件下，该建筑物需要消耗更多的能源来维持室内温度的稳定。反之，如果体形系数较小，则建筑物的热散失面积相对较小，能耗也会相应降低。当建筑物各部分围护结构传热系数和围墙面积比不变时，建筑物耗热量指标是随着建筑体形系数的增长而线性增长的。

3. 日照间距

在前后相邻的建筑之间，为保证北面建筑符合日照标准，南面建筑的遮挡部分与北面建筑保持的间隔距离，称为日照间距（图3-3）。正确地处理建筑的间距是保证建筑获得必要日照的条件。

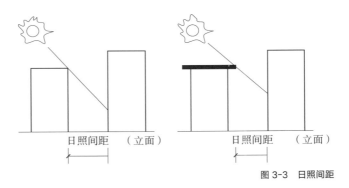

图3-3 日照间距

对于不同朝向的建筑，还应考虑日照间距的折减系数。日照间距系数 L 就是根据日照标准确定的日照间距 D 与遮挡计算高度 H 的比值。其中，遮挡计算高度 H 为遮挡建筑的遮挡部分之高程 a 和被遮挡建筑距首层地面高程 b 0.9m 高外墙处（即遮挡计算起点）的差值（图3-4）。

日照间距系数 L 可用式（3-1）计算：

$$L=D/H \qquad\qquad (3-1)$$

式中　L——日照间距系数；

　　　D——日照间距；

　　　H——遮挡计算高度，即遮挡建筑的遮挡部分之高程 a 和被遮挡建筑距首层地面高程 b 0.9m 高外墙处的差值。

日照间距系数的原理是以太阳高度角原理，选择使日照间距最小的满足日照要求的时间段来进行推导的。在办公建筑群体的设计中，应控制好建筑之间的距离，尽量避免建筑之间相互的遮挡。

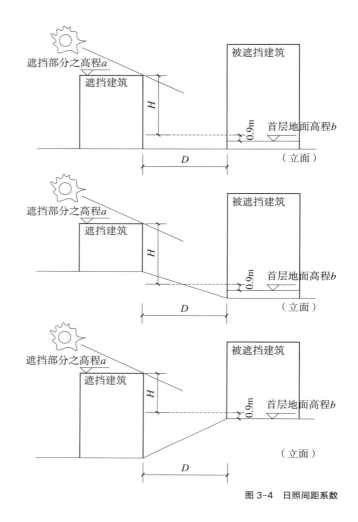

图 3-4 日照间距系数

日照间距系数在不同方向有所折减，折减系数见表 3-9。

不同方位的日照间距折减系数   表 3-9

方位	0°~15°	15°~30°	30°~45°	45°~60°	> 60°
折减系数	1.0L	0.9L	0.8L	0.9L	0.95L

注：①表中方位为正南向（0°）偏东、偏西的方位角。
②L 为当地正南向建筑的标准日照间距。
③本表仅适用于无其他日照遮挡的平行布置条式建筑之间。
实际项目中，设计阶段应进行日照模拟分析；运行阶段在设计阶段评价方法之外应核实竣工图及其日照模拟分析报告，或现场核实。

3.3.2 建筑布局与形体低碳设计原则

建筑形体设计是建筑设计过程中的一项核心任务，在构思建筑形体时，应充分考虑到如何与外界环境进行最小化的能量交换，以实现最优的降碳效果。

通过合理利用自然因素，可以创造出舒适、节能的建筑环境，提高办公建筑的使用品质。建筑布局与形体低碳设计中应用到的设计原则主要有以下几项。

（1）选择合适的朝向，调节建筑在不同地区与季节获得的太阳辐射。

选择合适的建筑朝向是建筑布局中至关重要的环节，它直接关系到建筑在不同地区和季节所获得的太阳辐射量。通过朝向的合理选择，可以优化办公室建筑的采光、通风和视野，同时提升办公人群的舒适度，并实现节能降碳的目标。

（2）通过建筑形体设计，调节建筑在不同地区与季节获得或隔离的太阳辐射量。

建筑形体设计不仅仅是外观的美化，更是地域性的生动展现。只有对不同地区气候特点有深入的了解，同时灵活运用和创新，才能确保办公建筑能够在不同环境条件下实现理想的太阳辐射调控效果。具体来说，建筑形体设计涉及多个层面的考量。在寒冷地区或冬季，应注重增加建筑的南向采光面积，利用太阳的高度角变化，使办公区域能够最大限度地接收太阳辐射，从而提高室内温度，减少取暖能耗。而在炎热地区或夏季，则应采用遮阳、通风等设计策略，减少太阳直射，从而降低室内温度，创造宜人的办公环境。此外，建筑形体设计还需要考虑到办公建筑的功能需求和使用者的舒适度。例如，在底层门厅或接待空间中，需要通过空间和灯光的设计来创造明亮的室内环境，吸引人流；而在办公空间中，则可能更注重隐私和遮阳效果，以确保使用者能够在一个舒适、安静的环境中工作。

（3）通过适当减小或增大建筑的体形系数，更好地实现建筑的保温与散热。

在设计办公建筑时，通过减小或增大体形系数，可以有效地控制建筑的热交换效率，进而实现更好的保温或散热效果。减小体形系数可以减少建筑外表面积，降低与外界环境的热交换，从而提高保温性能；而增大体形系数则可以增加建筑与外界环境的接触面积，促进室内热量的散发，提高散热性能。通过科学合理地调整体形系数，可以实现办公建筑的节能、环保和舒适性的提升，这同样也是推动绿色建筑和节能降碳理念在办公建筑落实的重要途径。

（4）通过特殊的空间处理促进建筑的通风散热。

通过因地制宜的空间处理手法，可优化建筑的空间布局，提高空间的利用效率，并创造具有吸引力和功能性的室内办公空间。在低碳办公建筑的设计中，促进通风散热是一个核心目标，因为良好的通风散热性能对于提高建筑的舒适度和降低能耗至关重要。通风散热的实现需要综合考虑多个因素，包括应对不同防寒、防热地区的空间形态设计、建筑的朝向、开口位置、门窗设计及建筑材料的选择等。通过合理的空间处理，可以优化建筑的通风路径，提高空气流通效率，减少热量的积聚，从而实现更好的散热效果。

3.3.3 建筑布局与形体低碳设计策略

1. 典型气候区建筑形体设计与空间布局要点

不同气候条件下的建筑形体设计和建筑空间布局要点见表3-10。

不同气候条件下的建筑形体设计和建筑空间布局　　　　　　　　　　表 3-10

气候分区	代表城市	地理范围	气候特征	气候设计特点	建筑单体设计要点	建筑形体设计要点	建筑空间布局要点
严寒地区和寒冷地区	北京、哈尔滨、拉萨	主要包括东北、华北、西南地区和海拔3000m以上的青藏高原地区	冬季寒冷，平均温度一般不高于0℃，严寒地区最冷月平均温度甚至不高于-10℃，降水经常以雪的形式出现，白昼及日照时间短，上述特征持续时间长，季节变换明显	围合、封闭、向阳	①建筑防寒、保温最重要，保持室内热量并减少冷风渗透；②考虑冬季防风设计；③充分利用太阳能设计；④部分寒冷地区夏季兼顾防热设计或适当考虑被动式降温设计	①增加建筑向阳面，利于日照纳阳和太阳辐射得热；②降低体形系数，减少体形不必要和小尺度的凹凸变化；③限制开窗面积	①室内空间整体布局紧凑；②建筑开口朝向尽量设置在能够充分得到太阳辐射的方位；③建筑迎风侧利用能经受温度波动的房间或者区域设计适宜的缓冲区，并减少迎风侧开窗面积；④建筑出入口处做门斗，防止冷风侵入；⑤建筑向阳侧设计被动式太阳房，以创造比较舒适的室内热环境
	乌鲁木齐（寒冷干热地区）	主要分布在我国新疆中部环吐鲁番盆地地区，相当于气候区划的Ⅶ区	最冷月平均气温不高于0℃，最热月平均气温为25~30℃，最热月平均相对湿度不低于50%。此地区干旱，太阳辐射强，夏季炎热，年温差和日温差大，空气湿度低，降水稀少且不平均，并时常有风沙天气出现	紧密、围合	①优先考虑保温隔热性能；②利用干热气候条件下的空气蒸发冷却原理，进行室外空气的降温加湿处理	①减少建筑外表面受热面积，有效控制夏季热辐射；②建筑外墙厚实且有可开启式开口，利于白天隔热、夜间通风散热；③宜有小而深的内庭院	①建筑室内空间宜采用紧凑型布局；②封闭庭院围合布局，利用遮阳和蒸发冷却的组合，使得庭院地面处温度低于室外气温；③可变式门廊空间设计，调节建筑外皮表面积，应对昼夜热量差渗透
温和地区	昆明、贵阳	主要包括云南大部分地区和贵州、四川西南部，以及西藏南部	冬温夏凉，最冷月平均气温为0~13℃，最热月平均气温为18~25℃。气温年较差偏小，日较差偏大，日照较少，太阳辐射强烈，部分地区冬季气温偏低。此地区冬季温和、夏季凉爽的气候条件对建筑热工性能要求相应简单，在城市设计中对于气候调节、控制的"迫切性"不如其他四种气候类型的城市	应变性、被动式太阳能设计	①被动式太阳能利用；②夏季防止太阳辐射	①建筑体形简洁，较少凹凸变化，减少夏季建筑热吸收和冬季建筑热损失；②开放式内庭院；③适中的开窗面积	①室内空间布局较为自由；②建筑开口适中，以避免引入太多热流；③建筑平面以长条形、浅进深平面为主，且留有中庭、回廊，以供双面通风之用

气候分区	代表城市	地理范围	气候特征	气候设计特点	建筑单体设计要点	建筑形体设计要点	建筑空间布局要点
夏热冬冷地区	上海、重庆、武汉、南京、南昌	主要包括我国的中东部地区，具体为陕西南部、湖北、湖南、江苏、安徽大部、上海、四川东南部，以及浙江、江西全省	冬季寒冷，夏季闷热，最冷月平均气温在 –5~–10℃，最热月平均气温在 25~30℃。气温年较差较大，相对湿度高，年平均相对湿度80% 左右	开敞、分散、通风	①注重建筑保温综合设计；②夏季充分利用自然通风；③冬季争取更多的太阳辐射；④夏季控制太阳辐射；⑤夏季隔热设计	①适中或可变的建筑表面受热面和体形系数，利于夏季建筑表面散热、通风除湿和减少冬季建筑热损失；②采用小天井来降低太阳辐射产生的余热；③宜采用可开启式开口	①通过建筑相互遮蔽或建筑自遮阳方式减少从建筑开口进入的太阳辐射；②采用狭长形平面的空间布局，并辅以开敞廊道，利于建筑内部每个房间获得独立的自然通风条件；③通透的建筑空间，结合不同开敞的平面和剖面产生风压通风、热压通风或两者兼有的混合通风；④建筑迎风面开口较大，并尽量和夏季来风风向之间的夹角保持在 30~120°，保证冬季室内空间太阳能供暖和采光
夏热冬暖地区	广州、南宁、海口、香港	海南全省，福建南部，广东、广西大部及云南南部，台湾	长夏无冬，温高湿重，气温年较差和日较差均很小。雨量充沛，多热带风暴和台风。太阳高度角大，太阳辐射强烈。最冷月平均气温高于 10℃，最热月平均气温为 25~29℃，年平均日较差 5~12℃，年平均相对湿度80% 左右，年降水量大多在 1500~2000mm，是我国降雨最多的地方。年辐射量为 130~170W / m²。夏季多东南风和西南风，冬季多东风	开敞、分散、遮蔽、被动蒸发	①充分利用自然通风；②夏季防止太阳辐射；③注重建筑隔热设计；④避免一切增加湿度的做法	①在控制体形系数的前提下，适宜将建筑底层架空或设计成骑廊，增加建筑表面散热面积，利于通风除湿；②宜采用大进深，避免直接太阳辐射；③宜采用高深窄小的天井	①通过建筑相互遮蔽或建筑自遮阳方式减少从建筑开口进入的太阳辐射；②建筑开口较大，以形成通风口；③组织贯通室内水平向穿堂风的建筑开口，有利于形成建筑前后压差；④利用竖向倒斗空间形成室内外热压通风

注：对于建筑形体设计和建筑空间布局而言，严寒地区和寒冷地区气候特征接近，其气候适应性设计原则基本一致，部分寒冷地区需兼顾夏季防热设计；而以乌鲁木齐为代表的寒冷干热地区的干旱气候有别于以北京为代表的一般寒冷地区的半湿润气候，因而单独列出其建筑体形设计要点和建筑空间布局要点。

2. 与环境相适应的形体设计

1）应对防寒的形体设计

（1）简洁的形体

办公建筑体量的大小取决于它的平面形式，故平面形式对建筑能耗有着显著的影响。建筑的平面形状决定了在相同建筑底面积下，建筑外表面积的大小。不同的平面形状，即使底面积相同，也会导致建筑外表面积有所差异。这种差异在能耗上表现为散热性能的不同。此外，建筑外表面积的增加意味着建筑由室内向室外的散热面积也相应增加。这意味着在相同的气候条

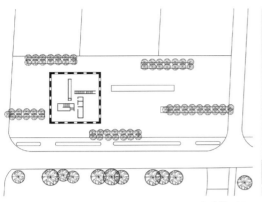

图 3-5　2226 办公楼平面图

图 3-6　2226 办公楼效果图

件下，散热面积更大的建筑需要消耗更多的能源来维持室内温度的稳定。假设各种平面形式的底面积相同，建筑高度为 H，此时的建筑平面形状与建筑能耗的关系见表 3-11。以位于奥地利的 2226 办公楼为例，其建筑体量呈现为立方体的形式（图 3-5、图 3-6）。该办公楼外部简洁大气，形体避免凸凹变化，以实墙面为主的开窗简洁明确，减少了能量的损耗，为内部办公空间起到了保温的作用。

建筑平面形状与建筑能耗的关系　　　　　　　　　　　表 3-11

平面形状	a				
平面周长	$16a$	$20a$	$18a$	$20a$	$18a$
体形系数	$\frac{1}{a}+\frac{1}{H}$	$\frac{5}{4a}+\frac{1}{H}$	$\frac{9}{8a}+\frac{1}{H}$	$\frac{5}{4a}+\frac{1}{H}$	$\frac{9}{8a}+\frac{1}{H}$
增加	0	$\frac{1}{4a}$	$\frac{1}{8a}$	$\frac{1}{4a}$	$\frac{1}{8a}$

（2）嵌入场地

嵌入场地对于地热资源的利用具有显著的优势，有利于地热能的采集和利用。由于地下土壤和岩石的温度相对稳定，且通常高于地表，故嵌入空间的设计能够更好地利用这一温度梯度来采集地热能。通过在地下安装通风系统，可以将地下低温热能提取出来，用于供暖或制冷等应用。嵌入空间还可以作为一种蓄热装置，利用土壤的保温性能来存储和调节地热能。在夜间或寒冷的季节，可以利用嵌入空间来储存白天或夏季收集的多余热量，然后在需要时释放出来，实现能源的储存和再利用。例如伦佐·皮亚诺工作室，其处于群山环抱的优美自然环境中，且大部分体量嵌入山体，并形成了

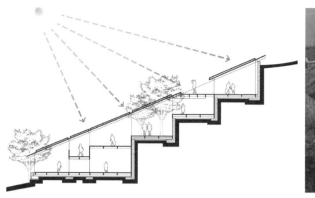

图 3-7 伦佐·皮亚诺工作室剖面图   图 3-8 伦佐·皮亚诺工作室效果图

多层级的平台打造融入自然环境的倾斜屋顶。该建筑利用山体土壤的热稳定性增加了工作室室内空间的舒适度，同时最大限度地迎接太阳光（图 3-7、图 3-8）。

（3）封闭式庭院

建筑中的封闭式庭院主要有中庭和边庭两种形式。北方寒冷地区的冬季寒冷干燥，室外温度较低。封闭式庭院作为室内公共空间，利用其产生的"温室效应"，从而提升建筑的保温性能。常见的封闭式庭院有核心式、嵌入式、内廊式三类（表 3-12），其中内廊式、核心式一般以建筑中庭的形式出现，而嵌入式主要以边庭的形式出现。在三种形式之中，核心式中庭因为

封闭式庭院的类型   表 3-12

图示	（核心式图示）	（阳光型封闭中庭图示）	（空中封闭中庭图示）
类型	核心式	阳光型封闭中庭	空中封闭中庭
图示	（嵌入式图示）	（封闭式边庭图示）	（楼梯间边庭图示）
类型	嵌入式	封闭式边庭	楼梯间边庭
图示	（内廊式图示）	（阶梯式封闭中庭图示）	（贯通式封闭中庭图示）
类型	内廊式	阶梯式封闭中庭	贯通式封闭中庭

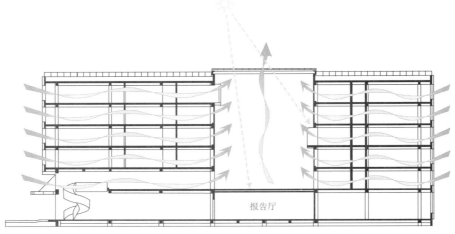

图 3-9　中关村通航大厦剖面分析图

其室内温度波动较小，故保温性能最好。边庭空间通常位于建筑的边缘或角落，其利用太阳能的方式可能更侧重于太阳的直接照射，例如通过大面积的玻璃窗或天窗来充分利用太阳能。以北京的中关村通航大厦（图 3-9、图 3-10）为例，其大尺度的中庭结合侧窗与天窗采光的设计，使大厦可在一年的不同季节、不同时间持续获取辐射热，有效利用太阳能。中关村通航大厦中庭设计的优越性在于，其可在温度最低的冬季全天利用太阳辐射得热。又如，同是位于北京的新保利大厦，其东北侧设计了一个巨大的玻璃幕墙，形成一个整体的室内边庭。在寒冷的冬季，此设计可以有效地改善北侧空间的采光（图 3-11、图 3-12）。

（4）立面退台

寒冷地区低层或者高层办公建筑可采用退台式形体来增加建筑南界面和顶界面的采光面积，从而获得较多的太阳辐射，提高室内采光效率和室内温

图 3-10　中关村通航大厦中庭效果图

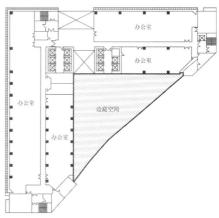

图 3-11　新保利大厦平面分析图

图 3-12　新保利大厦效果图

度。同时，屋顶平台还可以作为人们的室外活动空间。首先，上层建筑后退后会给下层建筑留出屋顶平台，在屋顶平台上开顶部采光口有助于提高室内采光效率，且上层建筑后退的程度决定了顶部采光口面积的大小。这样建筑既可以从顶界面获得太阳辐射，也可以从侧界面获得太阳辐射，采光模式不再单一局限，故而完善了自然采光策略，室内温度也有所提高，有助于营造良好的室内热环境。其次，当办公建筑进深较大时，退台式的设计还可以增加日照的入射深度。例如坐落于北京的清华大学东南角的中国与意大利合作的清华大学环境能源楼，其通过设计不同建筑层数的建筑空间，利用高度差来实现热辐射的引入（图 3-13、图 3-14）。

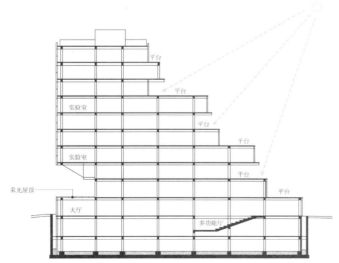

图 3-13　清华大学环境能源楼剖面分析图

图 3-14　清华大学环境能源楼效果图

（5）屋面形式

世界各地的气候呈现多种多样的特点，无论是高温酷热还是寒冷多雪，都使得各地的气温和降水情况有着显著的不同。为了在这样的环境中生存和繁衍，人类充分发挥了自身的智慧和创造力，建造了各具特色的屋面。这些屋面不仅为人们提供了遮风挡雨的场所，更是对当地气候特点的直接反映。通过观察和研究不同地区的屋面形式，可以清晰地看到气候差异对建筑设计的影响。例如在降雨多、降雪量大的地区，屋面的坡度普遍较大。这样的设计不仅有助于加快雨水的排放，防止积水对房屋造成损害，而且能有效减少屋顶积雪，降低因积雪过重而带来的安全风险。这种看似简单的设计，实际上蕴含了深刻的科学原理和人类对自然环境的深切理解。

（6）防风入口

入口是建筑容易失热的部位，也是建筑热工薄弱环节之一。为了防寒并获得较多的太阳辐射，建筑入口的设计应尽量避免朝向当地冬季主导风向。我国北方寒冷地区的冬季风多为北风和西北风，如果将入口布置在建筑北侧，则来自北方的冷空气会直接进入室内，带走较多室内的热量，所以应尽量不要将入口布置在建筑北侧，以减少冬季冷风的渗入。当因基地位置和建筑内部功能的需要使建筑的入口必须设计在朝向冬季主导风向的北侧时，应结合冬季寒风的风速和风的入射角度来确定入口位置，同时要在建筑北侧设计入口防风构造。例如，设置凸出式的门斗或者挡风门廊以形成避风的小环境，营造一个连接室内外的缓冲空间，从而在阻挡冷风的同时，又实现了室内外温度的过渡，提升了建筑的保温性能（图 3-15、图 3-16）。

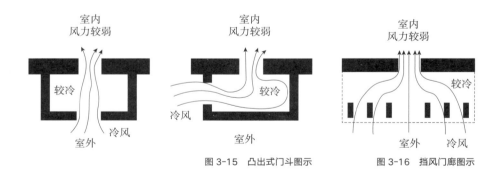

图 3-15　凸出式门斗图示　　　　　图 3-16　挡风门廊图示

2）应对防热的形体设计

（1）减小进深

减小建筑进深能够提高通风效率。在传统的建筑设计中，过深的进深往往会形成气流死角，导致室内通风不畅。而通过减小进深，可以更好地组织气流，使通风更为均匀、顺畅。减小进深可以快速地交换室内外的空气，降低室内温度，提高居住者的舒适感。

（2）底层架空／屋顶架空

架空设计适用于潮湿炎热地区，可用来解决底层通风问题，并有利于城市界面的形成。架空层有很多种类型，根据架空层在办公建筑垂直方向中不同的位置，可以将其分为底层架空、中部架空和顶部架空。也可以根据底层架空空间占该层空间的比例来进行分类，将架空层分为全部架空和局部架空（表3-13）。

办公建筑架空层模式图　　　　　　　　　　　　　　表 3-13

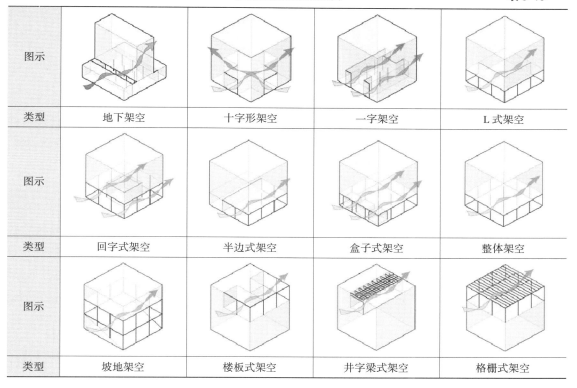

图示			
类型	地下架空	十字形架空	一字架空	L式架空
图示			
类型	回字式架空	半边式架空	盒子式架空	整体架空
图示			
类型	坡地架空	楼板式架空	井字梁式架空	格栅式架空

底层架空是办公建筑中最常见的一种架空形式，其在垂直方向上位于最下端，将办公建筑首层设置为全部架空或者局部架空的形式。底层架空的作用主要有：调节区域微气候，利用架空层通透的特性改善场所内通风环境，合理有效地将场所内部空气引导流动，调节内部微气候，营造适宜的室外活动环境。例如海南能源交易大厦，其利用中庭连接空中花园与地面架空空间，形成空气循环的通道。由于大厦中每层楼空气的压力、温度和密度不同，而引入的新鲜空气将陈旧的空气向上推，并经由屋顶开口排出，从而形成自然通风的循环流动，再配合外遮阳系统，创造出舒适宜人的微气候（图3-17、图3-18）。

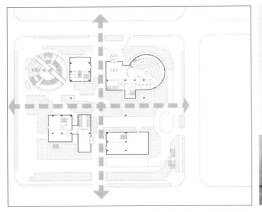

图 3-17 海南能源交易大厦平面图

图 3-18 海南能源交易大厦效果图

（3）围合天井

在热带地区，气候适应性是一个至关重要的设计考量因素。其中，天井作为一种富有特色的设计手法，展现了显著的气候适应性功能。天井不仅能够有效地引入外界的自然风，通过风压形成穿堂风，提升室内的通风效果，而且即便是在外界无风的情况下，其也能利用自身形成的垂直热压差产生热压通风，从而进一步保证了室内空气的流通。此外，天井还具备出色的遮阳和热缓冲作用，能够有效地调节室内的温度和光照条件。正因为天井的这些突出性能，使它在热带地区的传统建筑中一直发挥着重要的气候适应性角色。例如位于越南的"混凝土波浪"办公 &IT 研发中心，其灵感来自围绕中央庭院布置的越南传统建筑布局模式。这种体量策略增强了自然通风，提供了清晰的入口与路线，并为使用者打造出温馨的社区空间（图 3-19、图 3-20）。

（4）形体出挑

形体出挑是建筑设计中一种独特且实用的手法，并以其独特的方式在建筑美学和功能上发挥了重要作用。作为一种设计元素，形体出挑最直接且显著的作用就是作为遮阳构件，为建筑提供良好的遮阳效果。特别是在夏季，

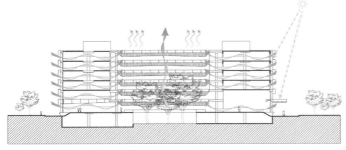

图 3-19 "混凝土波浪"办公 &IT 研发中心剖面图

图 3-20 "混凝土波浪"办公 &IT 研发中心效果图

太阳高度角较大，阳光直射强烈，故对建筑物的墙面和窗户构成直接照射的不利影响。这时，形体出挑的设计便显得尤为关键。它能够有效地遮挡直射的阳光，避免阳光直接照射到建筑的墙面和窗户上，从而保护建筑的内部空间免受高温和强光的侵扰。此外，形体出挑还可以减少建筑外表面的热量吸收，降低室内温度，从而减轻空调系统的负荷，达到节能降碳的目的。

形体出挑的遮阳效果与其出挑的长度、角度及遮阳构件的材料和颜色等因素密切相关。一般来说，出挑长度越长、角度越合适，遮阳效果就越好。例如，香港的赛马会环保楼就是巧妙地采用干脆利落的几何体构型，将内部复杂的功能和房间有序地整合在整齐划一的窗户和开洞之下，从而既保证了功能性的完善，又赋予了建筑外观的简洁与大气。周边环境方面，赛马会环保楼的一侧毗邻城市公园，其所在的地势存在明显的高差，因而为设计带来了独特的挑战。设计师巧妙地利用这一特点，通过贯通的走廊将道路与公园的景观楼梯相连，从而为市民和游客提供了便捷的通行路径。同时，这条路径也是一条自然通风的风道。通过设置带有玻璃顶棚的开放式中庭，建筑成功引入了自然风，取得了良好的拔风效果，有效改善了室内环境。同时，建筑形体本身也实现了自遮阳的功能，从而大大降低了太阳辐射对室内环境的影响（图 3-21、图 3-22）。

（5）空中花园

空中花园是指开发和利用办公建筑一定高度的整层或局部空间形成架空层，形成空中的露台空间。空中花园是工作人员及外来访客交往和休憩的公共场所，可以增加人们交流的机会。这种高层办公建筑的自然层架空空间可以减轻巨大体量给人们带来的压抑感和生硬感，同时降低对气流的阻挡，改善建筑内部气流的微循环。例如位于马来西亚的梅纳拉大厦的空中花园就是其一大亮点。空中花园从 3 层高的植物绿化护堤开始，沿着建筑表面螺旋上升，直至建筑屋顶。这一设计不仅为大厦带来了视觉上的美感，更在功能上发挥着重要作用。花园内的绿化种植为建筑提供了阴影，有效遮挡了热带地区的强烈阳光，为室内创造了宜人的环境（图 3-23、图 3-24）。

图 3-21　赛马会环保楼的剖面分析图

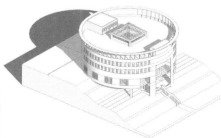

图 3-22　赛马会环保楼的模型分析图

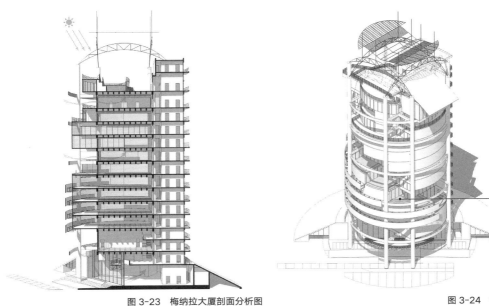

图 3-23　梅纳拉大厦剖面分析图　　　　　　　　　　　图 3-24　梅纳拉大厦鸟瞰图

置入螺旋上升的屋顶花园
改善高层建筑的自然通风

（6）拔风构件

建筑拔风构件主要是指在建筑设计中，为了实现通风效果而特别设计的结构或部件。这些构件的主要功能是促进空气流动，从而提高建筑内部的通风效率。常见的建筑拔风构件见表 3-14。

拔风构件类型　　　　　　　　　　　　　　　　　　　表 3-14

类型	模式图				案例
拔风烟囱	过渡季模式	夏季模式	冬季模式		某办公楼报告厅
拔风帽	模式一	模式二	模式三	模式四	清控人居科技示范楼
捕风塔	单面开口	相邻两面开口	相对两面开口	四面开口	上海崇明陈家镇生态办公楼

64

3.4

内
部
空
间
设
计

3.4.1　内部空间设计碳排放影响因素

1. 空间体量

办公建筑体量与能耗、碳排放之间的关系存在一定的正相关性。一般来说，办公建筑的体量越大，其所需的能耗也相应增加，因为它需要更多的照明、空调、通风等设备来维持其内部环境的舒适性和功能性。以单位建筑面积能耗来计算，大体量的建筑往往意味着更高的总能耗。同时，建筑能耗的增加也会直接导致碳排放量的增长。

2. 空间布局

在建筑设计中，根据空间功能的重要性来调整不同空间在平面中的位置，可以有效减少能源消耗。例如在办公建筑中，辅助空间（如储物间、设备间）的功能性不强，位置可以依托主要功能空间进行组织，但其整体往往可以作为具有气候调节属性的空间进行布置，故常集中布置于朝向不佳或不利位置。又如主要使用空间，如大报告厅、行政办公区，对室内热环境指标有着具体的要求，若布置于建筑外围则易受到不利环境因素的影响，从而导致人工设备能耗的增加，因此其布置位置常常与室外环境相隔离或尽量减少与室外环境的接触面。再如普通空间，如办公室、会议室，对室外的气候因子有着一定的选择性，故应布置于公共建筑中适合进行气候响应性设计的位置，并应优先进行设计。

3. 使用方式

应合理安排空间的使用时间和方式，根据不同部门员工的工作需求，明确各部门或员工在不同时间段的办公空间分配，紧凑使用办公空间。例如错峰使用报告厅、大会议室等高性能空间，或在非高峰时段使用高能耗设备等措施，都可以有效避免能源需求的峰值，从而减少能源的消耗，降低碳排放。

3.4.2　内部空间低碳设计原则

办公建筑的内部空间设计是调节建筑能耗、降低建筑碳排放的重要途径。在办公建筑内部空间的设计过程中，需要遵循一系列原则，以实现低碳与节能的目标。这些原则包括分区温度控制、利用地下空间蓄冷热、设置热缓冲空间、控制空间体量和设置贯通风道等。通过实施这些原则，能够显著降低建筑的能源消耗，提高能源使用效率，同时改善室内环境，为使用者提供更加舒适和节能的工作和生活空间。这些原则不仅有助于实现低碳节能的目标，也符合可持续发展的理念，对于推动办公建筑的低碳发展具有重要意义。

（1）根据功能重要程度和使用频率分区调控温度，减少不利朝向的能源消耗。

在办公建筑设计和规划过程中，首先要考虑不同功能区域的重要性。根据这些功能的重要性，可以将空间划分为不同的分区。对于工作人员长期停留的办公室、会议室和研讨室等重要区域，应优先保证这些区域供暖温度的稳定；而对于走廊、储藏室和后勤室等辅助功能区域，其供暖温度可以适当降低。通过这样的分区，可以更有针对性地调控温度，以满足不同功能区的温度需求。同时，可以利用空间设计和材料的特性，在这些区域形成与主要功能区的温度差，从而起到减少热量散失的作用。

（2）利用地下辅助空间蓄冷热，提取环境中的冷热量，减少建筑的冷热负荷。

利用地下辅助空间蓄冷热这一做法巧妙地利用了地下空间的特性，如温度稳定、热容量大等，将环境中的冷热量进行储存。当外部环境温度较高时，地下空间可以储存冷量，待需要冷却时释放。相反，当外部环境温度较低时，地下空间则能储存热量，用于后续的供暖需求。这种蓄冷热的方式不仅充分利用了地下空间资源，而且有效地平衡了建筑物的能量需求，实现了能源的可持续利用。

（3）设置阳台和控温腔体等热缓冲空间，调节太阳辐射对室内的影响。

在建筑设计中，阳台和控温腔体等热缓冲空间的设置是一项至关重要的举措。这些空间不仅为建筑提供了独特的美学价值，而且在功能层面发挥着不可忽视的作用。不同类型的阳台可以起到控制太阳辐射进入室内的作用。在炎热的夏季，开敞式阳台可以阻挡部分强烈的阳光，降低室内温度，减少空调等制冷设备的运行负担；而在寒冷的冬季，封闭式阳台又能让室内充分接收太阳辐射，提高室内温度，增强保温效果。此外，阳台还可以作为室内外空间的过渡，引入自然风，增加室内的通风换气效果，提升居住舒适度。控温腔体是另一种高效的热缓冲空间。它通常位于建筑的墙体或屋顶中，通过特定的构造和材料设计，能够吸收和储存热量。在白天，控温腔体能够吸收太阳辐射的热量，将其储存起来；到了夜晚，当室内温度下降时，这些储存的热量又会逐渐释放到室内，维持室内温度的稳定。这种热量平衡机制有助于减少室内外的温差，提高建筑的保温性能，降低能源消耗。

（4）控制主要使用空间的体量，减少空间的体积与降低冷热负荷。

通过控制空间的体量大小来优化能源利用和降低能耗，这对办公建筑的节能降碳具有重要作用。通过对空间大小、布局及使用功能的合理规划，可以实现对空间资源的有效利用，避免空间的浪费。通过合理划分空间区域，避免不必要的空间扩张，可以有效降低建筑体的总体积，从而减少冷热负荷的需求，进而实现节能降碳、保护环境的目标。

（5）设置贯通风道，减小通风路径的阻力，增强内部空间的通风效果。

通过贯通风道的设置，可以确保空气在建筑物或空间的各个角落都能够流通，实现全面的通风效果，同时还可以提升通风效率，减小路径上的阻力，使得空气能够更加顺畅地流动，减少了能量的损失，为使用者提供了一个更加舒适、健康的环境。

3.4.3　内部空间低碳设计策略

1.平面布局策略

（1）辅助空间围合核心使用空间的布局

所谓辅助空间围合核心使用空间的布局，是指在设置建筑物平面布局的时候，将楼梯间、卫生间、设备用房、储藏间等使用时间较短、功能不太重要的房间放在北、东、西等不利朝向，作为热缓冲空间。这些辅助空间对于供暖要求较低，局部可以不设置供暖设施。而对于人们使用时间较长、功能比较重要的空间，可以考虑设置在建筑的南面，以保证这些空间能够获得充足的太阳辐射的能量。这种辅助空间围合核心使用空间的布局更多适用于寒冷地区的多层办公建筑，且室内适宜采用开敞式办公模式（表 3-15）。

辅助空间围合核心使用空间的布局　　　　　　　　　　　　　表 3-15

类型	图示	案例	平面分析图	特点
辅助空间位于主要空间一侧		西班牙欧罗巴广场 34 号办公大楼		辅助空间位于建筑的北侧，阻挡夏季太阳辐射
辅助空间位于主要空间相邻的两侧		北京市创新科研示范中心 BIM 大楼		辅助空间位于西北侧，办公空间布置在东南向，以获得良好的通风和采光

类型	图示	案例	平面分析图	特点
辅助空间位于主要空间相对的两侧	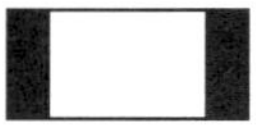	同济大学浙江学院图书馆办公层	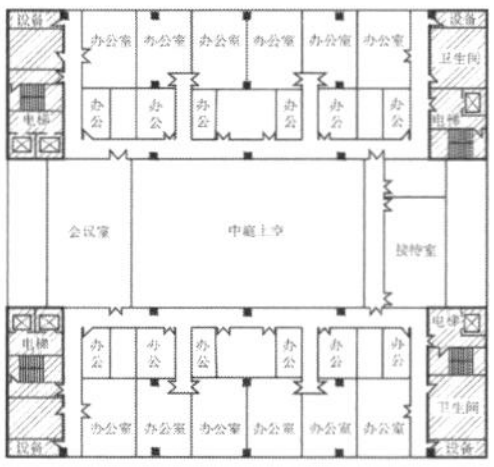	辅助空间位于东、西两侧，以阻挡高度角较低的东西向直射光对办公空间的影响
辅助空间三面围合主要空间		深圳市规划局办公楼	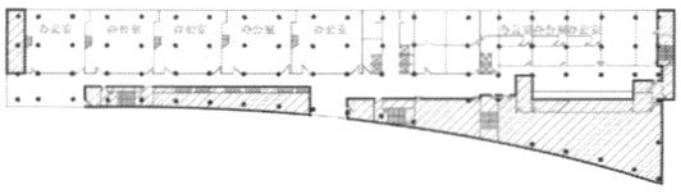	辅助空间位于北侧，易于应对夏热冬暖地区多变的太阳辐射角度
辅助空间四面围合主要空间		智利天主教堂大学 UC 创新中心	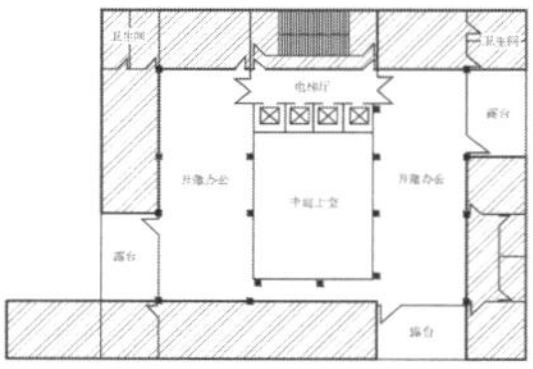	辅助空间布置在主要功能区的四周，以抵挡炎热地区强烈的日照辐射

（2）交通空间作为冷/热缓冲的布局

将交通空间布置于建筑的不利朝向，使其成为热缓冲空间。当建筑位于炎热地区的时候，交通空间会以楼梯间的形式出现在建筑的两侧山墙，或者以走廊的方式出现在建筑获得太阳照射最多的一侧，从而起到遮阳的作用。当建筑位于寒冷地区的时候，交通空间可以位于建筑的北侧等不利朝向，从而起到热缓冲的作用（表3-16）。

外廊的平面布局示意图 表 3-16

类型	图示	案例	平面分析图	特点
单边式	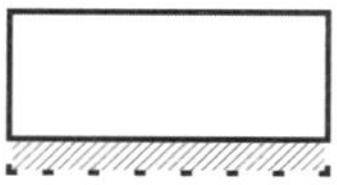	上海的 HI PANDA 办公楼	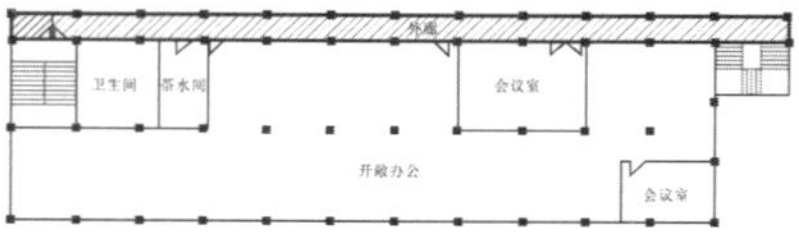	单外廊形式可以使办公空间几乎都能争取到良好的朝向、采光和通风
两边相邻式	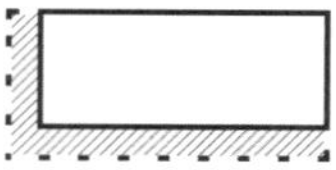	曼谷的 The Happynest 办公楼	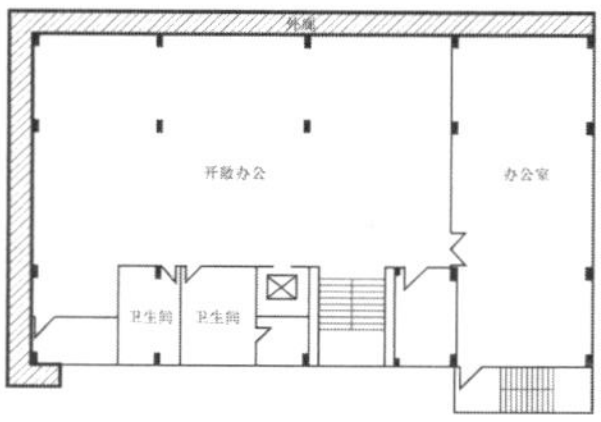	相邻两侧外廊的形式保证了室内的通风遮阳

类型	图示	案例	平面分析图	特点
两边相对式		法国的Herbiers市政厅与扩建部分		双外廊形式可以进行通风遮阳,获得大量穿堂风,使室内快速降温
三边式		韩国的Settle Bank办公大楼		三边式外廊为主要房间遮阳,减少其受到的太阳直射,避免室内快速升温
周边式		法国的Anis办公大楼		四面围合式外廊使周围的热空气经过渡空间降温后再进入办公空间,同时起到结构遮阳的效果

2. 空间设计策略

1)利用辅助空间蓄冷/蓄热

地下土壤层具有极强的热稳定性。研究表明,地下1m深的土壤温度接近室外日平均温度,4m深处温度接近月平均气温,10m以下温度接近室外年平均温度。对土壤恒温特点的利用自古便有,陕西、甘肃、宁夏、新疆等寒冷少雨地区的传统民居较多采用地下、半地下的形式,以便获得温度适宜的室内环境,冬暖夏凉的陕西窑洞建筑便是其中的代表。现代建筑大多设有地下车库等地下空间,而地下车库深度多在6~8m或者更深,因此地下空间的温度能够保持一定的稳定性,可以获得冬暖夏凉的室内热环境(表3-17)。与传统的空调系统相比,利用地下空间蓄冷/蓄热可以减少对机械制冷或加热的需求,从而降低能源消耗。例如陕西的富平热电厂办公楼,其因地制宜采用"地道风预冷系统",通过对新风进行预冷,降低了夏季新风空调能耗。该办公楼的地道规格为1000mm×500mm,中心深埋4m左右,设计空气进口速度2m/s,空气经地埋管与壁面换热达稳定状态后,地道出口空气温度可降约3~5℃。经计算,通过采用地道风进行预冷,富平热电厂办公楼的夏季空调新风系统节能率达16.8%,从而有效降低了夏季空调部分使用能耗(图3-25、图3-26)。

类型	图示
地下室冷却通风	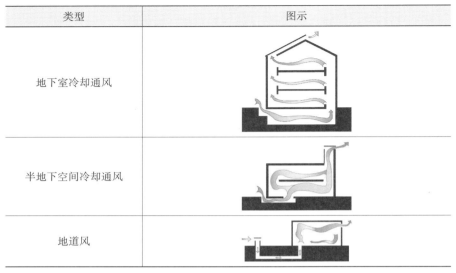
半地下空间冷却通风	
地道风	

注：大地是巨大的蓄热体，地下冬暖夏凉，地下和半地下空间参与到通风环节，夏季起冷却作用，冬季起预热作用，可有效改善室内热环境。

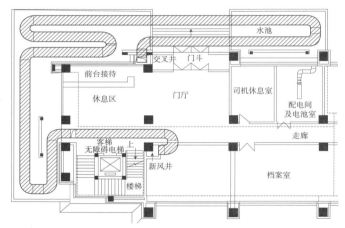

图 3-25　富平热电厂办公楼地道风预冷系统示意图

图 3-26　富平热电厂办公楼

2）设置热缓冲空间

（1）阳台

阳台与外走廊属于同一种空间类型，阳台可以说是具备私密性的被分段的外走廊。开放性较强的办公建筑可采用附加外走廊的方式增加交通设计，同时为主要空间提供一定的室外休闲、观景空间，这也是对建筑功能的补充。例如位于印度的 MGB 总部办公室，为了应对当地的高温天气，办公室外侧设有阳台空间，并在阳台上种满了易于维护的植物。阳台可以从所有工作空间进入，从而有机会打开窗户进行交叉通风，降低内部对于空调的依赖，提高室内舒适度，达到降低能耗的目的（图 3-27、图 3-28）。

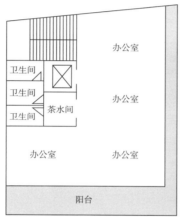

图 3-27　MGB 总部办公室开敞阳台示意图

图 3-28　MGB 总部办公室阳台

私密性较强的办公建筑可在外侧附加阳台，作为办公空间的休闲、观景功能的补充。开敞的走廊、阳台仅可起到夏季遮阳的作用，而封闭阳台则可通过控制窗户启闭兼顾冬、夏两季的热缓冲调节。

封闭阳台按照空间类型可分为凹形封闭阳台、凸形封闭阳台、半凹半凸形封闭阳台，按照功能类型可分为休憩型封闭阳台、设备型封闭阳台、得热型封闭阳台（表 3-18）。

（2）控温腔体

"双层玻璃幕墙""特朗勃集热（Trombe）墙"和"附加日光间"可以被认为是附着于立面的控温腔体。这种腔体的特点在于采光面积较大而进深较小。控温腔体着重关注建筑围护界面对空间热环境的调节。例如特朗勃集热墙就是与建筑的围护界面结合在一起设计，通过对墙体外侧使用玻璃封闭来蓄积太阳辐射的热量，进而对室内热环境进行调节（图 3-29）。

（3）控制主要使用空间的高度

合理控制房间高度，可以有效地降低建筑能耗，提高居住环境的舒适

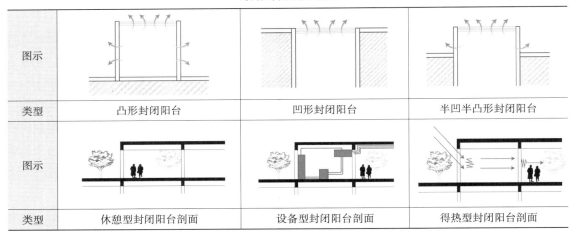

图示			
类型	凸形封闭阳台	凹形封闭阳台	半凹半凸形封闭阳台
图示			
类型	休憩型封闭阳台剖面	设备型封闭阳台剖面	得热型封闭阳台剖面

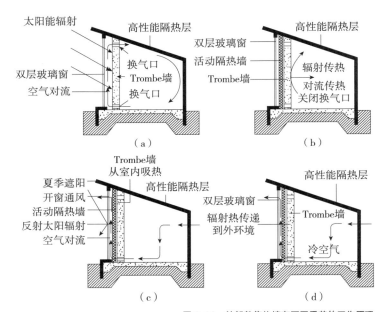

图 3-29　特朗勃集热墙在不同季节的工作原理
（a）冬季白天；（b）冬季夜间；（c）夏季白天；（d）夏季夜间

度。从建筑能耗的角度来看，房间的高度是一个关键因素。这是因为房间的高度直接影响到建筑物的体形系数。外围护结构是建筑物与外界环境进行热量交换的主要界面，其面积越大，与外界的热交换量就越大，从而导致建筑能耗的增加。因此，在设计时，应根据具体的供暖或制冷方式，合理选择房间高度，提高能源利用效率。

（4）设置贯通的风道

对于一些高层办公建筑，可以通过设计通风"管道"来实现庭院通风的效果。当气流在"管道"空间中通过时，可以带走建筑内部的污浊空气和热量，同时根据伯努利效应，气流运动速度越快，产生的负压越大，因此气流在"管道"空间中运动所产生的负压也越大，也就越容易将与之贯通的室内空气吸出，从而形成整栋建筑的自然通风。Hiland 名座建筑项目位于山东威海，其设计充分融合了当地的气候特点。在前期调研中，项目团队深入研究了威海的风玫瑰图及夏季和冬季的主导风向。在设计过程中，项目团队巧妙地利用了气流对流和气压差的基本原理，精心规划了建筑内部的布局，设置了多个"西南—东北"走势的通风"管道"。这些通风管道不仅有助于在夏季有效地引入凉爽的气流，穿过建筑内部，为使用者带来宜人的室内环境，还能在冬季最大限度地回避西北风对建筑的不利影响，确保建筑的保温性能。通过这种方式，Hiland 名座建筑项目成功地将自然环境与建筑设计相结合，既提升了使用者的舒适度，又体现了节能降碳的绿色环保理念（图 3-30、图 3-31）。

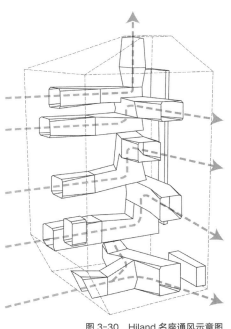

图 3-30　Hiland 名座通风示意图　　　　　　　　图 3-31　Hiland 名座实景图

3.5　设计外围护界面

3.5.1　影响外围护界面低碳设计的因素

1. 传热系数

传热系数是指在传热条件稳定、围护两端温度相差 1℃的情况下，$1m^2$ 单位面积每秒所传递热量的平均值，单位为 $W/(m^2 \cdot K)$。传热系数的取值主要取决于传热材料、传热过程。

2. 遮阳系数

遮阳系数，顾名思义就是玻璃遮挡或抵御太阳光能的能力，缩写为 SC。在《建筑玻璃　可见光透射比、太阳光直接透射比、太阳能总透射比、紫外线透射比及有关窗玻璃参数的测定》GB/T 2680—2021 中，遮阳系数又被称为遮挡系数，缩写为 Se。遮阳系数的定义为：实际通过玻璃的热量与通过厚度为 3mm 厚标准玻璃的热量的比值。

遮阳系数是与太阳所在高度角、方位角、太阳辐射强度密切相关的参数，为方便对比，一般规定为太阳光在法向入射条件下的遮阳系数。根据遮阳系数的定义，遮阳产品遮阳系数的检测主要是通过测试其太阳能总透射比，再与 3mm 透明白玻璃或者窗的太阳能透射比相除得到的。

3. 材料反射系数

反射系数是指光（入射光）投向物体时，其表面反射光的强度与入射光的强度之比值。材料反射系数受入射光的投射角度、强度、波长、物体表面材料的性质及反射光的测量角度等因素影响。

材料的种类和颜色的不同会使其具有不同的反射系数，且反射率越高，对太阳光的吸收越少。热反射涂料的作用机理是增大墙体对太阳辐射的反射率，即减小太阳辐射吸收系数，故室外综合温度是减小的。对于夏季，增大反射率、减小室外综合温度是有益于节能的；而对于冬季，作用则相反，增大反射率会增加建筑物能耗。因此要探究热反射涂料的节能效果，需要以全年为研究时段，在热反射涂料增强夏季隔热及降低冬季辐射得热的作用下，探究全年建筑综合能耗的变化特征。

4. 建筑气密性

建筑气密性即建筑在封闭状态下阻止空气渗透的能力，其用于表征建筑或房间在正常密闭情况下的无组织空气渗透量。通常采用压差实验检测建筑气密性，以换气次数 N_{50}，即室内外 50Pa 压差下的换气次数来表征建筑气密性。一般来说，建筑气密性越强，在冬季的保温节能效果就越好。

5. 窗墙面积比

窗墙面积比是指某一朝向的外窗（包括透明幕墙）总面积，与同朝向墙总面积（包括窗面积在内）之比，简称窗墙比。外窗作为重要的围护结构之一，对建筑能耗有着非常大的影响。为了实现建筑节能目标，必须根据不同地区的气候条件，准确分析窗墙比对建筑物能耗的影响，以便确定合理的窗墙面积比。

3.5.2 外围护界面低碳设计的原则

外围护结构作为构成建筑主体和划分室内外空间的主要构件，其对于建筑整体能耗有着举足轻重的影响。作为室内外热量传导交换的主要媒介，外围护结构损失的热量占建筑总能耗的六成左右。建筑围护结构各部位传热损失中，墙体结构占比 60%~70%，门窗结构占比 20%~30%，屋面结构占比 10%。因此，减少外围护结构的热损失是实现建筑节能的关键手段之一。

在外围护界面设计方面，包括外墙、屋顶、主入口、外墙与幕墙、地面等的设计是控制建筑低碳节能的又一重要部分。通过外围护界面设计实现建筑降碳的原则主要包括以下几点。

（1）通过改变建筑围护结构的构造方式，改变建筑围护结构的传热系数，减少建筑的热量损失。

通过选择合理的围护结构，优化保温材料的选择，以及消除围护结构的冷/热桥等方式，可以有效地改变建筑围护结构的传热系数，从而减少建筑的热量损失。

（2）通过加强围护结构的气密性，减少冬季的冷风渗透与热量损失。

对需要供暖的地区，冬季室内外温差大，冷风渗透造成了热量损失，增加了供暖能耗需求。因此，要考虑对围护结构的气密性进行加强。例如，采用防风门帘减少开敞式出入口的冷风渗透，选用气密性较好的门窗，在门窗框与墙体之间的连接处采用密封胶条进行密封，在门窗扇与框之间的搭接处设置多重密封结构等。

（3）通过改变围护界面中透光界面的比例、材料和构造做法，控制太阳辐射得热量与材料自身的热损失。

窗墙面积比对建筑物的能耗和室内环境质量具有重要影响。一个合理的窗墙面积比可以使建筑物获得更好的自然采光和通风效果，同时降低使用人工照明和空调设备的能耗，并提高室内的舒适度。基于降低建筑供暖空调能耗的研究，多倾向于采用尽可能小的窗墙面积比；但考虑包括采光能耗和供暖空调能耗的综合能耗时，应选用最佳的窗墙面积比。

现代办公建筑外立面设计多为大面积玻璃幕墙或大开窗搭配铝板、石材等形式。这种设计手法有利于形成通透的视野，也有利于办公建筑的自然采光营造，但通透的外立面也使得夏季进入室内的太阳辐射量增多，夏季空调能耗大幅度增加，从而对节能降碳带来较大的影响。因此需要通过对透光界面的角度、透光界面的层次、透光材料的透光率等材料构造措施进行调整，在满足视野需求的同时，避免太阳直射光进入室内。

（4）通过遮阳构件、表面色彩、蓄热材料来隔绝、反射、延缓太阳辐射的不利影响。

太阳辐射是建筑得热的主要途径之一。通过合理设计建筑窗户的遮阳构件，可以避免太阳直射入室内，减少室内得热。建筑的色彩也是调节建筑得热的一种方式。建筑色彩的选择应以能源反射特性为依据。浅色或中等色调的外墙色彩能够在夏季减少热吸收并减轻空调负荷，同时又能提高照明效果，减少人工照明的使用。同时，建筑围护结构材料的蓄热性能也是调节太阳辐射不利影响的一种重要手段。太阳辐射作用于建筑围护结构时，温度波从外表面沿围护结构厚度方向传递至内表面需要延迟一定的时间。作用于建筑外围护结构表面的室外综合温度最高值出现时间与该内表面温度最高值出现时间的差值称为热延迟时间，单位为小时。建筑的总热延迟时间的数值取决于外围护结构的材料、厚度和构造做法。一般围护结构材料蓄热性能越强，其延迟时间也愈长。通过围护结构的热延迟，可以调节太阳辐射能量对室内热环境的作用。

（5）再生能源一体化设计。

"双碳"目标下，光伏发电被作为降碳的有效手段而获得了快速发展。光伏建筑一体化（BIPV）是通过将光伏组件与建筑材料结合，让传统建筑变成可以发电的节能建筑，从而推动建筑从耗能向节能、产能转变。随着建筑行业的迅速发展和建筑设计师们的奇思妙想，建筑外围护的形式也越来越多样化。而作为建筑外围护结构的一种深化表现形式，光伏建筑一体化在建筑物上也出现了多种多样的应用形式，例如光伏玻璃幕墙、光伏玻璃采光顶、光伏护栏、光伏遮阳棚等光伏建筑构件。

3.5.3 外围护界面低碳设计的策略

1. 外围护界面设计

1）保温构造

（1）外墙内保温

所谓外墙内保温，即在室内一侧的墙体增加保温措施。这种保温措施施工方便，对材料和技术的施工要求不高，造价也相对较低，曾经在工程中被广泛应用。然而在实际使用中，外墙内保温容易出现墙体裂缝、发霉、结露等弊端（图3-32）。

（2）外墙外保温

外墙外保温，即在建筑物外墙增加保温措施，通过在墙体外侧设置重质材料层来调节室内空气温度，提高房间的热稳定性，改善室内热舒适度。外墙外保温的优点主要有：能够增大有效使用面积；可以延长建筑物的使用年限；减少热桥现象，提高墙体的热工性能（图3-33）。

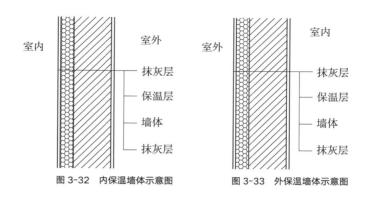

图 3-32　内保温墙体示意图　　　　　　图 3-33　外保温墙体示意图

（3）夹芯保温

　　夹芯保温即通过将如聚苯、岩棉、玻璃棉等保温材料放置在墙体内部进而形成夹芯墙的保温措施。夹芯墙通常由三层构成，分别是内叶墙、保温层和外叶墙，其具有较为良好的保温性能、防火性能和抗震性能。夹心保温墙体的受力性能主要取决于墙体材料的选择和厚度，同时也需要符合相关的规范要求。例如在选择夹心保温材料时，需要考虑其耐久性能和防止开裂的能力。较好的抗裂性可以有效防止墙体出现裂缝，以此提高墙体的整体稳定性（图 3-34、图 3-35）。

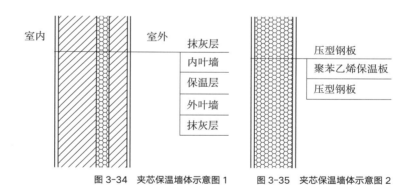

图 3-34　夹芯保温墙体示意图 1　　　　图 3-35　夹芯保温墙体示意图 2

2）遮阳构造

（1）檐口与楼板遮阳构造

　　结构遮阳一般可以分为挑檐遮阳和出挑楼板两种形式。

　　挑檐遮阳这一形式的典型实例是意大利 Iperceramica 新办公总部。该建筑从外墙的屋顶边缘伸出大遮盖悬帆，以减少直射光的进入，使得内部工作的空间免受阳光直射。挑檐的设计通过对当地太阳入射角的分析，根据不同方向采用不同距离的悬挑，使得更加自由地约束光线的直射（图 3-36）。

　　出挑楼板这一形式在东莞水乡科创中心五号科研楼中得到了很好的体现。科研楼的折板既是建筑造型的表达，又能够形成挑檐，提供阴影区避免

图 3-36　意大利 Iperceramica 新办公总部

阳光直射。西侧是该项目主要的景观面，同样也面临着严重的西晒问题，所以西向的挑檐更大一些，形成挑檐遮阳（图 3-37）。

线型灯带
木色格栅吊顶
灰色金属格栅吊顶
浅灰色竖向杆件
浅蓝色 Low-E 玻璃
夹胶玻璃栏杆

图 3-37　东莞水乡科创中心五号科研楼

（2）窗户遮阳构造

在炎热地区，建筑窗户可以利用自身构件遮阳来减少太阳辐射，从而起到调节建筑内部温度与采光的作用，提高建筑的节能性和舒适性。在窗户的遮阳构造中，既有水平遮阳、垂直遮阳、综合遮阳、挡板遮阳等外挑式遮阳构造，也有格栅式遮阳、百叶式遮阳等内嵌式遮阳构件方式。在建筑窗户遮阳设计中，需要考虑太阳辐射强度、建筑朝向、窗口大小等因素，选择合适的遮阳方式和材料，以实现最佳的遮阳效果。东西向、南向、北向的建筑在窗户遮阳设计上也需要采取不同的策略，以适应不同的日照情况和气候条件（图 3-38~图 3-40）。

水平遮阳主要是通过在建筑外立面或屋顶上设置水平遮阳板或遮阳帘来遮挡阳光，从而减少建筑内部的直射光照，降低室内温度。垂直遮阳则是通过在建筑立面上设置垂直遮阳板或遮阳帘来挡住侧面的阳光，以减少建筑内部的侧面照射，提高采光效果。同时，垂直遮阳在立面上形成竖向的线条，

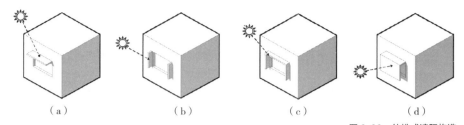

图 3-38　外挑式遮阳构造
（a）水平遮阳；（b）垂直遮阳；（c）综合遮阳；（d）挡板遮阳

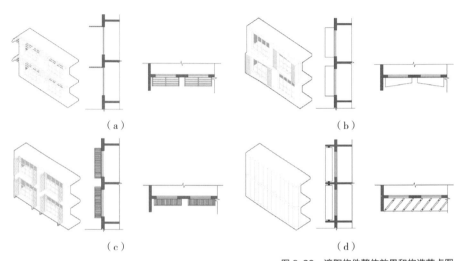

（a）　　　　　　　　　　（b）

（c）　　　　　　　　　　（d）

图 3-39　遮阳构件整体效果和构造节点图
（a）水平遮阳：（左）整体效果，（右）构造节点；（b）垂直遮阳：（左）整体效果，（右）构造节点；
（c）综合遮阳：（左）整体效果，（右）构造节点；（d）挡板遮阳：（左）整体效果，（右）构造节点

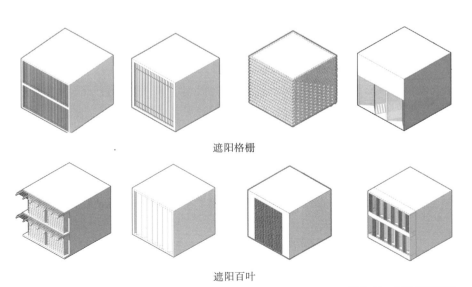

遮阳格栅

遮阳百叶

图 3-40　内嵌式遮阳构件

可起到装饰效果。垂直遮阳可以遮挡太阳高度角较小的日光，适合布置在建筑物的东侧和西侧。综合遮阳顾名思义就是同时使用水平遮阳与垂直遮阳，根据建筑的朝向和日照情况来设计遮阳系统，以达到最佳的遮阳效果。挡板遮阳是通过设置固定或可调节的挡板来遮挡阳光，可以根据需要调节挡板的角度和位置来控制光照强度。在外观方面，挡板遮阳一般呈现面状，可赋予建筑厚重感。挡板遮阳适合设置在建筑东、西侧，可有效遮挡正对窗口或者太阳角较低的日光。

（3）外墙遮阳构造

双层表皮是一种常见的外墙遮阳构造方式，即采用一种方法，将内、外两个相同或不同材质的材料表皮，用结构部件连接起来，并在二者之间留出一定的空间缓冲层。例如"七重花园"办公楼，其在保持原有梯形挑板的基础上，又增加了三个遮光弧形穿孔板，并使正弧形、反弧形交错排布。除了视觉上的美观，弧线还能更好地确保部件的受力均匀，同时还能满足受力的需要，不容易发生变形（图3-41）。

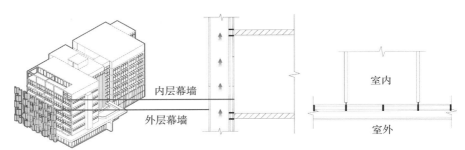

图3-41 "七重花园"办公楼双层表皮构造示意图

3）通风构造

在热带地区，一些建筑通过特殊的开口方式、特殊的表皮构造及一些特殊的立面构件来引导室外的风更容易进入室内，实现室内和室外的空气交换，从而实现调节温度和湿度的目标（表3-19）。例如越南万花筒办公楼就是运用了镂空墙体的形式，这是热带地区建筑中常用的通风构造。镂空的外墙不仅能够立面遮阳，同时使得室外的风能够更容易进入室内的每个空间，达到改善建筑自然通风的效果（图3-42）。

4）光伏一体化外墙

光伏一体化外墙是一种将太阳能光伏板融入建筑立面的设计，利用光电效应将太阳能转化为电能。这种设计不仅可以为建筑提供清洁能源，还可以节约资源，并减少对传统能源的依赖。通过在建筑立面上安装不同类型的光伏板，可以在实现遮阳的同时收集太阳能，并将其转化为电能储存起来供建筑使用（表3-20）。

通风形式			表 3-19
百叶导风	形体开口	镂空墙体	门窗通风

图 3-42 越南万花筒办公楼

光伏外墙形式		表 3-20
整体立面形式	组合形式	肌理形式
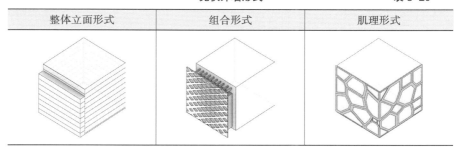		

图 3-43 深圳建科大楼

在实际案例中，深圳建科大楼针对夏季太阳西晒强烈的特点，南面采用光伏板与遮阳反光板集成，屋顶采用光伏组件与花架集成，西面采用光伏幕墙与通风通道集成。光伏一体化外墙既可发电，又可作为遮阳设施减少日晒辐射得热，提高房间热舒适度。光伏幕墙背面聚集的多余热量可利用通道的热压被抽向高空排放，发电的同时起到遮阳隔热作用（图 3-43）。

5）立面色彩

室外地面、建筑墙面材料种类与颜色的差异，对太阳光的吸收和反射程度均不同（表 3-21）。

部位	材料	反射率	吸收率
墙面材料	混凝土	0.01~0.35	0.71~0.90
	砖	0.20~0.40	0.90~0.92
	石材	0.20~0.35	0.85~0.95
墙面涂料	红色、棕色、绿色	0.20~0.35	0.85~0.95
	白色	0.50~0.90	0.85~0.95
	黑色	0.02~0.15	0.90~0.95

墙面材料与涂料颜色反射率及吸收率　　　表 3-21

目前，反射式保温漆施工简便，涂刷于墙体或屋面后，可有效地反射阳光，达到明显的降温作用，从而减少夏季空调的能源消耗。实践表明，白色的墙面涂料对应着更高的太阳光反射率。但实际应用中，浅、白涂层的耐沾污能力较弱，长期使用后，由于漆膜表面的污渍及氧化的影响，致使涂料的热反射能力大大降低。

2. 屋顶设计

（1）屋顶构件遮阳

通过对建筑进行屋顶遮阳，可以减少屋面温度大幅波动，避免屋面层开裂。屋顶构件遮阳适用于建筑的各个方向。与其他墙面遮阳构架一样，大屋顶与棚架也是建筑造型的重要元素，可以整合建筑形体，丰富建筑造型。

屋顶构件遮阳有外置式和内置式两种方式（图 3-44）。

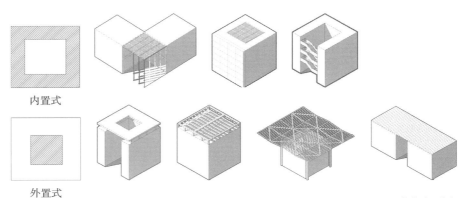

图 3-44　屋顶构件遮阳分类

（2）架空屋面

架空屋面是指建筑物顶部的屋面部分被设计为悬空或悬挑，是一种在卷材、涂膜防水屋顶或倒置屋顶上设置扶壁（或支撑）和架空面板，并采取避免阳光直射到建筑物屋顶上部的平屋顶形式。

双层屋顶的上层板下表面和下层板上表面在进行热量传递时，部分热量被传递到中部流动的空气层中，并且被中部流动的空气所带走，以此实现降低温度的作用。

（3）光伏/集热屋面

光伏板是一种利用太阳能转化为电能的设备。在大风天气中，光伏板可以稳定地发电，不受天气影响，同时具有无噪声、无废气的优点，对环境友好。光伏板还具有隔声、隔热、遮阳等功能，可以在建筑外部形象设计中发挥重要作用。

在屋顶安装光伏板时，需要考虑风的影响，以确保光伏板固定安装在合适的位置。排列光伏板时，要确保它们之间有足够的空气间层，以便通风散热，避免过热影响发电效率。在热环境下，光伏板的发电效率可能会受到影响，因此需要采取相应的措施来保持其正常运行。光伏板的夹角也非常重要，通常会根据太阳能的角度来调整。例如 Powerhouse Telemark 能源大楼，设计将整个屋顶进行倾斜，使得屋顶面积尽可能大，并朝向阳光的方向，使其每年能产生 256 000kWh 的电力（图 3-45、图 3-46）。

图 3-45　太阳能光伏板立面示意图　　　　图 3-46　太阳能光伏板顶部示意图

除了光伏发电之外，集热器与屋面相结合也是一种常见的设计方式（表 3-22）。将集热器以适应屋面的方式安装，使太阳辐射的能量转化成热量储存于热水中，供人们的日常使用。

（4）隔热/保温屋面

建筑中存在着屋面热损失的问题，可导致能耗增加。为了解决这一问题，人们开始广泛使用各种保温材料来减少热传导，降低能量损耗。

保温材料的选择不仅要考虑其保温性能，还要考虑其重量和强度。因为建筑中需要使用大量的保温材料，如果材料过重就会增加建筑结构的负荷，而强度不足则无法承受建筑本身的重量和外部环境的影响。

同时，通过选择合适的屋面构造方式，也可以减少屋面的热量损失（表 3-23）。

	类型	集热器一体型	集热器叠合型	热水器叠合型
坡屋面	图例	管道井 用水空间	管道井 用水空间	管道井 用水空间
	优点	整体感好、美观，可与斜屋顶窗结合使用，适用于多层及以下住宅，集中、分散式系统均可	无支架、美观，适用于多层及以下住宅，集中、分散式系统均可采用	无支架、较美观，适用于多层及以下住宅
	缺点	施工困难，维修难，屋顶坡度对热效率的影响大	维修困难，屋顶坡度对热效率有部分影响	维修困难，屋顶坡度对热效率有部分影响
平屋面	类型	集热器支架型	热水器支架型	集热器叠合型
	图例	管道井 用水空间	管道井 用水空间	管道井 用水空间
	缺点	增加支架	增加支架	增加屋顶构造

屋面保温技术 表 3-23

类型	定义	优势	构造示意图
倒置式屋面	将传统屋盖结构中的隔热层和防水层倒置，构成的一种常见的平屋盖结构形式	可以削弱大气、紫外线辐射、温差等因素对防水层的作用，从而保证防水层的长期柔性、延展性和延伸性，不容易老化，使其使用寿命提高一倍以上	— 混凝土 — 水泥砂浆找平层 — 保温层 — 防水层 — 水泥砂浆找平层 — 聚氨酯涂膜 — 现浇钢筋混凝土屋面板 — 40mmC20细石混凝土整浇层
通风屋面	由有封闭或通风的空气间层的双层屋面结构形式构成，有上层屋面和下层屋面之分，通过空气流动带走太阳辐射热量的一种屋面形式	通过空气流动可以带走太阳辐射的热量，进而能够提升屋顶的隔热性能，适于调节我国夏热冬冷地区与夏热冬暖地区室内气温环境	— 35mm钢筋混凝土板 — 180mm空气层 — 卷材防水层 — 20mm水泥砂浆找平层 — 加气混凝土板 — 120mm钢筋混凝土屋面板

続表

类型	定义	优势	构造示意图
保温屋面	低层住宅屋面大多为坡顶形式，一般是将岩棉板搁置在顶层的吊顶上进行屋面保温；对于多层公寓式住宅的平屋面，则将岩棉板铺置在有隔汽层的屋面基层上进行保温，而岩棉板以上的防水层、保护层的重量是通过支墩直接传到基层，岩棉板本身不承受上部的荷载	①用于建筑物中的岩棉板，其耐火能力非常高；②具有良好的保温性能，岩棉绝热板用棉丝纤长且柔软，加之导热率极低，所以隔热效果非常好；③对噪声有很好的吸收作用，岩棉隔热板因其特殊的物理性质，可实现隔声降噪	— 3~5mm绿豆砂保护层 — 沥青玻璃布油毡防水层 — 30mm厚1:3水泥砂浆找平 — 1:6水泥炉渣找坡层 — 80mm厚岩棉板保温层 — 隔汽层 — 120mm厚钢筋混凝土屋面板

（5）种植屋面

采用种植屋面替代传统的屋面隔热材料，在一定程度上减少了太阳直接照射，达到了隔热、减噪的目的。此外，突出的绿化效果，形成了独特的"第五立面"（图3-47、图3-48）。

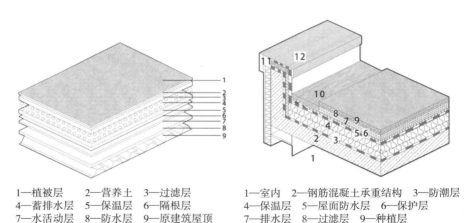

1—植被层　2—营养土　3—过滤层
4—蓄排水层　5—保温层　6—隔根层
7—水活动层　8—防水层　9—原建筑屋顶

1—室内　2—钢筋混凝土承重结构　3—防潮层
4—保温层　5—屋面防水层　6—保护层
7—排水层　8—过滤层　9—种植层
10—砾石带　11—木压顶　12—金属薄板

图3-47　绿色屋面构造　　　　　图3-48　单层保温绿色屋面构造

表3-24为种植屋面的构造层次。在进行植被选择时，应当选用对屋面破坏程度小的植物。例如泰然大厦办公空间外侧布置采用了退台形式的屋顶花园，以此起到降温隔热的作用（图3-49、图3-50）。

（6）蓄水屋面

蓄水屋面是利用一定厚度的水层作为隔热材料，在夏季高温时，通过水分蒸发的方式降低建筑物的热负荷，从而保持室内的舒适温度。然而，蓄水屋面在使用过程中也会受到一些影响，例如温度的变化会导致混凝土材料的水化反应，从而引起湿胀和影响其抗渗能力。此外，温差过大也容易导致蓄水屋面表面出现裂缝，甚至发生碳化和老化现象。

种植屋面各层次构造要点 表 3-24

构造层	构造要点
结构层	在进行屋顶绿化施工时，应仔细检查建筑物的结构，检查梁柱及地基。在计算重量时，要考虑到植物生长成型后的重量，然后再计算植物体的重量，即吸收了足够水分的植物体的重量
防风层	①屋面植物层顶面需增加一层碎石覆盖，高大乔木或高大乔木需采取抗风固土措施；②在表层防水层下面，屋顶结构上面，应设置防滑条或用铁丝把植物和基材固定起来
防根系穿损保护层	在排水系统中，应在排水层和结构层之间使用聚乙烯等材料设置一层防渗透的阻根层，或是在结构层上刷一层厚度为 20mm 的 1∶3 水泥砂，然后再在上面刷一层聚氨酯防水漆
排（蓄）水层	①水量一定要适中，过多的话会导致根系过于湿润，使根部腐烂；过少的话又会导致根系无法得到稳定的、适当的水分，对植物的生长不利；②砂砾、碎石、珍珠岩、陶粒，破碎的膨胀黏土、膨胀页岩，以及拆除建筑物产生的混凝土、砖砌体等，都适用于排（蓄）水层。塑料排（储）水盘是一种排水、储水性能良好的设备
过滤层	如今屋顶花园过滤层的标准材料一般是由聚丙烯纤维制成的滤布
植物生长层	植物生长层应是有一定的渗透能力、贮水能力和空间稳定性的轻质物质层，并且其应具有一定的保水保肥能力，以及良好的透气性

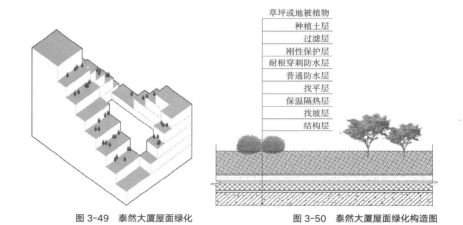

图 3-49 泰然大厦屋面绿化   图 3-50 泰然大厦屋面绿化构造图

为了延长蓄水屋面的使用寿命，需要在施工过程中加强防水层的设置，以保护混凝土材料不受到外界环境的侵蚀。同时，蓄水屋面的定期检查和维护也是必不可少的，以确保其性能和外观都能够得到有效保护（图 3-51）。

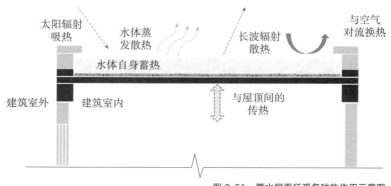

图 3-51 蓄水屋面所受各种热作用示意图

3. 主入口设计

1）防风门斗

冷风渗透是指空气通过建筑物的门洞口或其他开口进入室内，导致室内温度发生变化。因此，在设计建筑物时，需要考虑利用空气幕和防风门斗来减少冷风渗透，以保持室内空气温度和舒适。空气幕是一种通过向门口喷射空气来形成气流屏障的设备，用于防止室内空气流失和外部空气进入建筑物。防风门斗是一种用于防止风力对门口产生影响的结构，通常设计成具有弯曲或者斜面的形状，以减少风力对门的影响。

在严寒和寒冷地区，建筑的主要出入口都应设置防风门斗。出入口门斗常见的处理方法如图3-52所示。

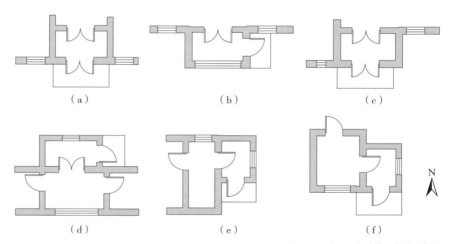

图3-52　出入口门斗处理方法示意图
（a）凹式南门斗示例；（b）凸式南门斗示例；（c）端角式南门斗示例；（d）凸式北门斗示例；
（e）东西山墙处门斗示例一；（f）东西山墙处门斗示例二

2）旋转门

在建筑环境中，旋转门不仅具有隔绝灰尘、防止噪声污染、阻止冷热空气进入等功能，而且还能自动运行，可提高出入口的效率。旋转门的密封效果优良，能够有效阻止外界环境对室内的影响，为建筑环境营造一个舒适、安全的空间（图3-53）。

图3-53　旋转门示意图

3）自动门

自动门作为建筑出入口通道的重要组成部分，不仅提高了建筑的外观效果，而且在节能效果方面发挥了重要作用。自动门的开启与及时关闭，减少了建筑出入口的冷风渗透。自动门可分为以下四种类型（图3-54）。

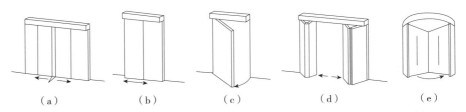

图 3-54　自动门种类示意图

（a）双扇平滑自动门；（b）单扇平滑自动门；（c）平开自动门；（d）折叠门自动；（e）旋转自动门

（1）平滑自动门：指门扇沿水平方向反复移动、能够实现自由启闭的人行自动门。

（2）平开自动门：指转轴定位在门旁，使门扇朝门框面外侧做往复转动和关闭的人行自动门。

（3）折叠自动门：是一种由两片或两片以上的门扇通过合页或合页相连而开启和关闭的行走式自动门。

（4）旋转自动门：指两扇或多扇门扇绕中心轴转动启闭的人行自动门。

4）空气幕

在公共建筑中，如果引入中庭，会使空调系统能耗大大提高。为解决这一问题，可以在公共建筑入口处加装空气幕，利用喷射气流形成具有一定风速与角度的气幕，阻断室内与室外之间的传热与传质，从而维持各个区域的温度恒定。空气幕可分为传统空气幕和复式空气幕两种类型。

（1）传统空气幕：按送风方向可分为向上送风、向下送风和侧面送风三种形式。上送式空气幕装在门口上方，其施工简单，不占地上面积，故在公共建筑物中得到了广泛的应用（图3-55）。侧送式空气幕安装于门的一侧，又有单面和双面两种形式。下送式空气幕安装在门的底部位置，可有效地阻止冷风从门底渗入，而不会因开门的方向受到影响。

（2）复式空气幕：在传统空气幕的基础上将其分为两个相同大小的单体，并相互协同作用（图3-56）。

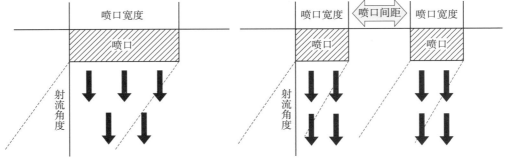

图 3-55　传统上送式空气幕示意图　　　　　　图 3-56　复式空气幕示意图

5）防风门帘

防风门帘是一种用于保暖的门帘，通常由棉、绒、布等材料制成，具有较好的保暖性能，主要用于人员经常进出的次要入口空间。常见的防风门帘款式有以下几种。

（1）单层门帘：单层门帘通常由一层棉或绒布制成，保暖效果一般，但价格相对便宜。

（2）双层门帘：双层门帘内、外两层材质可以相同，也可以不同。因为双层门帘的中部会存在空气层，所以保暖效果更好。

（3）毛线编织门帘：毛线编织门帘通常由毛线编织而成，颜色丰富、款式多样，具有较好的装饰性。

（4）羽绒门帘：由于羽绒具有良好的保暖性能，所以将其填充在门帘内部，能够起到良好的防寒效果。

（5）复合材料门帘：复合材料门帘是一种采用多种材料复合而成的防风门帘，例如 PVC 塑料与棉的复合门帘等。

4. 外窗与幕墙设计

1）控制窗墙面积比

窗墙面积比是指建筑立面上窗户的面积与墙体的面积之比。窗墙面积比越大，建筑内部自然光线和通风效果就会更好，但同时随着窗墙比的不断增大，建筑能耗也会不断增大。

外窗的传热系数和太阳得热系数的基本要求应符合表 3-25 的规定。

外窗（包括透光幕墙）的传热系数和太阳得热系数基本要求　　　表 3-25

气候分区	窗墙面积比	传热系数 $K/[W/(m^2 \cdot K)]$	太阳得热系数 $SHGC$
严寒 A、B 区	0.40< 窗墙面积比 ≤ 0.60	≤ 2.5	—
	窗墙面积比 >0.60	≤ 2.2	
严寒 C 区	0.40< 窗墙面积比 ≤ 0.60	≤ 2.6	—
	窗墙面积比 >0.60	≤ 2.3	
寒冷地区	0.40< 窗墙面积比 <0.70	≤ 2.7	—
	窗墙面积比 >0.70	≤ 2.4	
夏热冬冷地区	0.40< 窗墙面积比 ≤ 0.70	≤ 3.0	≤ 0.44
	窗墙面积比 >0.70	≤ 2.6	
夏热冬暖地区	0.40< 窗墙面积比 <0.70	≤ 4.0	≤ 0.44
	窗墙面积比 >0.70	≤ 3.0	

近几年来，随着人们对公共建筑更透明、更亮、更美、更多形式的需求，公共建筑的窗墙面积比也在不断增加。但为了避免房屋窗墙面积比过大，《公共建筑节能设计标准》GB 50189—2015 提出，在严寒地区，任何一种单立面上的窗墙面积比都不应大于 0.60，其他地区都不应大于 0.70。

2）玻璃自遮阳

玻璃自遮阳是利用遮阳系数小、热辐射率小且同时具备反射和保温作用的玻璃，由于其能够减弱一部分热辐射，降低换热损失，故可以实现节能。

首先，玻璃的自遮阳效果与玻璃自身厚度有关（表 3-26），因为玻璃在厚度不同的情况下会产生不同的透光率。其次，玻璃的传热系数和遮阳系数决定了玻璃的自遮阳效果，而玻璃的传热系数和遮阳系数与玻璃的品种和规格有关。表 3-27 列举了部分典型玻璃配合不同窗框下的整窗传热系数及遮阳系数，太阳能建筑各部位常用玻璃种类与构造类型见表 3-28。最后，玻璃的自遮阳效果还与玻璃的颜色有着密不可分的关系（表 3-29）。目前，许多太阳能建筑都采用了低辐射 Low-E 玻璃、薄膜型热反射材料贴膜玻璃、多功能镀膜玻璃、电致变色玻璃、光致变色玻璃等（图 3-57、图 3-58）。

玻璃透光率标准　　　　　　　　　　　　　　　表 3-26

玻璃厚度 /mm	1.1	1.3	2	3	4	5	6	8	10	12	15	19
透光率 /%	91	91	91	90	89	88	87	86	86	84	76	72

典型玻璃配合不同窗框的整窗传热系数及遮阳系数　　　　　　表 3-27

玻璃品种及规格 /mm	遮阳系数 SC	玻璃中部传热系数 /[W/（m²·K）]	非隔热金属型材 $K=10.8W/（m²·K）$ 框面积 15%	隔热金属型材 $K=5.8W/（m²·K）$ 框面积 20%	塑料型材 $K=5.8W/（m²·K）$ 框面积 25%
6mm 透明玻璃	0.93	5.7	6.5	5.7	4.9
12mm 透明玻璃	0.84	5.5	6.3	5.6	4.8
6 透明 +12A+6 透明	0.86	2.8	4.0	3.4	2.8
6 高透光 Low-E+12A+6 透明	0.62	1.9	3.2	2.7	2.1
6 中透光 Low-E+12A+6 透明	0.50	1.8	3.2	2.6	2.0
6 较低透光 Low-E+12A+6 透明	0.38	1.8	3.2	2.6	2.0
6 低透光 Low-E+12A+6 透明	0.30	1.8	3.2	2.6	2.0

太阳能建筑各部位常用玻璃种类与构造类型　　　　　　表 3-28

建筑部位	玻璃种类	构造类型
集热蓄热墙	普通玻璃、超白玻璃	单层玻璃
天窗	Low-E 玻璃、夹胶玻璃、钢化玻璃自洁净玻璃	中空钢化或真空夹膜玻璃
直接受益窗	高透型 Low-E 玻璃、夹层玻璃	中空或真空玻璃
附加阳光间	高透型 Low-E 玻璃	中空玻璃

吸热玻璃的光学指标参考值   表 3-29

玻璃品种	玻璃厚度 /mm	可见光 /%		太阳能 /%	
		透过率	吸收率	透过率	吸收率
茶色	3	82.9	9.8	69.3	24.3
	5	77.5	15.6	58.4	35.8
	8	70.0	23.6	46.3	48.4
	10	65.5	29.3	40.2	54.7
	12	61.2	32.9	35.3	59.8
蓝色	3	73.9	19.4	75.1	18.2
	5	63.9	30.0	65.7	28.2
	8	51.4	43.2	53.9	40.6
	10	44.5	50.4	47.3	47.5
	12	38.6	57.5	41.6	53.3
绿色	3	74.1	19.2	75.5	17.8
	5	64.3	29.6	66.2	27.7
	8	51.9	43.7	54.0	40.0
	10	45.0	49.9	48.0	46.8
	12	39.0	56.1	42.5	52.8

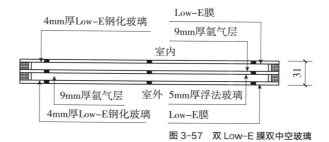

图 3-57 双 Low-E 膜双中空玻璃

图 3-58 高性能真空玻璃

（1）低辐射 Low-E 玻璃

目前市场上流行的建筑玻璃主要是以可见光透过率大多在 95% 以上的高透型 Low-E 玻璃为主。市场上现有的遮阳型 Low-E 玻璃的性能参数见表 3-30。

Low-E 膜位于中空玻璃不同面的参数   表 3-30

Low-E 品种	膜面位置	遮阳系数 SC	传热系数 K/[W/（m^2·K）]
透明 Low-E	外层玻璃的外表面	0.61	1.79
	内层玻璃的外表面	0.69	1.79
银灰色 Low-E	外层玻璃的外表面	0.31	1.66
	内层玻璃的外表面	0.53	1.66

（2）光致变色玻璃

光致变色玻璃是一种能够根据紫外光和可见光的照射而发生颜色变化的玻璃材料。通过光吸收和透光率的调节，光致变色玻璃可以实现不同颜色的变化。除此之外，通过控制光的透射和反射，光致变色玻璃可以减少能量损失，提高太阳能的利用效率。例如，清华大学超低能耗示范楼采用高透光、高隔热性能的玻璃，使其在严寒的冬季充分利用太阳能，从而最大限度地降低了建筑能耗。

5. 地面设计

建筑物的底层地面又称地坪层，一般由面层和基层两部分组成，而基层又分为结构层、垫层和素土夯实层。此外，当建筑物底层的基础构造不能符合使用和构造的需要时，可以在基础结构的基础上再增加附加层，

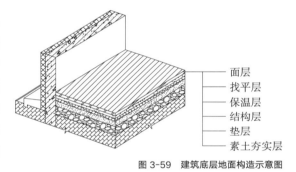

面层
找平层
保温层
结构层
垫层
素土夯实层

图 3-59 建筑底层地面构造示意图

例如保温层、管道铺设层、防潮层、找平层等（图 3-59）。

桩基础地上建筑地面基础保温形式有全保温（基础内、外、底部均设置保温层）、内外保温和无保温三种形式（图 3-60）。

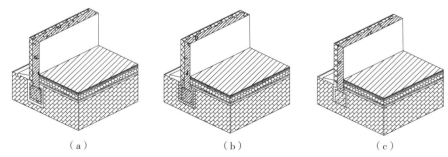

（a） （b） （c）

图 3-60 桩基础保温地面构造
（a）全保温桩基础形式；（b）内外保温桩基础形式；（c）无保温桩基础形式

3.6.1 景观元素的分类与碳排放

1. 景观元素的分类

从碳排放的角度看，办公建筑景观可分为人造景观、自然景观和复合景观三类。具体而言，人造景观中，既包括用于连通的道路、台阶、汀步、小桥，用于分隔的围栏、篱笆，用于引导的路牌、标识物，以及用于提升环境品质的雕塑、装置等有形元素，也包括用于营造环境氛围的音乐、灯光等无形元素。自然景观既包括地形、植被、水体等实体元素，也包括能够呈现自然气息的鸟语、花香等无形元素。复合景观则同时包括了人造和自然的景观元素。在办公建筑中，综合应用人造和自然、有形和无形的景观元素，可以形成屋顶花园、立体绿化、雨水花园等丰富多元的景观形态。

2. 景观元素的碳排放

办公建筑景观可以美化环境、愉悦身心，对使用者健康具有积极促进作用。例如，景观植物不仅可以过滤空气中的灰尘和有害气体，制造富氧的新鲜空气，还可以阻隔和减少噪声污染，以及通过叶面蒸腾作用调节空气湿度。又如，景观水体不仅可以愉悦身心，而且可以通过水的蒸发起到降温增湿等环境舒适性调节作用。

然而，从全寿命期碳排放的视角来看，办公建筑各类景观元素的应用均涉及物质和能量的消耗，进而可能产生能耗和碳排放。例如，人造景观元素的应用，通常涉及木材、石材、混凝土、金属等材料的生产、加工、运输、建造/安装、维护、拆解和再生，或者对声景、光影等效果的营造，两者均有可能产生能耗并造成碳排放的增加。又如，自然景观元素的应用中，虽然景观元素本身并不增加碳排放，但对景观功能的定期或不定期维护（如植物修剪、水道清理、动物养护等），同样有可能产生能耗和碳排放。即便是光影、声景等无形类景观元素的应用，如涉及光电设备运行、维护等，也会带来相应的材料资源消耗，进而增加碳排放。

3. 景观元素的碳减排

景观元素的碳减排主要体现在植被、土壤等的碳汇作用及水体的环境调节作用。碳汇指从空气中吸收和存储二氧化碳的作用和机制。一般而言，森林、土壤、湿地、岩石等均具有从空气中吸收和存储二氧化碳的作用。景观植物可以通过光合作用吸收周围环境中的二氧化碳并将其转化成自身的成分，从而起到降碳、固碳和增加碳汇的作用（图 3-61）。此外，景观水体具有降温增湿作用，如果运用得当，也可以为办公环境减少夏季空调负荷，进而起到减少运行能耗及碳排放的作用。

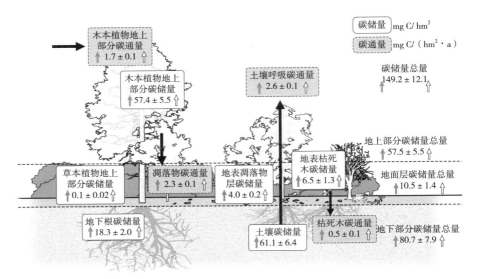

图 3-61 植物及土壤碳储量和碳通量示意图

　　按照对碳排放的影响情况，前述各类景观元素可以分为减少碳排放、增加碳排放，以及根据实际情况减少或增加碳排放三类，详见表 3-31。在办公建筑景观设计中，通过对各类景观元素的结合运用，可以产生不同的碳排放综合效应。

办公建筑景观要素类别及碳排放特征　　　　表 3-31

分类			举例	碳排放趋向
人造景观、装置等	有形类	场地 / 空间连通类	道路、台阶、汀步、小桥	+
		场地 / 空间分隔类	围栏、隔断、篱笆	+
		场地 / 空间引导类	路牌、标识物	+
		环境品质提升类	雕塑、装置	+
	无形类	环境品质提升类	音乐（声景）、灯光（光影）	+
自然景观	有形类		自然植被	− *
			自然水体	+/−
			地形地貌	+/−
	无形类		鸟语、花香	/
复合景观	人造景观 + 自然景观		花园、喷泉	+/−

　　注：+ 表示增加碳排放；− 表示减少碳排放；+/− 表示在不同条件下可能增加或减少碳排放；* 表示增加碳汇；/ 表示无变化趋势。

3.6.2　低碳景观设计的基本原则

　　低碳办公建筑的景观设计主要应遵循以下三方面原则。

1. 源头降碳：资源节约

低碳办公建筑的景观设计，应力求以全寿命期内最少的资源投入，达到最佳的景观效果，进而达成源头减碳的目的。具体而言，应选择生产、加工、运输、安装方便，能源消耗和碳排放少的景观材料及构建方式。例如，采用可以直接使用或经过简单加工即可使用的天然景观材料（如木材、石材、植物等），可以减少生产加工过程的能耗及碳排放；选择本地材料，可以减少材料在长途运输过程中的能耗及碳排放；选择可回收再利用的材料，可以减少新材料生产所增加的碳排放；采用简洁的景观元素和构建方式，避免过于复杂的景观设计，可以从源头上减少后续景观施工及维护中可能产生的碳排放。

2. 过程降碳：地域适宜 / 环境共生

我国地域辽阔，不同地区地形、地貌、气候、资源及生态环境条件差异显著。低碳办公建筑的景观设计，应采用地域适宜的设计方法，以达到过程减碳的目的。例如，北方地区冬季寒冷多风干燥，南方地区夏季炎热多雨湿润。在多雨地区或沿海地区选择耐水、耐盐碱的景观材料，在干旱的内陆地区选择耐旱、耐风沙侵蚀的景观材料，以及选择耐病虫害的景观植物等，均有助于达到延长景观使用年限和减少全寿命周期碳排放的目的（图 3-62）。

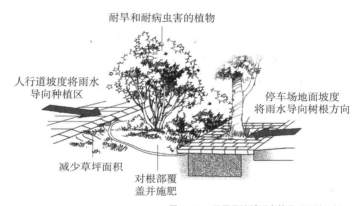

图 3-62 干旱区地域适宜的景观设计示例

低碳办公建筑景观，应采取与建筑所在地自然环境和谐共生的设计方法。一方面，积极促进新建景观与周边既有自然环境的和谐共生；另一方面，尽量维持原有场地自然生境的生物多样性和系统稳定性，使其能够持续产生良好的生态效益和降碳作用。

3. 末端降碳：材料回收 / 生态修复

在办公建筑拆除时，应对其中的景观材料做尽可能的回收，以备未来的再利用。同时，应详尽分析建筑在建造、使用及拆除过程中对场地原有自然生态环境造成的破坏或不利影响，并在建筑拆除后，对场地做尽可能的生态修复。

3.6.3　低碳景观的设计策略

1. 植物景观设计策略

景观植物是办公建筑低碳景观设计中最重要的降碳元素。低碳植物景观设计策略主要涉及以下三个方面。

1）选择低碳植物

（1）选用本土植物

首先，低碳景观设计应选择适应地域气候特征的本土植物。为适应当地气候条件，北方本土植物相对更加耐寒耐旱，南方本土植物则更加耐热耐湿。如果在北方干旱地区采用南方植物，就需要额外增加人工浇灌、冬季保温防冻、病虫防治等维护工作，从而带来更多的碳排放。反之，如果采用本土植物，或充分适应本土气候的植物，则可以大大减少相关维护成本，在减少碳排放的同时，产生更多的生态效益。

例如"The Roof"恒基旭辉天地项目，由2008年普利兹克建筑奖得主、法国建筑大师让·努维尔（Jean Nouvel）设计，坐落于上海中心城区，是集未来多元办公、商业与城市公共空间于一体的综合体。该项目精心选择了一系列适应本土气候的植物品种，如杜鹃花、冬青、桃金娘、南天竹、大花六道木、千叶兰、水果兰、水黄杨、栀子花等，搭建了多种绿植组合空中平台和空中花园，创造了人与自然和谐共生的场所（图3-63）。

（2）选用高碳汇植物

低碳景观设计应选择碳汇能力较强的植物。不同植物的碳汇能力有所不同，不同地域的适宜性碳汇植物也有所不同。例如，浙江省按树种的碳汇

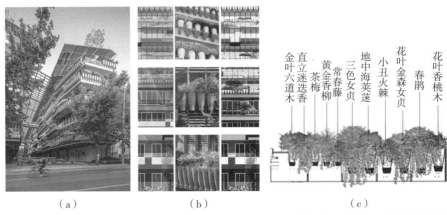

（a）　　　　　　　（b）　　　　　　　（c）

图3-63　"The Roof"恒基旭辉天地
（a）沿街外观；（b）立面种植花钵；（c）立面植被种类

效率、固碳效能、碳封存和造林可行性等碳汇属性，构建了系统的量化评价体系，并从当地主要优势群落树种、乡土树种及已驯化的造林乔木树种中评选出"十大碳汇树种"，分别是木荷、樟树、杉木、枫香、浙江樟、青冈木、栎树、楠木、栲树、柏木。景观设计者可以有针对性地选择项目本地适宜的高碳汇植物。

2）优化植物生境

城市中的植物景观设计一般采用乔木—草坪、乔木—灌木—草坪、灌木—草坪、灌木—绿地—草坪、乔木—灌木—绿地—草坪等植物配置形式。相关研究认为，生态效益最佳的配置是乔木—灌木—绿地—草坪的复合形式，并且其最适合的种植比例约为1（以株计算）：6（以株计算）：21（以面积计算）：29（以面积计算）。此外，通过优化植物景观的生境设计，可以使其发挥更加稳定的增氧、净化空气、吸收储存雨水、提供动物多样性栖息地等复合生态功能。

3）优化建筑环境

（1）改善建筑热环境

植物会影响其周边的空气温度和湿度。选择适宜的植物种类，将其种植在建筑周边适宜的位置，可以起到改善建筑热环境的辅助作用。例如，将落叶阔叶乔木种植在建筑南向、东南向或西南向。夏季时，由于树叶茂密，其遮阳和蒸发作用不仅有助于降低建筑周边空气温度，还可以减少建筑太阳辐射得热，从而使室内更加凉爽；到了冬季，树木落叶，不会影响建筑获取更多的太阳辐射得热。此外，为提高植物夏季遮阳和降温的效果，可以将高低不同的乔木和灌木分层组合种植。在需要遮阳的门窗位置，还可以设置植物藤架用于遮阳，或沿建筑外墙设置竖向立体绿化面，并与外墙之间留出30~90cm的水平距离，以便在遮阳的同时，通过空气流动进一步带走多余的热量。

建筑的硬质屋面会吸收太阳辐射热，有可能加剧城市热岛效应。通过屋顶绿化种植，不仅可以增加绿化面积，提高空气质量和景观效果，而且有助于缓解热岛效应，同时为其下部建筑结构提供良好的隔热保温和紫外线防护。屋顶种植一般应选择适应当地气候、适合屋顶环境且易于维护的植物种类，一般多选择本地草本植物，可借助风、鸟、虫等自然途径传播种子。

（2）调控场地风环境

植物可以影响空气流动的速度和方向，起到调控自然风的作用。通过植物景观设计，既可以引导适宜的场地风进入建筑内部，促进自然通风，又可以防止寒风和强风对建筑的不利影响。

①导风：根据场地主导风的方向，可以巧妙利用树木、藤架等，将夏季凉风导向建筑的一侧（进风口）形成正压区，并在建筑的另一侧（排风口）

形成负压区，从而促进建筑自然通风。为捕捉和引导自然风进入建筑内部，还可以在建筑紧邻进风口且迎向自然风来向的位置种植茂密的植物，或在进风口上部设置植物藤架，从而在其周围形成正压区，以促进建筑的自然通风（图3-64）。此外，在建筑底部接近入口和庭院等位置密集种植乔木、灌木或藤类植物，有助于驱散或引开较强的下旋气流；在建筑的边角部位密植多层植物，有助于驱散建筑物周围较大范围的强风；将多层植物排列成漏斗状，有助于将风引导到所需要的方向。

②防风：在多风地区，建筑室外场地需要考虑防风。在主导风向垂直方向密植防风的景观林带，可以起到减缓、引导和调控场地自然风的作用。防风和导风的效果取决于防风林的规模（高度和密度），相对主导风方向的角度，以及需要防风的场地大小和范围等（图3-65）。

需要注意的是，通过景观植物优化办公建筑环境的设计，应在建筑方案策划的早期阶段就开始，并与建筑的功能、形体、空间等其他设计因素进行协同优化。

2. 水景观设计策略

（1）收集和利用雨水

低碳景观中的硬质地面应尽可能采用可渗透的铺装材料，即透水地面，以便将雨水通过自然渗透送回地下。目前，我国城市大多采用完全不透水的（混凝土或面砖等）硬质地面作为道路和广场铺面，雨水必须全部由城市管网排走。这一方面造成了城市排水系统等基础设施的负担，在暴雨季节还可能造成城市内涝；另一方面，由于雨水不能按照自然过程回渗到地下，补充地下水，故往往会造成或加剧城市地下水资源短缺的现象。此外，大面积硬质铺地在很大程度上反射太阳辐射热，从而加剧了"城市热岛"现象。因

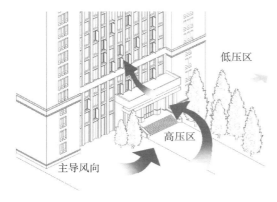

图3-64 利用景观植物为建筑物引风：
利用植物将自然风引入建筑内部

图3-65 利用景观植物为室外活动空间防风：
密植的树木形成防风带

此，在低碳景观设计中，一般提倡采用透水地面，使雨水自然地渗入地下，或主动收集起来加以合理利用。

当然，收集和利用雨水的手段和方法可以是多种多样的。当采用不透水硬质铺面的人行道和停车场时，可以通过地面坡度的设计将雨水导向周边的植物种植区；当采用透水地面或在硬质铺装的间隙种植景观植物时，要注意为植物提供足够的连续土壤面积，以保证其根部的正常生长。图 3-66 是澳大利亚悉尼某雨水收集利用的景观设计，其在不透水的道路中间设置了可调蓄雨水的景观区域，以应对当地部分时段降雨集中、部分时段又干旱少雨的气候特征。在降雨集中的时段，路面坡度和路缘石的分段设计，可以使雨水自然流向下凹式景观种植区，用于灌溉植物；当出现暴雨时，过多的雨水可以通过溢流口流入隐蔽的地下蓄水池。同时，种植区采用了当地的耐旱植物，因此也可以耐受较长时间的干旱天气。

（a）　　　　　　　　　　　　　　　　　（b）

图 3-66　澳大利亚悉尼某雨水收集利用的景观设计案例
（a）道路坡度和路缘石设计使雨水自然流向种植区；（b）过多的雨水可以通过溢流口流入地下蓄水池

建筑屋顶也可以用于收集雨水。雨水顺落水管而下，既可用于浇灌植物，也可用于补充景观用水，还可引入湿地或卵石滩，使之自然渗入地下，补充地下水。雨水较多时，可以将其收集到蓄水池，蓄水池的容积视当地年降雨量而定；或引入人工或自然湿地。在湿地的周边，可以采用接近自然的设计，为本地植物提供自然的生长环境。当雨水流入湿地所在区域时，既灌溉了植被，又涵养了水源，还可以自然地形成各类不同的植物群落。这是自然形成的景观，也是维护费用最低的景观。图 3-67 是瑞典某景观雨水利用设计案例，雨水首先自屋顶引入水道，之后穿过景观种植区，最终汇入周边的景观湿地和小溪。

（2）采用节水技术

低碳景观维护注重采用节水措施和技术。一般而言，草类比灌木和乔木对水的需求相对更大，而产生的碳汇和生态效应却相对较小。因此，在低碳

图 3-67　瑞典某景观雨水利用设计案例

（a）雨水自屋顶落水管引入水道；（b）雨水穿过密集景观种植区；
（c）雨水进入开敞景观种植区；（d）雨水汇入周边景观湿地

景观设计中，提倡尽量减少大面积草坪，以及尽量采用乔—灌结合的复层绿化方式。景观维护中，提倡通过高效率滴灌系统将经过计算的水量直接送入植物根部，对草、灌木和乔木应分别供水（图3-68）。此外，可采用经过净化处理的中水作为景观植物的灌溉用水。

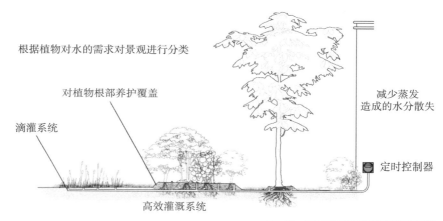

图 3-68　景观维护中的分类节水灌溉示意

根据美国圣·莫尼卡市（City of Santa Monica）的经验，采用耐旱植物、减少草坪面积和采用滴灌技术三项措施，使该地区景观灌溉用水减少 50%~70%。此外，通过控制地面雨水流向及减少非渗透地面百分比等措施，可以既灌溉植物，又净化雨水，并使雨水自然回渗到土壤中，满足补充地下水的需要。

3. 低碳景观综合设计策略

1）屋顶、露台景观设计

在当代城市办公建筑中，充分利用屋顶和露台等室外空间，设计丰富宜人的景观环境，对于缓解员工心理压力、营造良好工作氛围可以起到显著的积极作用。例如，RATP Habitat 巴黎总部的多层南向露台被塑造为不同层高的屋顶花园，不仅使屋顶空间变得十分宜人，而且使建筑与自然融为一体。植物盆栽、花池等遍布露台之上，人们在这里可以享用午餐、小憩、与同事聊天，或者进行瑜伽或乒乓球等休闲体育活动（图 3-69）。

2）"空中花园"景观设计

大型办公建筑的中庭/边庭设计，可以为公共建筑空间创造多方面综合效益。例如，德国法兰克福商业银行大厦（图 3-70）为一栋 60 层高的塔楼，建筑平面为每边 60m 长的等边三角形。大厦每隔 8 层设置一个 4 层通高的空中景观花园，且所有花园围绕主体塔楼盘旋而上。空中花园与建筑主体中部通高的中庭连通，可以为办公室提供 100% 的景观视野和自然通风。花园中的景观植物配置以乔木、灌木、地被植物为主，形成了丰富的景观层次，同时结合座椅、吧台等布置，为使用者提供了宜人的交流环境，在连通不同办公区域的同时，也激发了公共空间的活力。

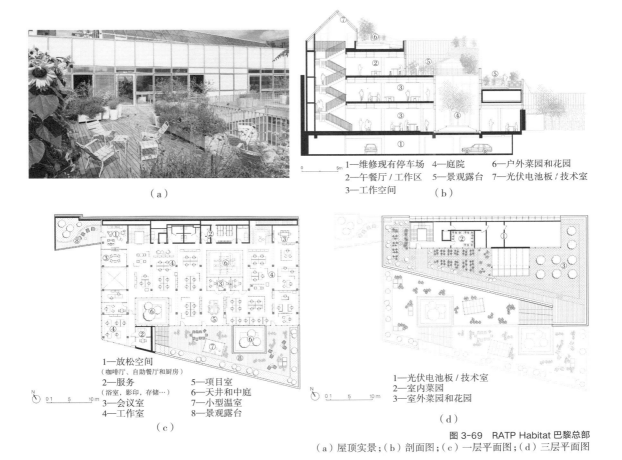

（a）

1—维修现有停车场　4—庭院　　　6—户外菜园和花园
2—午餐厅/工作区　5—景观露台　7—光伏电池板/技术室
3—工作空间　　　　　　　　　　　（b）

1—放松空间
（咖啡厅、自助餐厅和厨房）
2—服务　　　　　　　　　5—项目室
（浴室，影印，存储…）　6—天井和中庭
3—会议室　　　　　　　　7—小型温室
4—工作室　　　　　　　　8—景观露台

（c）

1—光伏电池板/技术室
2—室内菜园
3—室外菜园和花园

（d）

图 3-69　RATP Habitat 巴黎总部
（a）屋顶实景；（b）剖面图；（c）一层平面图；（d）三层平面图

（a）

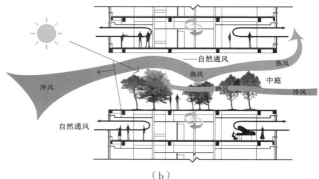

（b）

图 3-70　法兰克福商业银行大厦空中花园
（a）实景；（b）剖面示意

3）立体景观设计

在办公建筑的通高空间中，采用立体化的植物景观设计，不仅有助于增加碳汇，而且可以有效丰富并提升内部空间的视觉和环境体验。需要注意的是，为保证景观植物的正常存活和健康生长，立体景观设计中，应设置完善的灌溉、通风和采光系统，并有效控制植物和土壤中各种菌类和昆虫的生长和分布。同时，还应兼顾考虑景观日常维护的便捷性和操作的安全性。例如，新加坡丝丝街（Cecil Street）158 号的立体景观项目（图 3-71），采用从二层到九层通高的立体景观做法，在墙壁、阳台、窗台、屋顶、棚架等处栽种了 1 万多株景观植物，形成面积达 470m² 的立体景观，不仅形成了强烈的视觉表达，而且起到降温、降噪和防尘等作用。以往的立体景观系统往往养护费用较高，同时支撑构架较重且造价较高。该项目研发了一套新的绿墙系统，其支撑构架简单、轻便，不仅可以灵活安装，还可以兼作维修通道；景观主体以盆栽植物为主，每个花盆都可从构架后方自由装卸；精确设计的滴灌系统既可避免植物间交叉感染，也降低了后期养护成本。该项目于 2011 年获得新加坡建筑师协会和国家公园局联合举办的"空中绿意"大奖，并入围世界建筑师年会"年度园林项目"大奖。

4）界面景观设计

垂直界面的低碳景观设计主要涉及低碳界面材料的选择和垂直绿化的布置。办公建筑公共空间中的垂直界面均可考虑布置垂直绿化。具体而言，设计师既可以利用攀爬类植物覆盖在建筑表面以达到景观效果，也可以采用不同形式的种植容器，按照点、线、面等多种构图方式进行景观植物的组合布置。借助界面景观设计，还可以起到协调外立面的作用。例如隈研吾在日本小田原市的"绿色铸造"（Green Cast）项目（图 3-72），由于建筑的每一层分别具有诊所、药店、职业学校、办公和居住等不同功能，所以其立面开窗大小和形式均不相同。为了使立面呈现为一个有机的整体，设计师在建筑外

<table>
<tr><td>（ a ）</td><td>（ b ）</td><td>（ a ）</td><td>（ b ）</td></tr>
</table>

图 3-71　新加坡丝丝街 158 号的立体景观项目　　　　　图 3-72　日本小田原市的 "绿色铸造"（Green Cast）项目
（ a ）室内立体绿化实景（一）；（ b ）室内立体绿化实景（二）　　（ a ）外表皮绿化实景（一）；（ b ）外表皮绿化实景（二）

表皮嵌入钢结构框架，景观元素随框架进行排布；框架中采用铝铸板箱体，箱体中种植各类景观植物，在增加植物碳汇的同时，有助于形成舒适的局部微气候；框架中还隐藏设置了雨水吸收装置和冲洗软管，可以自动吸收并存留雨水，为景观植物的用水进行储备。

　　水平界面的低碳景观设计主要涉及地面低碳材料的选择和透水铺装的设计。水平界面景观通常与其他景观元素共同达成景观效果。办公建筑的室外水平界面景观设计，可根据当地降雨情况，关注景观对雨水的调蓄能力，避免道路和场地积水。同时，在经济可行的前提下，宜尽量回收雨水，用于景观营造、植物浇灌、地面清洁等。

　　5）构件景观设计

　　通过对阳台、栏杆、遮阳板、空调支架等建筑构件进行景观设计，可以在营造丰富的外部视觉效果的同时，形成良好的低碳环境效益。例如，中建滨湖设计总部（图 3-73）在建筑的东、西向，结合外部水平遮阳板，设置植

 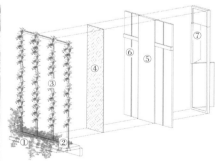

1—水平遮阳板
2—花槽
3—攀爬植物
4—不锈钢防蚊网
5—铝合金防雨格栅
6—三玻双中空三银
　　Low-E 玻璃
7—180° 上下分解式
　　平开窗

<table>
<tr><td>（ a ）</td><td>（ b ）</td></tr>
</table>

图 3-73　中建滨湖设计总部
（ a ）构件景观实景；（ b ）构件景观构成示意

物种植槽与攀爬拉索。种植槽中的植物随季节更迭不断生长攀爬，在建筑外部形成富有自然生机的动态低碳景观。

6）低维护的景观设计

低维护的景观设计可以减少景观运行维护过程中的碳排放。例如，万科建筑研究中心的景观设计采用雨洪管理系统、低维护的建筑材料和植物材料，形成了低维护的景观系统。

（1）雨水径流控制

万科研究中心项目设计了两个涟漪花园（图3-74）。其主要设计理念在于：与草坪相比，乔木可以截获更多雨水并延长雨水落地时间，从而减轻雨水对土壤的冲刷；同时，与平整地形相比，波状地形能更显著地减弱雨水的冲刷力，并为雨水下渗提供更多时间，故采用波浪地形来控制场地上的雨水流动。

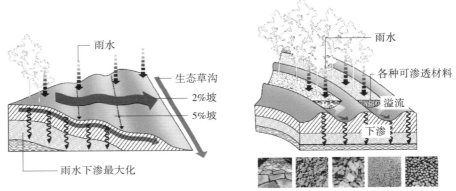

图3-74　万科建筑研究中心景观——低维护材料应用示意

其中一个涟漪花园为三角形场地，其右上角种植了大冠幅乔木，结合起伏的场地，提供了不同的渗透效果。同时，整体倾斜的大面积草坪和波浪起伏的地形可以减缓雨水流动，使雨水在场地上适度停留并得到植物根系和土壤的过滤。波浪的坡度可以调整，以实现最佳渗透效果，避免积水或水流速度过快。另一个涟漪花园为半同心环形状。每个同心环内填充木片、陶粒、细沙、碎石、风化花岗石等不同的基质材料，以获得不同时段的最佳渗透率。在半环形的波纹之间设置布满碎石的小溪，用于收集经过不同基质过滤后流出的雨水；波浪边界采用溢水设计，供观察、比较不同基质下的溢水量大小；花园周边的矮墙座椅可以起到挡土墙的作用。此外，用地边缘设置透气渗水的道路，可以减少道路上的雨水积聚。

（2）雨水质量控制

万科建筑研究中心项目还设计了一个"风车花园"（图3-75）。其采用

风车花园鸟瞰图
中央池塘、生物沼泽、观景平台和风车

图 3-75　万科建筑研究中心景观——雨水质量控制

83m 高的风车提供动力，将收集的雨水提升到建筑屋顶上，通过屋顶的雨水花园进行曝氧处理，再跌落到地面水池，实现初级净化；然后，雨水流经地面上的一系列植物净化水池；最后，达到净化标准的水进入一个镜面水池，成为儿童嬉戏活动的场所，而未达到标准的水则重新回到水循环系统，再次进行净化。"风车花园"以风能为动力，让雨季储存的雨水流动循环、不断净化，直至下一个雨季的到来。这样的景观花园设计尊重地域特点，实现了节能低碳的运行和维护，同时提供了教育、欣赏和娱乐的复合功能。

（3）低维护材料应用

①低维护的建筑材料：为保证景观的持久性和低维护性，万科建筑研究中心选择预制混凝土（PC）作为步道板的主要材料。PC 不仅可以提供平滑、致密和干净的表面，也不会阻止雨水渗透。此外，PC 的尺寸、颜色、质感可以做到与花岗石相差无几，但却避免了对大面积矿石的开采，同时省去了地面铺装中的混凝土垫层，从而进一步加强了雨水向地面的渗透。对该材料进行异形加工，不仅可以成为停车场、消防车道等大面积硬质铺装中的嵌草铺装，使其兼具视觉效果和生态价值，还可以成为坐凳、自行车架等多样化的户外构件，且均具有很强的耐久和低维护特性。

②低维护的植物材料：采用适宜当地气候等自然环境条件的本土植物，有利于实现景观的低维护特性。该项目采用了本地的竹子、枫树、樟树作为景观树种，结合其他本土灌木和多年生草本植物等，共同组成了具有低维护特征的植物景观。

本章要点

1. 办公建筑的低碳形态设计策略。

2. 办公建筑的低碳空间设计策略。

3. 办公建筑的低碳围护结构设计策略。

4. 办公建筑的低碳景观设计策略。

思考题与练习题

1. 影响场地碳排放的因素有哪些？

2. 采用哪种设计方式可以解决建筑入口的冷风渗透？

3. 体形系数、围护结构传热系数、窗墙比、附加阳光间这四种策略中，对于建筑降碳量从大到小依次如何排序？

4. 在夏热冬冷地区宜综合采用哪些降碳技术措施？

5. 光伏一体化设计在什么情况下适宜采用？

6. 在寒冷地区如何通过空间设计解决立面玻璃幕墙的保温问题？

7. 在热带、亚热带地区的办公建筑，如何解决遮阳和不遮挡窗户视线的矛盾？

8. 在办公建筑设计中，如何综合应用多种低碳设计策略？

参考文献

［1］ 魏星. 重庆地区革新外墙研究 [D]. 重庆：重庆大学，2009.
［2］ 徐敏甄. 我国湿热地区公共建筑立面遮阳设计方法研究 [D]. 西安：西安建筑科技大学，2022.
［3］ 邓盼盼. 建筑遮阳节能计算及对自然通风影响的研究 [D]. 重庆：重庆交通大学，2011.
［4］ 战冬雪. 严寒地区典型建筑底层地面构造传热模拟研究 [D]. 哈尔滨：哈尔滨工业大学，2020.

第4章

办公建筑的低碳再生设计

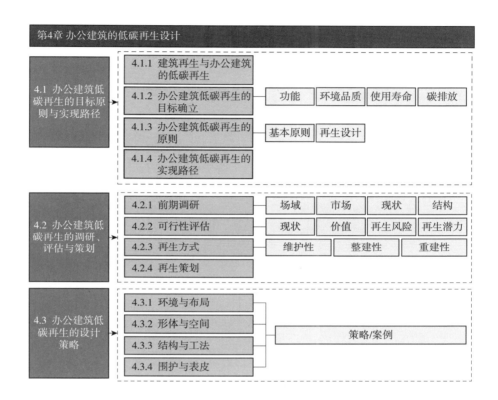

问题引入

▶ 什么是建筑再生？

▶ 为什么要实施建筑再生？

▶ 为什么在办公建筑再生中要以低碳为目标？

▶ 如何有效地进行办公建筑降碳再生设计？

开篇案例

日本大成建设技术中心总部大楼于 1979 年建成，其位于日本神奈川横滨市户冢区名濑街，2006 年实施再生改造计划（图 4-1）。通过一系列的低碳再生改造，该建筑全年负荷系数（Perimeter Annual Load，PAL）降低 25%，建筑全寿命周期二氧化碳排放量（LC CO_2）降低 11%。CASBEE（2006 年版）自评结果显示，其绿色性能达到 S 级（BEE=4.2）。该项目于 2009 年获得"第三届可持续发展建筑奖"审查委员会奖励奖（日本建筑环境节能机构 IBEC 颁发）。

（a）

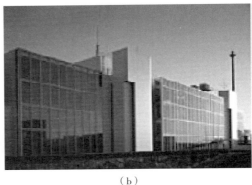
（b）

图 4-1　日本大成建设技术中心总部大楼改造前后对比图
（a）改造前图；（b）改造后图

4.1.1　建筑再生与办公建筑的低碳再生

对既有建筑进行一定的改造活动，无论程度如何，只要是使建筑物丧失的功能重新得到满足，均可以称为"建筑再生"。因此，"建筑再生"涵盖了除新建以外所有的建筑活动。

建筑再生是常见的建筑活动。一方面，新的功能需求推动建筑发生空间增减、布局变更、动线重组等再生变化；另一方面，建筑经过多年的使用后，在结构、供暖、通风、安全等诸多方面也会渐渐出现问题，所以对建筑结构、设备的维护保障与性能提升也是建筑再生的重要内容。总之，建筑再生的总体意图就是延长建筑使用寿命、改善建筑功能和提升空间环境品质。

我国改革开放以来，经历了近 40 年的城乡建设大规模高速发展，形成了存量巨大的既有建筑。截至 2021 年，我国既有建筑面积约 713 亿 m²，并以年均 3.8% 的增长速度持续增加，其中公共建筑面积约 150 亿 m²，占比约 21%。办公建筑是公共建筑重要的组成部分，约占公共建筑面积的 28%。存量巨大的既有建筑促使了建筑"更新改造"时代的来临。信息化时代的办公模式对信息交流方式、支撑设备需求等方面的全面变革和提升，更进一步提升了办公建筑再生的紧迫需求。

我国政府在应对气候变化和推动经济发展的双重需求下，提出了全面实现碳达峰、碳中和的"双碳"目标，标志着中国对应对气候变化的承诺和努力，同时也将对全球的碳减排产生重要影响。而建筑业降碳是"双碳"目标的重要组成部分，在"双碳"目标的引领下，建筑行业实现低碳转型已成为行业发展的必由之路。随着建筑领域增量市场的增长逐渐放缓，高品质、高质量且低能耗的发展要求愈发凸显，且既有建筑存量市场规模庞大，其降碳潜力巨大，不容忽视。根据《中国建筑能耗与碳排放研究报告（2023 年）》，2021 年全国建筑全过程碳排放总量为 50.1 亿 t 二氧化碳，占全国能源相关碳排放的比重为 47.1%。预计到 2030 年，建筑行业将展现巨大的降碳潜力，其潜力范围高达 50~70 亿 t 二氧化碳当量。

综上，存量巨大的既有建筑再生，既要达成不断增长变化的功能变化要求、空间适应要求、机能提升要求等目标，又要最大可能地实现节能降碳，为"双碳"目标的实现作出贡献。功能提升和节能降碳是驱动建筑低碳再生的"双重目标"。办公建筑作为存量巨大的重要建筑类型，同样面临双目标驱动的低碳再生命题。

为达成办公建筑的低碳再生，就需要明确具体的再生目标和实现路径，建立再生设计的方法体系和设计流程，归纳再生设计的设计策略和技术体系。

4.1.2 办公建筑低碳再生的目标确立

1. 满足信息化时代办公建筑功能要求

随着全球信息化时代的到来，数字技术影响下的办公方式呈现组织灵活、技术先进、现场和远程协同等主要特征，具体体现在办公时间灵活、数字化文件管理、远程办公、虚拟会议和在线协作工具、在线培训和学习，以及智能化、高品质的办公环境等。

信息时代办公方式的发展对办公建筑提出了新的需求。办公建筑需要配备先进的数字化基础设施，包括高速互联网接入、无线网络覆盖、智能化办公设备等。办公建筑的空间设计需要更加灵活多样，能够适应不同的工作模式和办公方式。应合理规划办公空间的布局和设计，提高空间利用率，考虑员工的工作习惯和需求，设置灵活的办公区域、共享工作空间、休息区域等功能区域，增加空间的多样性和可变性。办公建筑需要配备智能化的建筑管理系统，可以实现对建筑设施的远程监控、能源管理、安全管理等功能，提高建筑的运行效率和员工的工作体验。

2. 实现办公建筑空间环境品质提升

现代办公建筑设计需要提升空间环境品质，为员工提供舒适的办公环境，从而提高员工的工作效率和生活质量。空间环境品质提升包括室内新鲜、无异味、低污染的空气质量，以及保持适宜的温度和湿度，这些都需要采用有效的供暖、制冷和空调通风系统、空气净化设备和室内植物等措施来达成。首先，应充分利用自然采光，最大限度地减少对人工照明的依赖，通过合理的建筑设计和窗户布局，确保室内空间可以获得充足的自然光线。其次，应减少来自室内和室外的噪声干扰，创造安静舒适的工作环境，可采用隔声材料、双层玻璃窗、隔声门等措施。最后，应引入室内绿植，提升室内环境的舒适度和美观度。此外，还需要应用智能化设备和技术，例如智能照明系统、智能空调系统、智能安保系统等，以实现远程监控、智能调节，提升空间的品质和节能优化。

办公建筑空间环境品质提升还表现在办公建筑的文化性和标识性，反映建筑所处的地域、历史、企业文化等方面的文化价值和独特标识。既有建筑再生为办公建筑时，一般都会重视保存既有建筑独特的历史文化或地域建筑特征，可以为再生后的办公建筑呈现独特的空间品质和企业形象。

3. 延长既有建筑使用寿命

既有建筑再生为办公建筑时，其目标是基于既有建筑的结构、空间、机能本底，在达成办公建筑使用延续或转换目的同时，延长既有建筑的使用年限。坚固的结构、高质量的材料、高性能的设备系统、良好的定期维护等都是延长建筑使用寿命的重要手段。对于既有建筑再生为办公建筑的设计过程，尤其主要关注结构的加固与修复，避免破坏性结构改造；关注建筑空间的适应性和灵活性，避免重复改造；关注设备系统的合理应用和性能品质，保证设备使用年限；关注低碳节能的建筑材料使用和合理的加固更新工法，提升材料耐久性。

对具有历史和文化价值的建筑进行再生设计时，要注意保留其原有的历史风貌和文化特色，传承历史记忆，延长社会价值和使用寿命。

4. 降低办公建筑全寿命周期碳排放

既有建筑过去的碳排放已经成为过去，在建筑再生过程中，如何降低在后续建筑生命周期中的碳排放，是既有建筑再生设计关注的重点。由于存在既有建筑物质基础，故建筑再生设计要合理设定适度的降碳目标，并通过优化设计和模拟计算达成目标可控的有效方案。这些方案包括对既有建筑旧材料、建筑废弃物的资源化利用或回收再利用，减少对原材料的需求；新增材料采用环保、可再生建筑材料，减少建筑废弃物的产生，促进资源的循环利用，整体降低碳排放；引入节能技术，包括高效隔热材料、节能建筑系统、智能化控制系统等，以减少建筑运行阶段的能源消耗，降低碳排放；利用太阳能、风能等可再生能源替代传统能源，减少对化石能源的依赖；合理设计场地环境和建筑立体绿化，积极增加碳汇，为降低办公建筑全寿命周期碳排放作出贡献。

4.1.3 办公建筑低碳再生的原则

1. 基本原则

办公建筑的再生需遵循低碳可持续原则、技术合理原则、灵活多元原则、以人为本原则、文化认同原则和经济合理原则。

（1）低碳可持续原则：在强调保持既有建筑物质基础的可持续利用、避免破坏性改造的同时，强调建筑再生和后续使用过程中的节约能源和降低碳排放。

（2）技术合理原则：指再生过程中，要用更加先进、合理的施工技术和设备技术，对原有的建筑本体和设备基础进行改造、替换和调整。

（3）灵活多元原则：指在再生过程中应当采取灵活有机的策略，以差异求协调，复合不同时期建造技术、建筑材料带来的不同表现力，从而实现融合。

（4）以人为本原则：指力求创造出各种人性化的内外部空间，增加空间的活力和情趣，使再生后的建筑形象、空间更加人性化、多样化，也更加符合建筑物新的功能需求。

（5）文化认同原则：指再生过程中要尊重既有建筑的历史和文化，要注重对地域文化的呈现。

（6）经济合理原则：指既有建筑再生要注意保证经济上的合理性，以适当的建设和运营成本，满足新的办公建筑功能要求，延长既有建筑的使用寿命。

2. 再生设计原则

（1）准确制定节能减排的再生设计意向

准确制定节能减排的再生设计意向是确保再生设计方案能够有效降低碳排放、提高能源利用效率的关键。办公建筑的低碳再生，既包括既有办公建筑的更新提升，也包括既有非办公建筑改造为办公建筑。为了深入剖析既有建筑的当前状况及其潜在的再生价值，需进行系统的调研和评估分析，全面衡量既有建筑的品质现状，探讨如何有效利用既有建筑条件和降低不利因素影响，包括能源消耗分析、碳排放评估等，并在此基础上制定综合再生意向和降碳目标。同时，对技术选型和应用、低碳材料和建筑技术、智能化控制系统和综合经济成本效益等做出评估和策划。

（2）合理利用既有环境条件提升环境品质

既有建筑低碳再生过程中，应遵循因地制宜的原则，紧密结合既有建筑共存的环境、资源、气候、经济及人文特色进行再生设计。具体包括合理的既有基地土地利用、建设开发容量，环境道路、广场、水体、植被的恢复与更新，以及与基地所处的大环境有机融合；保持再生建筑与城市区域功能衔接，建筑肌理延续统一；创造适宜办公建筑休憩、交流、锻炼等使用的高质量室外环境；恰当的植物种植、立体绿化和室外构筑物设计，为办公建筑创造良好的通风、采光，以及阴凉的周边环境，同时起到固碳增汇的正向作用。

（3）运用节能降碳设计手段满足性能需求

合理设计是办公建筑低碳再生过程中最关键的环节。通过运用节能降碳设计手段，可以在满足性能需求的同时，实现功能和低碳的双重再生目标。其中，气候友好的形体塑造是指根据当地气候特点，组织建筑的形态和朝向，以最大限度地利用自然光和通风资源，减少对机械设备的依赖。功能合理的平面布局则既考虑到功能区域的合理划分和高效利用，又兼顾采光、通风等环境因素。通过合适的布局和设计手法，创造宜人的室内环境，提升用户体验和舒适感。有效的结构改造、低碳材料使用和恰当的建造工法是保障建筑质量和减少碳排放的重要手段。采用环保、可再生的建筑材料，以及低碳建造工法，不仅减少了施工阶段的碳排放，还提升了建筑的可持续性。此外，低能耗的设备系统和高效率智能化管理系统是建筑运行阶段实现节能降碳的关键所在，在方案设计阶段也应予以提前考量。

（4）适度拆除和充分利用废旧材料再生降碳

既有建筑再生为办公建筑时，针对既有建筑的物理存在，要特别注重拆除的适度性和充分利用旧建筑材料。首先需要进行适度的拆除，根据建筑的物理存在和结构特点，精确拆除不需要的部分，并确保拆除过程安全和有效，最大可能地利用既有建筑的结构体系、围护材料和设备系统，这也是传承发展的重要手段。其次拆除的旧建筑材料和废旧材料可以进行分类和回收利用，如混凝土、钢材、玻璃等可以回收再利用，以降低对新材料的需求，减少碳排放。只有坚持物尽其用的理念，既有建筑再生才可以实现对资源的充分利用，减少建筑全寿命过程碳排放。

（5）发掘施工与运维阶段节能降碳潜力

在再生设计阶段，提前为施工和运维阶段做出降碳的谋划也相当重要。通过专业协同的方式，可以充分发掘施工与运维阶段的节能降碳潜力。在设计过程中，建筑师、结构工程师、机电工程师等各专业人员应密切合作，共同探讨可采用哪些低碳材料和建造工法，如何优化建筑结构和设备系统，以降低施工阶段的碳排放。同时，在设计阶段就应考虑到运维阶段的节能降碳需求，例如设计智能化管理系统、优化设备运行方案，以确保建筑在运营期间能够持续地降低能耗和碳排放。通过这种专业协同的方式，可以在再生设计阶段充分挖掘建筑节能降碳的潜力，为施工和运维阶段的节能降碳提前做好规划和准备。

4.1.4　办公建筑低碳再生的实现路径

办公建筑的低碳再生实现路径，广义上是指前期策划、中期设计优化、再生建造、使用运营、使用后评估、全寿命周期监测乃至最后的拆除或者再次再生整个过程的流程和步骤。本书重点关注办公建筑的低碳设计，故实现路径做狭义考量，在本章特指办公建筑低碳再生的设计阶段流程和步骤，即前期策划和中期设计优化阶段（图4-2）。除增加既有建筑调研和评估环节之外，其余的设计流程及步骤和本书第3章内容基本一致。

在提出再生意向之后，首先应对既有建筑进行多个维度的深入调研、调查，包括对既有建筑周边地域的场地调研、市场调研和既有建筑现状调查、既有建筑结构专项检测鉴定等，以便全面掌握既有建筑的实际情况。其次以意向需求的办公建筑功能为目标，对既有建筑进行可行性评估，包括现状评估、价值评估、风险评估、再生潜力评估等。在可行性评估基础上，确立办

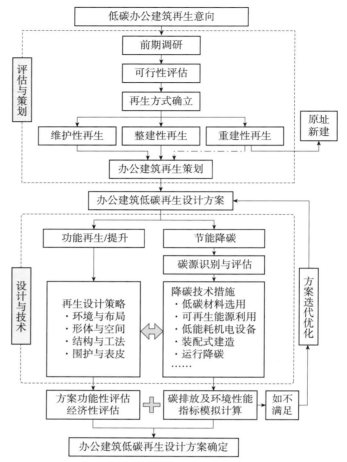

图 4-2 办公建筑低碳再生设计流程

公建筑再生的大方向，即再生方式，一般包括维护性再生、整建性再生和重建性再生，并综合完成再生设计的前期策划。

在办公建筑的低碳再生设计阶段，应秉承功能提升和节能降碳的"双重目标"，在开展建筑环境、布局、形体、空间、结构、表皮等方面的方案设计的同时，要设定降碳目标、识别评估碳排放源，并在材料选择、可再生能源利用等方面同步考量。两个方面要协同推动，互为支撑。

初步的再生方案要经过方案功能性评估和经济性评估，同时采用模拟软件对碳排放及环境性能指标进行模拟测算，判断方案是否达到预定的降碳目标。如果双重评估都能达到要求，则可确定办公建筑的低碳再生方案；如果有一方或双方面都不能达到要求，则需要返回进行方案的迭代优化设计。

从常见的设计过程看，也可以同时并行演进多个再生设计方案，平行进行评估与测算，最后从中择优选定。

与普通新建办公建筑不同，对既有办公建筑实施更新或将非办公建筑改造成为办公建筑时，必须要考虑既有建筑的物理实体存在，而且其通常是不可移动的。所以为了达成办公建筑的低碳再生目标，就必须对既有建筑物的实体空间和相关要素进行详细调研、分析评估，这样才能在充分掌握现状条件的基础上，做出办公建筑再生的策划与设计。这是办公建筑低碳再生和新建低碳办公建筑有区别的一个重要步骤。

4.2.1 前期调研

1. 既有建筑物场域与市场调研

既有建筑场域调研、市场调研的项目和内容见表 4-1。

既有建筑场域调研、市场调研　　　　　　　　表 4-1

调研项目	调研内容
交通条件	城市区域地段，交通通达便捷性，消防道道通达性
人群构成	服务人群和被服务人群构成
业态指标	不同业态从业种类、人数比例及构成，业态分布和服务半径
城市规划	规划用地属性、容积率、绿地率、消防间距、建筑限高、城市退线、日照等要求
场地环境	场地环境，地形地貌，城市绿地，噪声源，周边用地类型和属性，周边建筑规模和层数
便利性	停车场和停车位、配套商业、餐饮、酒店、教育、医疗、银行、市政办公、图书馆等
竞品环境	周边地段办公写字楼等的租售价格、周边商业和办公空置率、配套服务经营状况等（商业经营性办公楼需要调研）
形态与布局	建筑形态与布局状况，建筑外观现状与改扩建的可能性

2. 既有建筑现状调查

既有建筑现状调查的项目和内容见表 4-2。

既有建筑现状调查　　　　　　　　表 4-2

调查项目	调查内容
历史沿革	既有建筑相关的历史文化信息，建筑设计图档、文档等相关资料，建筑物的维修、改造和使用情况记录
完善图档	平面图、立面图、剖面图、细部节点详图等，如果图纸不全则需要测绘补充
建筑外观	是否存在变形、倾斜、不均匀沉降、开裂、残损等情况
建筑内部	空间格局、交通组织、楼电梯、室内装修、设施设备等情况
建筑结构	结构类型、结构受力性能普查、结构构件检测等，若有必要可进行结构专项检测鉴定

续表

调查项目	调查内容
机电设备	给水排水、供暖空调、电力电信、消防设施等方面的现有设备系统及其运行情况（包括给水、排水、电力、通信外网接入点位等情况）
围护结构	外墙保温、外窗材料与构造及使用现状，外墙遮阳、装饰等构件的情况，屋面保温、防水材料与构造及其使用情况
专项调查	如有必要可进行污染源、放射源和文物勘探等专项调查

3. 既有建筑结构专项检测鉴定

结构专项检测与鉴定是既有建筑再生的重要环节，其目的是全面掌握既有建筑的结构现状和存在的问题，判断结构系统更新改造的潜力，为后续的可行性评估、再生设计提供科学依据和指导。

既有建筑的结构专项检测鉴定一般由具备专项资质的机构执行，检测鉴定内容见表 4-3，最终出具完整的结构安全评估报告。

既有建筑结构专项检测鉴定　　表 4-3

检测鉴定项目	检测鉴定内容
结构材料检测	对建筑结构所采用的材料进行检测，包括混凝土、钢材、木材等，检测材料的强度、耐久性、腐蚀程度等
结构构件检测	对建筑结构的构件进行检测，包括墙体、柱子、梁、楼板等，检测构件的裂缝、变形、损伤情况等
地基基础检测	对建筑物的地基基础进行检测，包括地基承载能力、基础沉降情况，是否存在裂缝、渗漏等问题
结构稳定性评估	对建筑结构的整体稳定性进行评估，分析结构的受力情况、变形状况，判断结构是否存在倾斜、位移等安全隐患
结构缺陷分析	分析建筑结构存在的缺陷和问题，包括裂缝、渗漏、锈蚀、腐蚀等，评估缺陷对结构安全性和使用性能的影响
结构强度计算	对建筑结构的承载能力进行计算和分析，评估结构的强度是否满足设计要求，是否需要加固或改造
结构抗震计算	对建筑结构抗震能力进行计算和分析，评估结构体系是否满足抗震规范规定的设防要求

4.2.2 可行性评估

办公建筑低碳再生的可行性评估，要解决对既有建筑的现状评估、价值研判、风险评估、再生潜力等几个方面的问题，提供是否可以实施再生及判断再生大方向的决策依据，同时也为后续的再生策划和方案设计乃至低碳技术路线选择提供支撑。

1. 既有建筑现状评估

现状评估是对前期调研的细致分项检查、检验，给出各分项的现状描述，形成现状评估报告（表4-4）。

既有建筑现状评估

表4-4

评估项目	评估内容
场地环境	交通与流线（车行道、人行道、消防通道、小路、台阶坡道等），室外场地汇水排水，场地边界（围墙、栅栏、沟渠等），室外场地高差（地形、挡土墙、护坡等），场地铺装，植被（乔木、灌木、花草等），附属建筑，场地构筑物（亭子、廊架、假山、喷泉、雕塑等），场地安保设施，无障碍设施，环境问题（如污染问题）
建筑室外	屋顶特征（屋面形式、塔楼、烟囱、老虎窗等），屋顶材料及构造，遮阳板、雨篷，设备机房，排水管、沟，基础，结构骨架，墙体（含保温材料），阳台，室外疏散楼梯，防水构造，变形缝及构造，门窗，玻璃，外墙装饰构件、纹样
建筑室内	屋架结构，顶棚，内隔墙，梁柱，壁炉、烟囱、烟道，楼板，地下室，内门窗，玻璃，楼梯坡道，室内木工，陈列装饰，家具，防火设施，健康与安全（如有害材料）
设施设备	电梯、自动扶梯，给水、排水，公共设施，服务设施（卫生间等），供热设施，机械设施，变电、配电，电信、网络，消防水池、泵房、水塔，防灾报警，安防系统，避雷针、避雷带

2. 既有建筑价值评估

价值评估是认定和描述既有建筑的综合价值，有助于制定满足办公建筑新的使用者或业主不同价值需求的再生策略（表4-5）。

既有建筑价值评估

表4-5

评估项目	评估内容
历史价值	建筑的历史地位、历史特征、与历史人物或历史事件的关联
文化价值	地域文化、精神象征、历史氛围、情感共鸣
社会价值	建筑的社会贡献、对城市发展的贡献等
艺术价值	建筑形式风格、艺术审美、装饰艺术等
技术价值	先进材料、地域材料、独特结构和工艺
经济价值	节约资金、经济增值
环境价值	与既有环境协调、保持传统风貌和景观价值
使用价值	空间适用、设施可以继续使用、新功能置换的适应性和灵活性

3. 再生风险评估

风险评估是对既有建筑再生为办公建筑可能存在的风险点和障碍问题进行梳理与研究，并提出相应的对策，供业主决策参考。风险和问题主要来自法律法规风险和经济风险。

（1）法律法规风险：再生项目需要符合相关的法律法规，如土地规划、建筑法规、环保要求等，可能存在审批流程复杂、法律责任不清晰等问题。具体而言就是可能存在土地性质变化问题、既有建筑是否适用当前最新的规范和指标问题、是否存在长期租用合同尚未清退问题，或者存在既有建筑已经抵押尚未解抵押问题、产权或债务纠纷等法律问题。

（2）经济风险：再生项目的成本可能高于预期，包括拆除和重建、改造和装修、环保和安全措施等方面的费用，可能会对项目的经济可行性和投资回报率产生影响。具体而言就是可能存在建筑地基基础尚未完全探明可能带来再生投资增加问题、结构安全性风险导致结构加固费用激增问题、商业性办公项目租售市场不稳定带来的投资成本回收和投资效益问题等。

上述问题和风险点，需要再生项目各个参与方通力合作。只有进行全面调研和详细评估，才能保证项目稳妥推进。

4. 再生潜力评估

既有建筑再生潜力的评估是基于现状调研和价值特征，进行办公建筑再生潜力的分析评估和再生对策建议。再生潜力评估是后续要开展的再生策划的重要依据，可以从建筑基地、建筑外形、结构设备、内部空间和经济技术等方面进行（表4-6）。

既有建筑再生潜力评估（部分） 表4-6

评估项目		评估内容	再生建议
建筑基地	周边区域用地类型	商业、居住、工业等	根据城市区位特征和建筑自身情况确定合理的办公建筑规模
	周边道路交通情况	交通可达性，人流物流有效组织可能性	是否需要开通辅路，从城市便捷到达建筑主入口
	停车状况	是否能提供足够的停车位	是否需要增加停车位，是否可能以地下空间等方式增加停车位
	基地的空地面积	是否留给改扩建以足够的空间	满足城市各种控制线的要求，避免改造后场地过于局促
	基地周边环境景观	自然环境与人工环境	充分利用周边景观资源，促进建筑与景观的交融
	基地周边市政设施	水暖电、消防管线等	促进市政资源的有效利用
建筑外形	建筑风格	是否某一风格的典型代表	根据建筑的历史文化价值等确定顺应抑或变化的外观改造策略
	造型效果	艺术审美价值判断	处理新与旧的关系，新旧和谐或新旧对比
	围护结构	外墙、门窗、屋顶等的现状及保温隔热等性能	是否需要更新为新的立面材质与形式，是否能满足节能要求
	细部节点	装饰性或是实用性	与新建部分如何结合
	出入口设置	是否适合新功能	建筑与场地及城市的对接

评估项目		评估内容	再生建议
结构设备	结构分析	结构的安全性、适用性、耐久性	是否需要结构加固，是否有可能上部、下部或局部增建
	病害诊断	损伤、裂纹、腐蚀、冻害、渗漏、老化等	科学合理地处理建筑病害，避免不利后果
	设备设施	服务配套设施等	设备设施再利用的可能性，需要替换增加何种设备
内部空间	规模容量	面积体量是否适合新功能	是否需要进行一定的改扩建
	楼层分析	层数、面积是否适合	是否需要增加电梯等垂直交通
	层高分析	高度、尺度是否适合新功能使用	是否可能采取增建夹层或局部合并竖向空间等措施
	功能布局	功能的通用性、相容性与多义性	是否需要增加功能布局的灵活性与适应性，以应对新功能使用要求
	内部空间组织	内部功能、布局、交通	是否可能增加门厅、中庭、院落、廊道、休息空间等
经济技术	经济分析	经济投入产出比	确定改造投资，优化资源配置
	实施分析	预判改造实施中可能遇到的问题	确定合理的实施策略与时序分期等，选择合理的运营管理方式
	技术分析	原技术的不合理性，新技术的可能性	确定改造技术策略，优先选择适宜性技术

4.2.3　再生方式

对既有建筑，无论以前是办公建筑还是非办公建筑，完成细致的调研和评估之后，还要综合判断其再生方式，即针对既有建筑空间和物理实体调整为新的办公建筑功能使用的大方向和可能性。

1. 维护性再生

维护性再生侧重于建筑品质退化过程中日常和持续的维修和修缮活动，是建筑围护体系功能性品质提升的重要途径与方法。维护性再生包含了小修和中修两种再生方式，主要适用于原本就是办公功能的既有建筑的持续性再生维护。

2. 整建性再生

整建性再生是对既有建筑实施改建、加建与功能重构、空间重组、结构加固等内容，达到适应新的办公建筑功能用途、延续建筑使用寿命和节能降碳的目的。整建性再生包括大修和重整两种再生方式，是最为常见的既有建筑更新和改造的方式。其既适用于工业厂房、商业建筑等非办公建筑改造为办公建筑，也适用于很多老旧办公建筑的改造再生。

3. 重建性再生

重建性再生是在评估既有建筑已经在主要方面（如结构承载力、空间格局）不能适应新办公使用功能要求的前提下，对既有办公建筑进行拆除后按照原貌翻建，或拆除后在原址新建办公建筑。原貌翻建的再生方式主要适用于既有建筑存在重要的历史或文化价值，但是结构体系或空间布局已不能满足要求的情况。原址新建的再生方式严格意义上说应归为低碳办公建筑的新建，但是因为存在既有建筑拆除材料、既有建筑场地环境等影响后续建设节能降碳目标达成的有利或不利因素，故在制定新的低碳办公建筑计划时，也应给予考虑（表 4-7）。

办公建筑低碳再生方式　　　　　　　　　　　　　　表 4-7

再生方式	主要内容	降碳可能性
维护性再生	①小修：对房屋使用中正常的小损小坏进行及时修复的预防性养护工程； ②中修：需要牵动或拆换少量主体构件，但保持原房的规模和结构不变	表皮和围护结构的性能提升，节约能耗；少量的材料、部品更换，延长使用寿命，全寿命周期降碳；拆解构件再利用或作为再生材料
整建性再生	①大修：保持建筑功能、体量规模和主体结构基本不变，大面积维修、装饰和设备改造、提升； ②重整：保留能够继续使用的结构、构件、设备，进行改建、加建、功能改换、结构加固等全面性改造	全面节能改造，降低建筑整体能耗；设备系统改造提升，可再生能源利用；空间布局改造，利用建筑形体和空间布局调节自然采光、通风等环境品质；拆解构件再利用或作为再生材料
重建性再生	①原貌翻建：拆除后按照原貌重建，内部格局部分改变或完全重组； ②原址新建：拆除既有建筑后重新建设	全面提升建筑围护结构能效和机电运维降碳性能；新建建筑采用最新低碳材料和技术；可再生能源利用；拆解构件再利用或作为再生材料

4.2.4　再生策划

办公建筑的低碳再生，在有明确的再生意向，掌握了既有建筑的详细资料，以及进行了可行性评估、确定了再生方式的情况下，还需要完整的再生策划，包括项目定位，投资效益策划（经济效益、社会效益），功能策划（面积规模、功能分类及配比），空间策划（空间构想、形态、格局、布局、空间模式、交通），技术策划和低碳目标（技术构想、既有建筑再利用程度、结构方案、材料选择、设备选择、能源选择、工法选择），运维策划，最后出具任务书，用以指导下一步的再生方案设计（表 4-8）。

策划项目	策划内容
项目定位	①办公建筑类别、性质； ②开发建设者和使用者群体画像； ③企业文化、建筑形象、特色、象征
投资效益	①经济效益，既有建筑可利用价值评估、再投资额测算、资金来源、回报率、资金周转时间； ②社会效益，老旧社区激活、标志性、区域价值、文化传承； ③环境效益，改善区域环境、改善基础设施、提质增效、节能减排； ④风险评估，法律法规风险、不可预见经济风险
功能策划	①再生后办公建筑规模、面积； ②办公业务用房、公共用房、服务用房、附属设施内容及面积配比； ③特殊用房功能需求及面积需求； ④室外环境功能策划、屋面利用功能策划
空间策划	①明确再生方式； ②空间构想，再生后建筑形态和空间格局的整体构想； ③室内空间布局、空间效果、环境品质、交通组织等方面的要点描述
技术策划 低碳目标	①既有建筑再利用程度，包括空间、结构、部品、设备、材料； ②结构加固和附加结构的方向策划； ③各类建筑材料选择，优先考虑低碳建材、回收材料再利用、再生建材； ④既有设备和系统的再利用程度； ⑤更新设备选择策划，优先考虑低能耗、高效率设备； ⑥可再生能源策划，如太阳能、地热能、空气能、风能； ⑦建筑结构、构造工法工艺策划，包括被动式、免维护、长效耐久、装配式等
运维策划	办公建筑再生后使用、管理方式，运行、维护方式，运行指标监测
任务书制定	用以指导设计开展的任务书，内容包括再生目标、方式、要求、规模、分项面积，以及其他指导性原则等

4.3 办公建筑低碳再生的设计策略

常见的办公建筑类型有国家投资的政府办公建筑、企业自筹资金的自用办公建筑、开发商投资或代建的市场化办公建筑及其他新型办公建筑（如SOHO、公寓式办公等）。办公建筑一般由办公业务用房、公共用房、服务用房、交通辅助用房及设备用房等部分组成。提高办公效率、营造符合生理和心理需求的工作场所、建造和运营成本控制、适宜的建筑形象展示，以及社会公共利益的维护是办公建筑的基本要点和基础。信息化时代的办公建筑也呈现出组织灵活、设备先进、品质提升、服务多元及个性化办公环境等多种趋势。

办公建筑的再生，由于其作为办公使用的人员构成特征、使用时段特征、环境品质追求、空间形象展示等特点，故在设计方案产生和优化的过程中，要遵循功能提升和节能降碳的双重目标牵引。本节重点梳理方案设计阶段在环境与布局、形体与空间、结构与工法、围护与表皮四个方面的综合性设计手法和降碳策略。

4.3.1　环境与布局

　　既有建筑不仅存在既有的建筑实体，还存在既有的周边环境、城市肌理和区域文化传承，所以在既有办公建筑的低碳再生中，要合理利用既有场地环境、优化建筑群体布局，通过针对性的设计策略，营造满足新办公功能要求、延续场所文脉、降碳增汇的办公工作环境。

1. 场地环境与建筑布局再生设计策略

　　办公建筑场地环境与建筑布局再生设计策略类别、主要内容见表4-9。

办公建筑低碳再生：场地环境与建筑布局再生设计策略　　　　表 4-9

策略类别		策略主要内容	策略图示	参考案例
场地环境	交通组织	①充分分析周边道路交通关系，优化原有交通系统，合理布置场地入口，顺畅交通，降低出行碳排；②重整场地内部道路交通，尽量做到人车分流；③采用树下停车、再生草砖等生态型停车场	交通组织	西班牙Banc Sabadell 总部
	开放空间	①布置尺度合理的广场空间，可利用旧建筑拆除材料或再生材料铺装，材料降碳；②可采用旧建筑围护拆除、结构和屋面保留的方式增设有顶的开放空间，降低场地太阳辐射	开放空间	西安老钢厂设计创意产业园
	地形地貌	①合理利用现有地形地貌进行再生改造，施工降碳；②采用掩土、嵌入（半掩土）方式增建新建筑体量，完善功能空间需求同时节能节地	地形地貌	荷兰 A.S.R 总部改造
	植被水体	①尽可能保留场地内原有多年生植物，固碳增汇；②合理设置水体，调节小气候；③合理布置植物品种、位置，利用植物的遮阳、挡风作用，降低建筑能耗	植被水体	杭州大业巷 5 号办公改造
	环境小品	①利用拆除材料、构件，搭建具有文脉传承的雕塑、小品、室外亭子或廊架，旧材料旧构件利用；②利用保留的结构框架作为场地边界或环境小品框架	环境小品	南京秣陵九车间办公园区
建筑布局	肌理协调	保持或适当调整建筑群体肌理，与场地周边现有肌理相协调，延续传承场所文脉	肌理协调	德国 iCampus Rhenania 办公楼
	分散布局	增建体量，与既有建筑形成间距恰当的建筑群，可利用相互间距遮阳、导风、形成冷巷（南方）或挡风（北方）	分散布局	上海大宁中心广场三期 + 飞利浦大中华区总部园区

策略类别		策略主要内容	策略图示	参考案例
建筑布局	集中体量	把多个既有建筑通过增建集中成一个建筑，减小体形系数，降低能耗（北方）	集中体量	上海法租界洋房办公楼改造
	围合布局	通过加建体量，与既有建筑围合开敞天井（南方）或封闭中庭（北方），组织有效的自然通风、采光	围合布局	荷兰 Anthura 总部更新
	串联体量	通过增加连廊、平台，把几栋建筑串联起来，组建全天候内部交通	串联体量	北京折叠院

2. 南京秣陵九车间办公园区案例

南京秣陵九车间办公园区通过重新规划厂房与外部环境的场地，用空间重构替代立面改造，在园区与城市间构建开放过渡区，从而增强园区与城市的互动，降低产业园对城市的封闭感，并提升九车间的辨识度（图 4-3）。

在九车间办公园区进行场地整理的过程中，拆除了临时建筑，保留了西北角的砖混结构小屋，从而减少了拆建工作量，降低了能源消耗和碳排放；同时，利用拆除的材料构建了一系列"工业小屋"，从而减少了新材料消耗，实现了旧材料的再利用，体现了循环经济的理念。

九车间办公园区内由 5 个小屋组成的"工业村落"取代了围墙和大门，展现了园区的开放性。小屋之间的空间方便行人与车分流，保障了行人安全。同时，小屋与老厂房形成视觉叠加，创造出新旧交融的空间层次和视觉效果。

（a）

（b）

图 4-3　南京秣陵九车间办公园区
（a）旧材料搭建的"工业小屋"；（b）庭院改造为中庭

每栋 U 形厂房的中央空地被改造为充满绿意的庭院；新的桁架和玻璃组成的顶棚，覆盖了庭院局部上空，降低了场地太阳辐射，优化了热环境。

4.3.2　形体与空间

建筑外在形体与内在空间是建筑的一体两面。新建建筑可以从零开始、天马行空地进行独创设计，但针对既有建筑的再生改造则需要成竹在胸、庖丁解牛，在进行形体改造的同时重组内部空间秩序和格局。建筑形体和空间的再生设计是建筑再生方案阶段提升效用、改善形象、节能降碳的核心设计策略，为后续技术措施的落地和降碳目标的实现打下实体和空间基础。本小节列出了建筑单体形体改变、内部空间重组的相应设计策略。

1. 形体与内部空间再生设计策略

办公建筑形体与内部空间再生设计策略类别、主要内容见表 4-10。

办公建筑低碳再生：形体与内部空间再生设计策略　　　　　　　表 4-10

策略类别		策略主要内容	策略图示
			参考案例
建筑形体	部分拆除	①降层，即降低建筑高度，或利用降层做复合利用屋面（如双层屋面、绿化屋面等）； ②架空，即底层拆除不必要的围合，形成全部架空或局部架空，和周边环境形成良好互动；同时拓展户外灰空间使用，改善出入口设置，形成气候缓冲区，借此有效组织自然通风； ③挖除，即局部掏挖拆除，减小进深，改善自然采光和通风	 降层　　架空　　挖除 斯里兰卡 Star 创意中心
	周边增建	①相离，即和旧建筑有距离增建新建筑，共同围合、对景或并排，形成有秩序的办公建筑群； ②贴边，即在旧建筑边贴建新建筑，补全功能用房，补全建筑形体，减小体形系数； ③包裹，即增建新体量完全包裹旧建筑，形成多面腔体或体量，改变围护性能； ④联接，即增建连廊或体量，将数栋建筑相连； ⑤局部增建，即在既有建筑合理朝向位置增建楼梯、电梯、卫生间、气候腔体等，利用局部空间改善室内热环境； ⑥地下，即结合既有地形高差或地形高差改变需要增建半掩土或全掩土空间，补全大空间需求，同时节能节地（同场地策略）	 相离　　贴边 包裹　　联接 局部增建　　地下 北京汇佳国际学校行政办公楼

124

策略类别		策略主要内容	策略图示
			参考案例
建筑形体	上部加建	①局部加层，即在既有建筑顶部部分加建楼层； ②整体加层，即在既有建筑顶部部分整体增加楼层； ③内院加顶，即在既有建筑开放式内院顶部加建顶棚，常见为钢结构玻璃顶棚，形成室外庭院（有顶但不封闭）或室内中庭（有顶的室内封闭空间）； ④屋顶改造，即屋面形状改变、材料更换，屋面遮阳、屋面架空、绿化等	局部加层　整体加层 内院加顶　屋顶改造 法国 malraux 码头综合体
内部空间	空间重组	①空间整合，即将小空间整合成为开放大空间； ②空间分割，即将大空间适当分隔成为小空间； ③空间重排，即改变原有房间的排列方式，如主要办公用房放在南侧，辅助用房放在东、西侧，利用非常用空间作为气候缓冲空间等； ④内部重建，即保留既有建筑围护结构，内部拆除后采用独立结构进行内部重建，通常用于历史建筑遗产保护与再生	空间整合　空间分割 空间重排　内部重建 杭州白沙泉办公空间改造设计
	内部加层	①内部全加层，即在既有建筑的高大空间内，满铺加层，形成多层使用空间； ②局部加层，即在既有建筑的高大空间内，局部加层，形成既有楼层又有通高的空间格局； ③内部加建，即在室内中庭加建楼梯、电梯等垂直交通设施	内部全加层　局部加层、加建 斯洛伐克供热厂改造 Bratislava 联合办公园区
	内部打通	①水平贯通，即单层或通高空间拆除外墙维护，和室外贯通，形成良好通风的灰空间； ②纵向贯通，即打通楼层，形成天井、中庭或沿边、把角的局部腔体，利用空间腔体改善室内温湿度环境	水平贯通　纵向贯通 上海徐汇滨江西岸办公楼改造

2. 中国建筑设计研究院办公楼改造案例（图 4-4）

中国建筑设计研究院办公主楼始建于 1956 年，最初为中国建筑科学研究院试验研究大楼。为整合立面外露设施，改善凌乱的外观，并且满足企业自身和城市、社会发展的需求，2008 年年底对 1 号办公主楼全面实施改造。

1 号办公楼建成初期采用纵横墙承重砖混结构体系。为减少对原结构主体的干扰和破坏，并保证施工进程中办公楼的正常安全使用，改造采用贴边

（a）   （b）

图 4-4　中国建筑设计研究院办公楼改造
（a）改造后外观；（b）改造后门厅

增建方式，将长达 170m 的主楼和东、西配楼用一排 4 层通高的巨型柱廊整合起来。所有列柱全部采用独立基础，自成体系，与原建筑主体仅有部分构造拉接，门厅和展厅的屋面板也由独立于原结构体系之外的新增立柱支撑。

门厅改造后宽约 18m，面积约 150m²，采用 2 层通高的无色玻璃幕墙包围。无色玻璃幕墙具有高透光性，能够充分利用自然光。在 2 层通高的设计中，光线可以更为自由地穿透幕墙，减少室内对人工照明的依赖，从而降低了照明能耗。这种设计不仅提高了室内办公空间的亮度和舒适度，还有效地减少了电力消耗和碳排放。

4.3.3　结构与工法

既有建筑由于建造性质不同、年代不同、地区不同，故其结构需要遵循不同类型建筑的承载力标准、建设当时的结构设计规范及不同地区的抗震设防要求。因此，在既有建筑再生为办公建筑的时候，即便仅仅是原办公建筑的更新，也要进行结构专项检测鉴定，然后根据检测鉴定结论并遵照现行各项设计规范要求对结构进行详细验算，最后提出对结构部分的再生方案和策略。本小节列出了结构加固、结构复合、独立增建的基本策略。

现代施工技术日新月异，随着建筑工业化的发展，装配式设计和施工工法已经成为快速、高效、节材、低碳和环境友好的主流工艺。办公建筑再生设计阶段也应在充分了解的基础上主动对接先进的建设方式，故本小节也列出装配式结构工法和内装修工法的相关策略。

1. 结构再生与现代工法设计策略

办公建筑结构再生与现代工法设计策略类别、主要内容见表 4-11。

策略类别		策略主要内容	策略图示
结构再生	结构加固	①结构构件或节点补强，即采用钢筋混凝土、钢板、碳纤维复合材料，利用包裹、粘贴、缠绕等方式或者预应力结构技术等方法，对既有结构梁、板、柱或连接部位实施加固补强，提高结构构件承载力、稳定性和抗震性能；②地基加固，即采用注浆、加桩基等方式对建筑的地基进行加固，提高地基承载力；③基础加固，即采用扩大基础底面积、加地梁、增设加固槽、加固带、加固梁、加固网等方式对建筑的基础进行加固，提高承载力、抗沉降能力和基础完整性；④增加结构构件或支撑，即在结构中利用增加支撑点、增设支撑墙及设置支撑框架、抗震支架等方式，提高结构的承载能力和抗震性能	构件加固 地基加固 基础加固 增加支撑
	结构复合	①屋面加建楼层，即优先采用木结构、轻型钢结构等低碳材料或轻型材料进行屋面加建设计；②室内加建楼层或局部加建楼层，即附属在既有结构体系上的楼层加建，可采用植筋+钢筋混凝土结构、后锚固+钢结构的方式，也可采用较为低碳的木结构或胶合木结构；③外挑结构，即在既有建筑外墙出挑房间、阳台、雨棚、遮阳构件或疏散楼梯等，通常采用钢结构支撑出挑、悬挂出挑方式，或者室外独立支柱相结合的复合方式（附属结构）	屋面加建 室内加建 外挑结构
	独立增建	①贴边增建独立建筑，即和既有建筑采用变形缝分开的独立结构增建，可采用钢筋混凝土结构、钢结构、砌体结构、木结构等多种结构形式，注意基础设计要考虑既有建筑基础避让问题；②室内增建独立结构的空间或楼层，即在既有建筑室内设置独立基础的架构增建，通常是在中庭、天井或高大空间中增建楼梯、电梯等	贴边增建 室内增建
现代工法	装配式结构	①部分预制构件，即在工厂内预先制造部分结构构件，如墙板、楼板、柱子、梁等，这些构件通常采用混凝土、钢材或其他材料制成，再运输至施工现场完成构件的安装施工；②装配式钢筋混凝土结构，即除基础外，绝大部分上部混凝土结构构件由工厂预制、现场安装；目前钢筋混凝土框架结构、剪力墙结构的多高层建筑，均能实现装配式建造；③装配式钢结构，即钢结构体系与装配式建造相结合。由于两者契合度较高，故采用钢材构件进行预制和组装具有自重轻、抗震性好等特点，适用于多高层办公建筑的极大跨度空间的加扩建；④装配式木结构，作为具有中国传统的建筑结构形式，木结构具有彰显文化自信、传承传统建筑文化的天然基因；当代装配式木结构可采用天然木材、集成木材等作为结构主材，具有低碳、环保、轻质等特点，适用于低多层办公建筑的加建、增建	预制钢筋混凝土梁 装配式钢结构 装配式木结构

策略类别		策略主要内容	策略图示
现代工法	模块化建筑	利用标准化模块进行设计、生产和组装的建筑方法；模块可以是整合结构、维护、门窗甚至设备的标准模块或定制模块；常见的模块化类型为钢筋混凝土模块、钢结构模块或两者混合的模块；模块形式多见板式模块、厢式模块；整体或局部的模块化设计建造，是相当快速、高效、灵活、低碳的办公建筑再生常用手段	 模块化建筑
	装配式内装	①室内房间、设备、部品的整体预制，例如整体浴室、整体卫生间、整体厨房、柜体等，均可实现标准化预制或定制，仅需要现场配合预留上下水、电力电讯等点位； ②内装修的装配式干法施工，例如定制生态墙板、地板、吊顶、门窗、隔断等，均可实现模块化、装配式、现场干法施工；这一策略尤其适合办公建筑的维护性再生	 装配式内装

2. 同济大学图书馆加建案例（图 4-5）

同济大学图书馆初建于 1965 年，1989 年改造时，在原图书馆中庭独立增建了两栋高层塔楼，形成 18 000m² 的增建面积，作为阅览室和综合办公使用。为了尽量不占据中庭空间，建筑以两个方形核心筒将建筑主体抬升至原建筑最高点以上。核心筒是边长 8.3m 的正方形，高 50m，在离地 15.6m 高处往外悬挑 8.35m，形成 25m×25m 的方形塔楼。改造设计通过这种特殊的结构解决了大规模增建要求与原建筑保护之间的矛盾。同时，塔楼的主要体量在原建筑高度之上展开，从而为建筑中庭保留了足够的采光通风空间，避免了对原建筑环境造成影响。

西侧增建的阅览室、办公室和既有建筑形成围合。朝西的玻璃幕墙外侧设置了可旋转的金属遮阳板，其不仅能有效防止西晒，阻挡太阳辐热量，并且防止了阳光直射，使阅览室和办公室内自然光照柔和且不产生炫光，从而

（a） （b） （c）

图 4-5 同济大学图书馆加建
（a）加建后的塔楼；（b）新老建筑结构关系；（c）金属遮阳板

有效减少了光污染。通廊的玻璃顶棚下方安装了冲孔遮阳钢板，以避免整个走廊因为前后和上部的过度通透而造成温度过高，且同时兼顾采光作用。

4.3.4 围护与表皮

既有建筑的外墙形象和屋顶形式记载着建筑物经历的历史变革和场所文脉，是独有的存在。无论从文化传承角度还是节材降碳角度，最大可能地利用既有的建筑外围护结构、墙面材料、门窗幕墙和既有屋面，都是优先选择。当然，为了提升形象、改进缺陷、提升性能、节能降碳，对建筑的围护和表皮结构也可以加以改造、更换和重构。本小节列出了外墙围护体、门窗幕墙和屋面再生的相应设计策略。

1. 外墙围护与表皮再生设计策略

办公建筑外墙围护与表皮再生设计策略类别、主要内容见表 4-12。

办公建筑低碳再生：外墙围护与表皮再生设计策略

表 4-12

策略类别		策略主要内容	策略图示
外墙围护	修复沿用	①继续使用，适用于功能质量完好的外墙围护； ②清洗修复，适用于功能质量基本完好但有污染或局部损伤的外墙围护，去除附着污垢和老化物质，修补破损和裂缝，恢复外观和功能； ③翻新涂装，适用于外墙材料的基本结构和质地仍然良好，但是面层涂装需要更新的情况，剔除外层涂装后适当修补，采用同种面层材料重新涂装，修旧如旧； ④拆卸重置，适用于一些可以拆卸的外墙构件，如砖块、石材等，可以进行拆卸并重新安装在其他位置或其他建筑上，实现再利用；注意谨慎拆卸和标记，以确保构件的完整性和稳定性； ⑤加工改造，对于一些较大的外墙构件，如石材板、混凝土板等，可以按照新的外墙设计要求和安装方式、位置进行再加工和改造，如重新切割和打孔、调整尺寸和形状	 清洗修复 翻新涂装 拆卸重置 加工改造
	替换焕新	①局部替换，部分外墙围护不能满足保温隔热要求，需要用新材料替换更新； ②面层更新，围护结构功能完好，但是外观颜色不能满足新要求时，可以在既有面层上涂装新的面层材料，或采用龙骨体系安装金属、陶板等幕墙	 局部替换 面层更新

策略类别		策略主要内容	策略图示
外墙围护	界面重构	①构造重构，即增加外墙保温、防水等功能性构造层，同时可以采用面层更新方式重新涂装面层材料或采用龙骨体系安装金属、陶板等幕墙； ②双层表皮，即在既有建筑外墙之外增加新的一层表皮构造，通常采用玻璃幕墙或混合幕墙构造，视觉上仍能窥见旧界面原始风貌，新旧并存、延续文脉；同时，可结合双层表皮之间的空间层构建遮阳、通风、保温等降碳措施	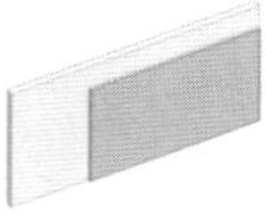 构造重构 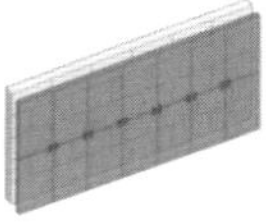 双层表皮
门窗幕墙	门窗	①门窗翻新，包括清洁维护、表面油漆，更换门窗配件、五金、密封胶条，修复或更换玻璃，安装防护设施等，适用于性能完好的门窗； ②门窗更换，即选择节能型的新型门窗，如双层或三层中空玻璃窗、隔热型铝合金窗等，从而有效减少热量传输，提高保温性能，降低供暖和制冷能耗	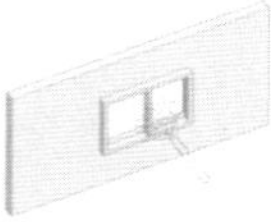 门窗翻新 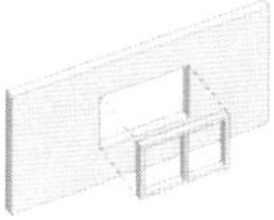 门窗更换
	幕墙	①石材、金属幕墙翻新，包括幕墙龙骨承载力复核，连接节点检查补强，石材裂缝、残缺检查修补或更换，幕墙表面清洁维护，耐候胶密封性能检查修补或割除重打，保温层、防火隔层检修等； ②玻璃幕墙翻新，包括幕墙龙骨承载力复核，连接节点检查补强，玻璃修补或更换，幕墙表面清洁维护，耐候胶密封性能检查修补或割除重打，防火隔层检修等； ③玻璃幕墙更换，应优先选择断桥铝合金、中空低辐射玻璃等保温、隔热性能优良的玻璃幕墙系统更换	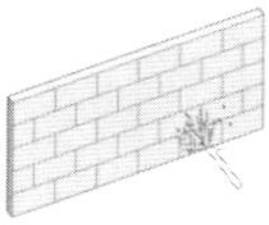 幕墙翻新 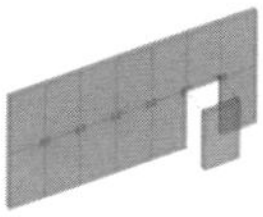 幕墙更换
附加构件	立面遮阳	结合外立面改造，设置独立遮阳板（水平、竖向）、挑檐、阳台、遮阳网、百叶等措施，在需要遮阳的朝向设置，参见本书第 3.5.1 节	 水平遮阳 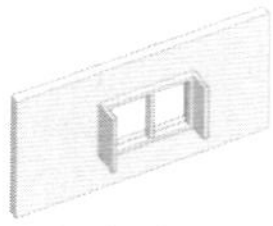 竖向遮阳
	垂直绿化	结合外墙围护更新，设置垂直绿化槽或者种植爬山虎等攀缘性植物，可以降低外墙面太阳辐射、吸收二氧化碳、美化建筑外立面；应谨慎采用需要复杂维护系统的植物种类	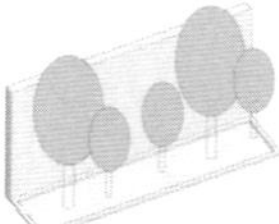 垂直绿化
	太阳能利用	在外墙附加光伏一体化外墙、太阳能集热墙等，参见本书第 3.5.1 节	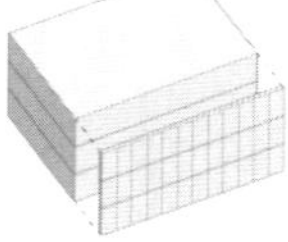 太阳能利用

策略类别		策略主要内容	策略图示
屋面再生	屋面遮阳	利用屋面改造机会，设置遮阳屋面，可以有效增加屋面隔热效果	屋面遮阳
	架空屋面	利用既有建筑的屋架空间，在内部增设双层屋面，形成架空屋面，可以有效改善屋面保温、隔热效果	架空屋面
	绿化屋面	将既有建筑屋面改造成覆土绿化屋面，可以形成环境优美的休憩场所，同时改善屋面的保温、隔热效能	绿化屋面
	光伏屋面	利用既有建筑屋面翻新机会，增设光伏一体化屋面系统，可以在实现屋面防水、保温、隔热的同时收集太阳能，将其转化为电能储存起来供建筑使用，为建筑提供清洁能源，参见本书第 3.5.1 节	光伏屋面

2. 日本大成建设技术中心总部大楼案例（图 4-6）

大成建设技术中心总部大楼是大成建设的技术中心主楼，改造后仍为办公楼，建筑地上 4 层，地下 1 层，建筑面积为 2 348.29m²。

改造大量采用薄型化的柔性沟槽型楼板，降低了建筑材料成本，简化了更新维护工作；同时使用立式钢格板加固，配合实时地震防灾系统的应用，提高了建筑的防灾性能，也延长了建筑寿命。外立面采用双层玻璃幕墙，相比普通双层 Low-E 玻璃，可降低 20% 的冷热负荷，能有效降低建筑能耗。通过增设换气窗和控制玻璃幕墙系统底部的换气口开合，实现自然通风。夏季换气口打开，降低室内冷负荷；冬季换气口关闭，降低室内热负荷。

此外，改造还采用了双层 ETFE 膜遮阳装置反射日光。双层 ETFE 膜间充气膨胀时，涂层图案错开，日光或通过透明格子直接进入室内，或经过反射涂层格子反射后进入室内，形成透光状态；当两层 ETFE 膜闭合重叠时，全部反射涂层格子形成一张完整的反射涂层膜，日光被反射而无法进入室内，为遮阳状态。屋顶采用绿化屋面设计，由 25mm 厚的岩棉作为储水层放置在不透水薄板上，在其上盖 100mm 厚的人造轻质土壤，优化了建筑热环境。

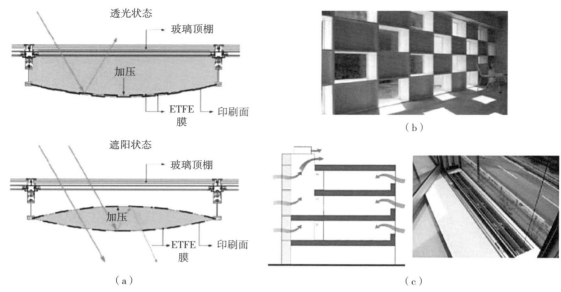

图 4-6　日本大成建设技术中心总部大楼
（a）ETFE 膜遮阳装置；（b）立式钢格板；（c）自然通风换气窗

本章要点

1. 对既有建筑物的实体空间和相关要素进行详细调研、分析评估。

2. 办公建筑功能提升和节能降碳是驱动办公建筑低碳再生的"双重目标"，贯彻在办公建筑再生设计、施工和运维的整个过程。

3. 再生设计的形体与空间策略，是承载办公建筑低碳再生的核心内容，对上承接既有建筑本体、城市区域与环境，对下衔接结构体系、建造过程及材料与技术设备选用。

思考题与练习题

1. 在办公建筑再生设计方案的前期阶段，哪些方面的降碳策略需要首先考虑？

2. 在形体和空间的再生设计阶段，如何挖掘空间和形体的设计潜力，在提升空间环境品质的同时，有效组织自然采光、通风和能耗管控从而实现节能降碳？

3. 实际工作中常见到将单层大跨工业厂房再生改造成为复合型文化创意办公建筑。作为建筑师，你要如何制定详细的行动计划和策略措施，全面整体地把控其低碳再生？

参考文献

［1］ 弗兰克·彼得·耶格尔.旧与新：既有建筑改造设计手册 [M].黄琪，译.北京：中国建筑工业出版社，2017.

［2］ 松村秀一.建筑再生学：理论·方法·实践 [M].姜涌，李礋彬，译.北京：中国建筑工业出版社，2019.

［3］ 李朝旭，王清勤，赵海.既有办公建筑绿色改造案例 [M].北京：中国建筑工业出版社，2015.

［4］ 中国建筑工业出版社，中国建筑学会.建筑设计资料集 [M].3 版.北京：中国建筑工业出版社，2017.

第5章 低碳办公建筑材料与技术

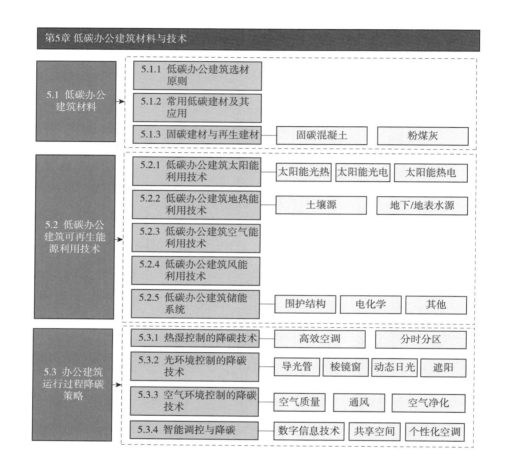

問題引入

▶ 哪些办公建筑材料属于低碳建材?

▶ 适合办公建筑采用的可再生能源有哪些,可以以什么样的形式利用?

▶ 在办公建筑的运行过程中,可以采取哪些节能低碳的技术?

开篇案例

1931 年，美国纽约曼哈顿的帝国大厦（Empire State Building）完工，其采用了传统的钢结构和混凝土建造的超高层，代表了当时世界工程水平的最高成就，被誉为人类建筑史上的传奇（图 5-1）。然而在 20 世纪初期，工业化刚刚起步，人们对能源消耗和环境影响的关注还较少。到了 21 世纪，随着环保意识的提高和技术的进步，人们更加注重建筑的节能降碳和环境友好性。2015 年，在伦敦落成的彭博欧洲新总部大楼（Bloomberg）采用了创新的设计和高效的技术。该建筑的立面建有可开关的镀镶青铜片的石材鳞片，它会根据室内的温度和湿度等因素选择打开或者闭合，从而调节室内温度、湿度及空气质量。这些鳞片作为整栋大楼最关键的通风设备，是这栋大楼比起同规模的办公楼节约 35% 的能源及 73% 的水资源的核心重要原因。建筑的顶棚使用打磨过的铝板形成一片片"花瓣"，对 LED 灯泡发出的光源进行折射，比使用传统光源节省了 40% 的能源。同时，这些"花瓣"还有制冷、吸声等多种作用，从而将普通的办公室顶棚中需要的不同元素整合成一个整体节能系统。独特的通风方法、别出心裁的 LED 灯及成熟的净水设备，让彭博欧洲新总部大楼成为可持续发展的建筑范例（图 5-2）。

图 5-1　帝国大厦（Empire State Building）

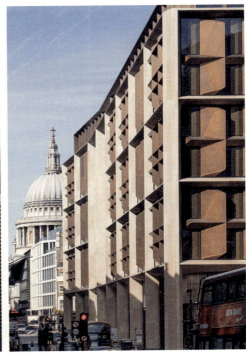

图 5-2　彭博（Bloomberg）欧洲新总部大楼

5.1 低碳办公建筑材料

联合国政府间气候变化专门委员会（IPCC）发布的评估报告是根据建筑运行的直接碳排放、间接碳排放及隐含碳排放来系统全面地评估全球建筑领域的温室气体排放现状、历史发展趋势和主要驱动因素。直接碳排放是指建筑运行阶段直接消费的化石能源带来的碳排放，间接碳排放是指建筑运行阶段消费的电力和热力两大二次能源带来的碳排放，隐含碳排放是指建筑材料制造、运输、安装、维护和处置过程中产生的碳排放。直接碳排放和间接碳排放之和为建筑运行碳排放。IPCC 第六次评估报告（AR6）指出，2019年建筑温室气体排放中 57% 是发电和供热产生的间接排放，24% 是直接排放，18% 是使用水泥和钢铁等建材产生的隐含排放。到 21 世纪中叶，随着可再生能源使用的增加会降低建筑运行碳排放比重，建筑隐含碳排放将升至49%。

我国《建筑碳排放计算标准》GB/T 51366—2019 将建筑全寿命周期碳排放计算划分为建筑材料生产及运输、建造及拆除、建筑运行三个阶段，如图 5-3 所示。根据《中国建筑能耗与碳排放研究报告（2023）》，2021 年全国建筑全过程碳排放总量为 50.1 亿 t 二氧化碳，占全国能源相关碳排放的比重约为 47%。其中，建筑材料生产及运输阶段碳排放 26.0 亿 t 二氧化碳，占全国能源相关碳排放总量的比重为 24.4%；建造及拆除阶段碳排放 1.1 亿 t 二氧化碳，占全国能源相关碳排放总量的比重为 1.0%；建筑运行阶段碳排放 23.0亿 t 二氧化碳，占全国能源相关碳排放总量的比重为 21.6%。

5.1.1 低碳办公建筑选材原则

办公建筑应选用高性能低碳材料。与建筑材料相关的碳排放包括建筑材料生产及运输阶段产生的碳排放，以及建筑物建造及拆除阶段中废弃物处置的碳排放。此外，还应考虑固碳材料的固碳作用，以及建筑废弃物再生利用的降碳效果。

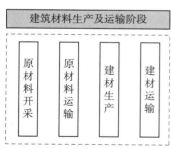
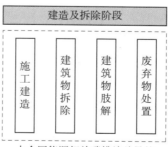
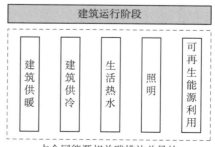

图 5-3 建筑全寿命周期碳排放

总体而言，办公建筑的选材可以按照以下原则进行。

（1）推荐采用高性能材料，从而降低碳排放，如高强钢、高性能混凝土等。

（2）在传统材料范围内做选择时，必须选择低碳的传统材料，如低碳混凝土、低碳钢材、低碳铝材等，有助于减少碳排放。

（3）优先选择可再生材料，如可持续森林管理木材、竹子、麻、亚麻等。这类材料可以通过较短时间种植的方式获得，从而减少了对非可再生资源的依赖，并且在生产和使用过程中减少了碳排放。

（4）尽量使用可循环利用的材料，如金属、玻璃、纸张等这类可以循环的材料。这种材料循环利用的时候不仅可以减少生产过程中的碳排放，同时还可以减少废弃物的数量，从而减少对环境的污染。

（5）推荐采用生物基材料，如生物基塑料、生物基纤维等。与传统石油基材料相比，生物基材料具有更低的碳排放和更高的可持续性。

（6）优先选择当地生产的材料，以减少运输距离和相关碳排放。

需要注意的是，建筑材料的选择不仅涉及建筑的隐含碳排放，也包括对建筑运行碳排放的影响。例如，混凝土屋面的使用会增加城市的热岛效应，从而增加建筑的制冷能源需求；而绿色屋面或冷屋面则与之相反，光伏屋面甚至还有遮阳与发电的双重作用。

此外，建筑建材选择不应只从它自身的碳排放量这一个维度来判断。例如，碳纤维是一个相对高碳排的材料，但它具有非常优异的性能，在建筑加固、翻新上可以很好地发挥作用。如果把它作为加固材料来使用，则可以延长建筑的使用寿命，从建筑整个生命周期来看，其减少了碳排放，所以碳纤维依然是一个非常优异的低碳材料。因此，要实现整个生命周期的低碳排放，需要综合考虑建筑设计中的材料与其他设计。

5.1.2 常用低碳建材及其应用

根据建筑的功能，可将低碳建筑材料分为建筑结构材料、砌筑填充材料、建筑隔热和保温材料、建筑防水材料、建筑装饰材料、建筑电器材料、建筑管道材料和建筑辅材等几个大类。表5-1列举了办公建筑中常用的低碳建材及具体的应用案例。

5.1.3 固碳建材与再生建材

固碳材料的固碳作用及建筑废弃物的再生利用可以达到降低材料碳排放的效果。

建材种类	材料名称	材料特点	应用案例
建筑结构与砌筑填充材料	电弧炉钢材（再生钢材、短流程钢材）	电弧炉钢是通过在电弧中将废钢和其他废金属熔炼成新钢的过程制成的。相较于传统的高炉生产，电弧炉钢能够显著降低能耗和温室气体排放	 达能食品公司新总部，荷兰
	可持续森林管理木材	可持续森林管理木材是由多层薄木片在压力和热量作用下使用结构胶水黏合而成。其具有优异的强度和刚度，是一种可持续的建筑材料替代品，且可以帮助保护森林资源，减少环境破坏和碳排放	 麦考瑞大学孵化器，澳大利亚
	可再生混凝土	可再生混凝土是通过回收和再利用拆除建筑中的废弃混凝土、砖块或者类似废弃橡胶等其他使用的固体废弃物所制成的。这些固体废弃物可以作为新混凝土的骨料或原料使用，有助于减少自然资源的消耗和减少废弃物填埋	 中国建筑设计研究院 创新科研示范中心，北京
	交叉层压木	交叉层压木是一种高强度的工程木材，由多层模板垂直交错黏合而成，具有优异的结构性能和可持续性，可作为钢材和混凝土的替代品	 瑞典 Gjuteriet 大楼，瑞典
	竹基复合结构材料	竹基复合结构材料是一种利用竹纤维与其他材料（如树脂）结合制成的高强度复合材料，兼具竹子的可持续性和其他高性能材料的优点	 东山丝竹 华夏四季售楼处，云南昆明
	自愈合混凝土	自愈合混凝土是一种具有自我修复能力的混凝土。当混凝土出现裂缝时，混凝土中的微生物会被激活，与空气发生反应，产生矿物质沉积物填充缝隙，从而实现自我修复。其有助于提高建筑物的耐久性，降低维护成本	 圣荷西国际机场的停车场，美国
	地质聚合物混凝土	地质聚合物是一种由地质聚合物凝胶材料和骨料组成的创新型混凝土。地质聚合物混凝土具有优良的力学性能、耐久性和环境友好性	 澳大利亚昆士兰大学 全球变化研究所，澳大利亚

建材种类	材料名称	材料特点	应用案例
建筑防水材料	可回收防水材料	如聚合物膜、聚合物改性沥青、金属防水层、玻璃纤维防水膜、柔性热塑性聚合物（TPO）防水膜等，这些材料在拆除或替换建筑防水时可以回收再利用	捷克 Dolní Břežany 体育馆，捷克
建筑装饰材料	再生 PET 吸声板	再生 PET 吸声板是一种以回收聚酯纤维（PET）为主要原料的吸声材料，可用于需要降低噪声的场所	布拉格 Avast 总部办公室，捷克

1. 固碳混凝土

碳捕集、利用与封存（CCUS）技术是实现碳中和的关键减排路径之一。固碳材料是一类旨在通过将二氧化碳永久地嵌入或转化为材料中，从而减少大气中的温室气体含量的建筑材料。这些材料有助于缓解气候变化，因为它们在制造或使用过程中固定了二氧化碳，将其从大气中移除并嵌入建筑结构中。其中，矿化混凝土固碳技术被广泛认为是在发展中国家最有潜力的利用技术（图 5-4）。

固碳混凝土的原理是通过收集工业排放的二氧化碳并将其注入混凝土中，使其与早期水化成型后的混凝土中的胶凝成分和其他碱性钙、镁组分之

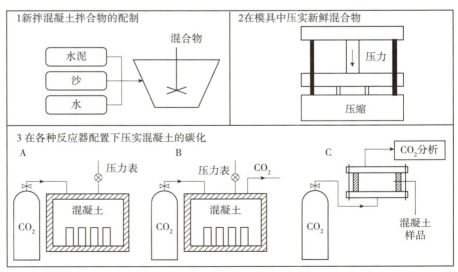

图 5-4 矿化混凝土固碳技术

139

间发生矿化反应，在混凝土内部孔隙和界面结构处形成碳酸盐产物，从而将二氧化碳永久固结在混凝土中。固碳混凝土在实现二氧化碳封存利用的同时，提高了混凝土的强度和耐久性。

香港有机资源回收中心二期工程（O·PARK2）项目在施工阶段使用了由碳捕集、利用与封存（CCUS）技术生产的固碳混凝土材料，这也是首个在中国应用二氧化碳矿化混凝土材料的建筑项目。经过测算，每使用 $1m^3$ 的固碳混凝土材料，与香港地区传统混凝土材料相比，可减少 61kg 的二氧化碳排放，相当于 1 棵树 3 年的二氧化碳吸收量（图 5-5）。

图 5-5　香港有机资源回收中心

2. 粉煤灰再生利用

粉煤灰是燃煤火力发电厂煤炭在锅炉中燃烧产生的固体废弃物。据计算，每燃烧 1t 标准煤会产生 138kg 的粉煤灰；每发 1kWh 电需要消耗 300g 原煤，会产生 41g 左右的粉煤灰。

粉煤灰特殊的理化性质和活性组分赋予其建材化利用的可能性。由于粉煤灰具有和水泥相似的化学组成与反应活性，故可应用于水泥生产原料、混凝土掺合料、粉煤灰砖及人造骨料等，开发出低成本的固废衍生绿色低碳建筑材料，有效缓解建筑行业碳排放量大的紧迫问题，从而实现大宗固废的资源化利用与建筑材料行业的节能减排（图 5-6）。

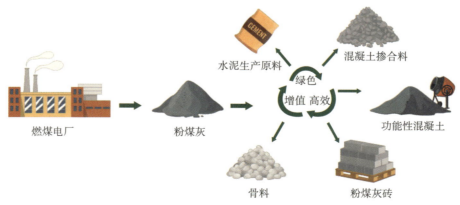

图 5-6　粉煤灰的主要建材化利用途径

可再生能源包括太阳能、地热能、风能、水能、生物质能和海洋能等。我国可再生能源资源潜力大，尤其是太阳能、浅层地热能等资源十分丰富，在建筑中的应用前景十分广阔。目前，在建筑的可再生能源应用形式主要有太阳能光热系统、太阳能光电系统和地源热泵系统、空气源热泵系统等。

建筑可以根据项目的具体情况，适当地采用合适的可再生能源系统。对于办公建筑，用电可以采用光伏发电技术解决；办公建筑的生活热水需求较少，可以用太阳能热水系统解决；办公建筑的供暖空调需求可以结合围护结构改造和太阳能供热制冷系统解决。如果建筑周边有合适的地下水、地表水或者有可以利用的地下空间，也可以考虑采用地源或水源热泵系统来解决供暖空调需求（图5-7）。

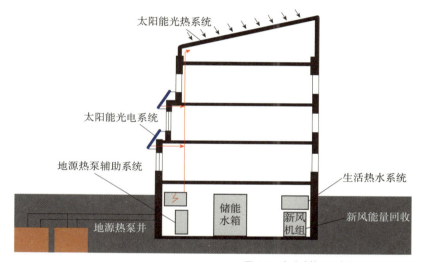

图 5-7 办公建筑可再生能源供给示意图

5.2.1 低碳办公建筑太阳能利用技术

太阳能具有资源丰富、取之不尽、用之不竭，以及处处均可开发应用、无需开采和运输、不会污染和破坏生态平衡等特点。因此，太阳能的开发利用具有巨大的市场前景，其不仅带来很好的社会效益、环境效益，而且还具有明显的经济效益。办公建筑太阳能利用主要包括太阳能光热系统、太阳能光电系统和热电综合利用系统，实际应用中可以根据需要选用其一或者同时使用。

1. 太阳能光热利用系统

（1）太阳能热水供应系统

太阳能热水系统是目前应用最为广泛的太阳能热利用系统之一。太阳能热水系统由太阳能集热元件（平板集热器、玻璃真空管、热管真空管及其他形式的集热元件）、蓄热容器（各种形式的水箱、罐）、控制系统（温感器、光感器、水位控制、电热元件、电气元件及显示器或运行供热性能程序的计算机）及完善的保温、防腐管道系统等组成。在阳光的照射下，将太阳的光能充分转化为热能，匹配当量的电力和燃气能源，就成为比较稳定的能源设备，提供温水供人们使用。

与住宅或宾馆饭店等类型的公共建筑不同，办公建筑没有持续的、大量的热水供应需求，仅有部分洗浴需求。有的办公楼带有食堂，有一定量的热水需求，可以考虑采用太阳能热水。常用的集热器有平板型、真空管型两种，其集热结构、适用地区及水温水量见表5-2。

（2）太阳能供暖空调系统

基于太阳能光热利用的供暖空调系统是以太阳能集热器、管道、风机或泵、末端散热设备及储热装置等组成的强制循环太阳能利用系统（图5-8）。其中，太阳能供暖系统按照热媒种类的不同，可分为水加热系统和空气加热系统。水加热系统的热源部分同样采用太阳能集热器，只是末端接入供暖系统的散热设备，并配置有储热装置；空气介质太阳能供暖系统主要用于建筑物内需要局部热风供暖的部位，有风管、风机等系统设备，占据空间较大。

目前，空气集热器的热性能相对较差。为减少热损失，提高系统效益，空气集热器离送热风点的距离不能太远，所以空气集热器太阳能供热供暖系统不适宜用于多层和高层建筑。

真空管集热器与平板集热器　　　　　　　　　　　　　　　　表5-2

类别	图示	安装效果
01 真空管型集热器		集热结构：吸收率高，热发射损失少，四季可用，使用寿命长，耐高温，可承压，耐空晒，不易爆管，但价格贵，集热效率较低 适用地区：抗冻能力强，适合在冬天气温为0~40℃的寒冷地区用 水温水量：无云晴天可产 $70~130kg/m^2$ 的 55℃热水量
02 平板型集热器		集热结构：金属板式，热效率比全玻璃真空管高，产热水量大，可承压，耐空晒，水在铜管内加热，质量稳定可靠，免维护，价格低，15年寿命。在气温高、日照好的地区热效率较高，在室外气温较低时的热损失大而热效率低 适用地区：无抗冻能力，适用于广东、福建、云南、广西、海南等冬天不结冰地区使用，性价比高 水温水量：无云晴天可产 $75~100kg/m^2$ 的 55~65℃热水量

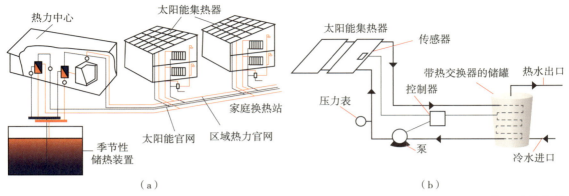

图 5-8　基于光热利用的太阳能供暖系统
（a）区域供热；（b）太阳能热水供暖系统图

太阳能光热制冷方式主要包括太阳能吸收式制冷、太阳能吸附式制冷和除湿制冷等几种方式。

2. 太阳能光电利用系统

太阳能光电利用系统主要由太阳能光伏组件、充电控制器、逆变器和蓄电池组组成（图5-9）。太阳能光伏组件按太阳能电池的类型可分为晶硅体太阳能电池（包括单晶硅和多晶硅光伏电池）、非晶硅太阳能光伏电池和薄膜光伏电池三种。

目前，单晶硅的发电效率最高，同时初始成本也高，适用于辐射条件好的部位。在太阳辐射照度较强时，光伏电池背面的温度较高，要注意散热。非晶硅在辐射照度很低和电池温度较高的情况下发电能力强于晶体硅，但寿命较短。

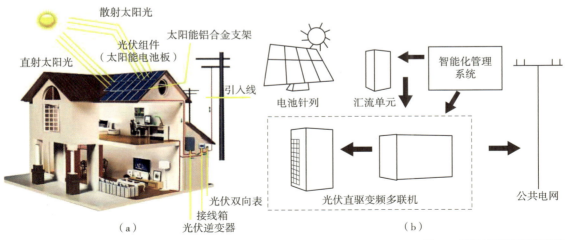

图 5-9　建筑太阳能光电利用系统
（a）建筑应用光伏系统示意图；（b）光伏系统的主要部件

建筑与光伏发电系统的结合方式可分为建筑附加光伏（BAPV）和建筑集成光伏（BIPV）两种。建筑附加光伏（BAPV）是把光伏系统安装在建筑物的屋顶或者外墙上，建筑物作为光伏组件的载体，起支撑作用，光伏系统本身并不作为建筑的构成。换句话说，如果拆除 BAPV 中的光伏系统，建筑物仍能够正常使用。当然，建筑附加光伏不仅要保证自身系统的安全可靠，同时也要确保建筑的安全可靠。建筑集成光伏（BIPV）是指将光伏系统与建筑物集成为一体，光伏组件成为建筑结构中不可分割的一部分，如光伏屋顶、光伏幕墙、光伏瓦和光伏遮阳装置等。如果拆除 BIPV 中的光伏系统，则建筑本身不能正常使用。建筑集成光伏是光伏建筑一体化的更高级应用，光伏组件既作为建筑构件又能够发电，一举两得，可以部分抵消光伏系统的高成本。

　　在确定光伏建筑总体布局时，应考虑建筑朝向、间距及其他因素对光伏发电效率的影响；同时选择合适的光伏构件形制和色彩，使之与建筑造型和外观相协调。根据光伏方阵布设面积，考虑构件自身的稳固性及组件、系统安装对建筑结构的影响，合理确定光伏组件的发电功率和配套系统。光伏系统的控制器和逆变器应尽量设置在靠近光伏电板的干燥通风、防尘防水的场所，如顶楼的设备间，以降低能量损失，延长使用寿命。此外，如果选用建筑集成光伏系统，还应额外考虑该构件是否满足建筑防水、保温、隔热、防火等功能。具体要求可参见《建筑光伏系统应用技术标准》GB/T 51368—2019。

　　表 5-3 为光伏组件与办公建筑结合的具体部位和形式。

光伏组件与办公建筑结合的部位和形式　　　　　　　　　　　　　　表 5-3

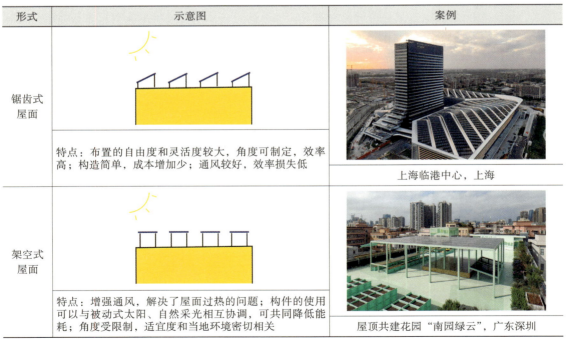

形式	示意图	案例
锯齿式屋面	特点：布置的自由度和灵活度较大，角度可制定，效率高；构造简单，成本增加少；通风较好，效率损失低	上海临港中心，上海
架空式屋面	特点：增强通风，解决了屋面过热的问题；构件的使用可以与被动式太阳、自然采光相互协调，可共同降低能耗；角度受限制，适宜度和当地环境密切相关	屋顶共建花园"南园绿云"，广东深圳

形式	示意图	案例
嵌入屋面式	特点：一体化程度高；可使办公建筑内部获得自然采光，增加工作舒适性；太阳能板的朝向受现有建筑位置和结构的影响	杭州西溪湿地龙舌嘴游客服务中心，浙江杭州
曲屋面	特点：能创造出丰富的第五立面效果，使建筑更加丰富多彩；集光器角度受限制，不一定能创造出高效率；集光单元受辐射不均，造成效率不统一	2019世园会中国会馆，北京
嵌入式墙面	特点：利于加建、改造，额外成本小，较经济；独特的材质可增加建筑的可识别性；效率受建筑形式影响较大	广州艺术博物院，广东广州
幕墙式墙面	特点：根据设计需要，可与透明、半透明或普通的透明玻璃结合使用，创造出不同的建筑立面和室内光影效果；不拘泥于呈平板状，设计灵活，与建筑结合好	杭州和达低碳示范基地，浙江杭州
光伏栏杆	特点：将透光率40%的发电玻璃及发电设备集成直接替换玻璃栏杆，同时具备玻璃栏杆的建筑功能和发电功能	博鳌零碳示范区，海南琼海

形式	示意图	案例
光伏遮阳	 特点：可节约遮阳材料，丰富建筑外观；阻挡阳光进入室内，利于控制和调节室内温度，降低建筑物空调负荷，起到节能减排的作用	清华大学环境能源楼，北京

以 2019 年在中国北京世界园艺博览会的中国馆为例。该场馆采用碲化镉透光薄膜组件作为建筑构件，其钢结构屋盖共安装了 1024 块不同尺寸的碲化镉金色光伏发电玻璃。2019 世园会中国馆的曲屋面一方面具备了普通透光顶和幕墙的围护、隔热、美观的功能，另一方面巧妙地和建筑屋顶及幕墙构件相结合，真正实现了光伏玻璃代替建筑玻璃。从广场中央远眺，这个由光伏组件组成的幕墙就像一道华美的外衣，增添了如意的光彩，贴合建筑造型（图 5-10）。

3. 太阳能热电综合利用

光伏建筑一体化中的太阳能光伏发电主要基于半导体的光生伏特效应，将太阳能直接转化为电能，但目前一般光伏组件的实际光电转化效率都不高。光伏组件表面接收的太阳辐射能量中，大多被转化为热量。随着光伏电池内能的增加，其温度逐渐上升，导致光电效率逐步下降，且温度过高会大幅缩短光伏电池的寿命。为解决这一问题，可借助冷却介质带走热量并充

（a）

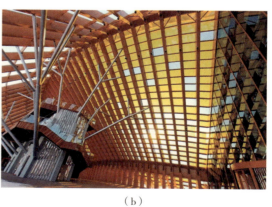
（b）

图 5-10　光伏发电玻璃案例——2019 世园会中国馆
（a）中国馆俯瞰图；（b）光伏发电玻璃

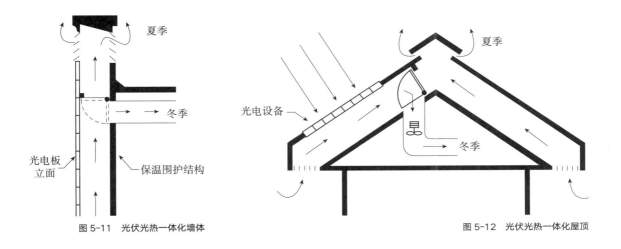

图 5-11　光伏光热一体化墙体　　　　　　　　　　　　　　图 5-12　光伏光热一体化屋顶

分利用，从而在保证光伏发电效率的同时，为用户提供热能。如图 5-11 和图 5-12 所示，在建筑围护结构中直接集成光伏光热系统，在光伏组件的背面预留一定距离的空气层。利用光伏组件发电产生的热量，在夏季，通过空气流动换热降低光伏组件温度，通风减少了夏季的冷负荷，有助于减少建筑物的能源需求；在冬季，收集光伏板发电产生的热量，增加屋顶得热，通过夹层空气的循环对流，用以供暖。

5.2.2　低碳办公建筑地热能利用技术

地热能是地球内部储存的热能，包括地球深层由地球本身放射性元素衰变产生的热能及地球浅层由于接收太阳能而产生的热能。前者以地下热水和水蒸气的形式出现，温度较高，主要用于发电、供暖等生产生活目的，其技术已基本成熟。有很多欧美国家将这种地热能用于发电，我国则多用来直接供热。这种地热能品位较高，但受地理环境及开采技术与成本的影响，因而受限较大。后者由太阳能转换而来，蕴藏在地球表面浅层的土层中，既可恢复又可再生，虽然温度较低，但开采成本和技术相对也低，且不受地理环境的影响，适合于建筑物的供暖与制冷。

浅层地热能利用系统主要可分为三类：地埋管换热、地下水换热和地表水换热，即土壤源热泵、地下水源热泵和地表水源热泵。选择何种地源换热方式，主要取决于当地的水文地质情况和有效的土地面积等。

1. 土壤源热泵系统

夏季制冷时，土层是热泵机组的低温热源。热泵技术将室内冷媒的热量输送到地源侧循环介质，地源侧循环介质（水或与其他液体的混合物）在封

147

闭的地下埋管中流动，热量从温度相对较高的地源侧循环介质，传递到温度相对较低的土层。与夏季相反，冬季供热时，循环介质从地下提取热量，由末端系统把热量带到室内，如图 5-13 所示。

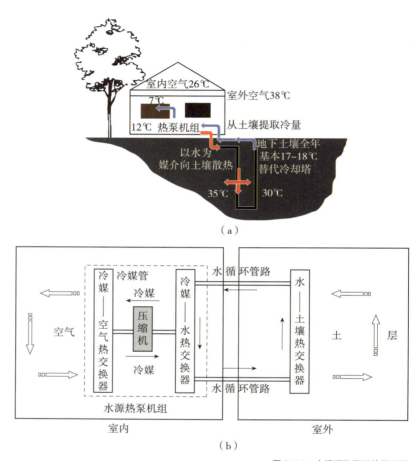

图 5-13　土壤源热泵系统原理图
（a）土壤源热泵示意图；（b）土壤源热泵原理图

同济大学文远楼是我国最早的典型的德国包豪斯风格建筑，曾入选"新中国 50 年上海经典建筑"（图 5-14）。由于年久失修，建筑物的热工性能已无法满足要求。为了保护和可持续发展，既保持文远楼历史面貌又赋予其最新的建筑理念，同济大学决定对其进行生态化改造。文远楼在改造的过程中，充分利用校园建筑周边草坪空地宽裕、空调负荷强度小、间歇使用的特点，采用了土壤源热泵空调系统，比传统空调系统提高能效约 1.5 倍以上，从而大大降低了空调能耗，平均可以节约 30%~40% 的空调运行费用（图 5-15）。

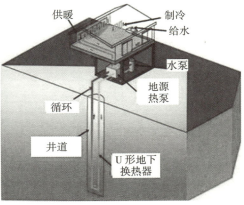

图 5-14 文远楼   图 5-15 文远楼地源热泵技术

2. 地下水源热泵系统

地下水源热泵又称为深井回灌式水源热泵，低位热源是从水井中抽取的地下水。在冬季，热泵机组从供水井提供的地下水中吸热，对建筑物供热，把低位热源中的热量转移到需要供热和加湿的地方，取热后的地下水通过回灌井回到地下。夏季，则供水井与回灌井交换，将室内余热转移到低位热源中，达到降温或制冷的目的，此外还可以起到养井的作用。如果地下水水质良好，则可以采用开式环路水系统，使地下水直接进入热泵机组进行热交换（图 5-16）。实际工程中更多采用闭式环路形式的热泵循环水系统，即采用板式换热器把地下水和通过热泵的循环水分隔开，以防止地下水中的泥沙和腐蚀性杂质对热泵机组造成影响。

由于较深的地层不会受到大气温度变化的干扰，故能常年保持恒定的温度，远高于冬季的室外空气温度，也低于夏季的室外空气温度，且具有较大

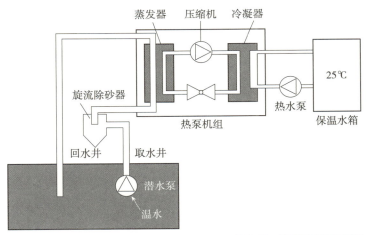

图 5-16 地下水源热泵原理图

的热容量。因此，地下水源热系统的效率比空气源热泵高，制冷系数一般为3.5~5，并且不存在结霜等问题。

3. 地表水源热泵系统

湖、水库和水塘等地表水，夏季水温存在分层现象，水体上热下冷；冬季整个水体水温上下基本均匀。采用地表水源热泵系统时，夏季应尽量提取水体下部冷量并且将热量排至水体上部，冬季则恰好反过来。

对于大型的深水库或湖（特别是深度超过30m的水体），其夏季深水水温常低于18℃。在这种条件下，应尽量考虑采用"直接"冷热源利用方式，如图5-17所示，即直接从深层取水，为建筑提供冷量。

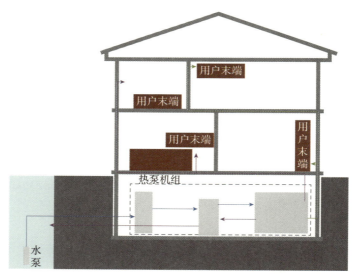

图5-17　地表水源热泵系统示意图

不同类型的地源热泵系统的适用条件见表5-4。

不同类型的地源热泵系统的适用条件　　　　　　　　　　　　　　表5-4

系统	地埋管地源热泵系统	地下水地源热泵系统	地表水（含污水源）地源热泵系统
适用条件	①需要足够的土地面积来埋设地源热泵系统的地埋管；②地埋管需要埋入足够深度的土壤中，要求土质条件良好；③地下土壤温度相对稳定，使得地源热泵系统在四季中都能提供较为稳定的性能	①适用于周围有丰富地下水资源的地区，通常需要有可供提取和循环使用的地下水；②地下水的水质对系统性能有影响，需要保证地下水的水质符合要求；③适用于地下水位较浅、地下水流动性好的地质条件	①适用于周围有足够规模的地表水或污水源，例如湖泊、河流、水库等；②水体需要保持相对稳定的温度，以确保系统性能；③对于使用污水源的系统，需要考虑水质对设备的影响，可能需要额外的处理设备

5.2.3 低碳办公建筑空气能利用技术

室外空气的热量来源于太阳对地球表面的直接或间接的辐射。空气处处皆有，时时可用，这是空气作为低温热泵的最大优点。热泵的原理与制冷原理一样，都是利用逆卡诺原理，通过制冷剂，把热量从低温物体传递给高温物体。在冬季和夏季使循环过程相反，就可以分别获得冷量和热量（图5-18）。空气源热泵就是基于这一原理而发明的。

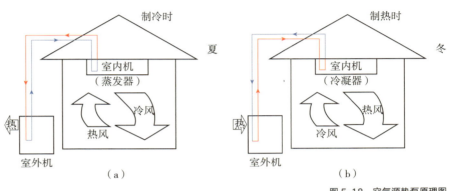

图 5-18　空气源热泵原理图
（a）夏季制冷；（b）冬季制热

空气源热泵按照用户使用方式的不同，可分为分体式和集中式两类。其中，分体式一般用于居住建筑，以家庭为单位，每户设置一台热泵热水器；集中式则多用于具有热水需求的公共建筑。空气源热泵热水器的制热能效比（COP）一般在3.0左右，与电加热系统相比，能耗可降低60%左右。空气源热泵热水器运行安全可靠、噪声小、无污染排放，系统寿命一般可达15~20年，此外还可利用晚间低谷电价"削峰填谷"运行。

空气源热泵的优点包括：适用范围更广，适用温度范围在 –10~40℃，一年四季全天候使用，不受阴、雨、雪等恶劣天气和冬季夜晚的影响；可连续加热，阴雨天和夜晚的热效率远远高于太阳能的电辅助加热；安装方便，占地空间小，位置不受限制，适用性强。

但空气温度季节性的变化影响了空气源热泵机组的制热量、制冷量和能效比。夏季要求供冷负荷越大时，对应的冷凝温度越高；而冬季要求供暖负荷越大时，对应的蒸发温度越低。空气源热泵环境温度在5~10℃，有雾或雨雪天气对空气源热泵是非常不利的工作环境，此时机组结霜严重，蒸发压力过低，常使机组停止运行。

5.2.4　低碳办公建筑风能利用技术

　　风能实际是指空气流动所储存的动能，而风能利用就是将风的动能转化为其他形式的能量的过程。如今大范围研究的主要是风能向电能转化。根据达文波特（Davenport）的观测，风速随高度增加不断增大并呈指数率变化，简单地说，就是不受任何影响时高处风速会比低处大。从这个意义上说，在高层建筑屋顶处利用风能本身就具有一定优势，再加上建筑存在对流场带来的影响，故屋顶风能利用是值得进行更深入的探讨。

　　一般来说，凡是在气流中能产生不对称力的物理构形都能成为风能接收装置，其以旋转、平移或摆动运动而发出机械功。风力机按风能接收装置的结构形式和空间布置来分类，分为水平轴式（风轮旋转轴与风向平行）和垂直轴式（风轮旋转轴与风向或地面垂直），如图5-19所示。

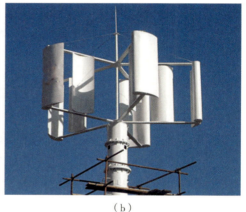

（a）　　　　　　　　　　　　　　　（b）

图5-19　风力发电机示意图
（a）水平轴风力机；（b）垂直轴风力机

　　与水平轴风力机相比，垂直轴风力机不需要对风装置，从而使结构简化并降低了成本，且不会因对风带来的扭力对装置造成损坏，故现在我国大力研发这类风力发电机。近年来，垂直轴风力机，特别是小型垂直轴风力机，已取得了很大的研究进展。垂直轴风力机的风能利用效率不断提高，启动风速的需求也越来越小，如H形风轮，在翼型和安装角选择合适的情况下，风速只需2m/s即可启动。转速比较低的垂直轴风轮（1.5~2.0），由于启动噪声很小，因此可用于城市公共建筑或居民住宅上。

　　在建筑设计中，考虑风能利用的关键决策之一是确定风力涡轮机的位置。确定风力涡轮机的位置需要综合考虑多个因素，包括风资源、建筑结构、风流动模式及对周围环境的影响。依据高层建筑风环境的特点，风力机通常安装在风阻较小的屋顶或风力被强化的洞夹缝等部位。高层建筑水平风向与垂直风向示意图、风力机的安装部位如图5-20所示。

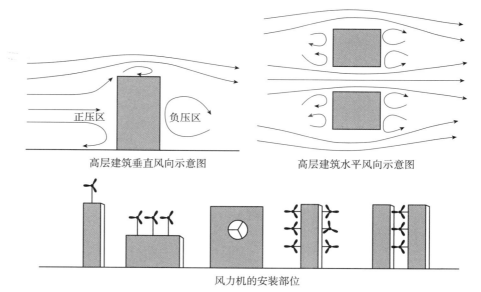

高层建筑垂直风向示意图　　　　　　　高层建筑水平风向示意图

正压区　　　负压区

风力机的安装部位

图 5-20　风力机安装部位

（1）屋顶建筑物顶部风力大、环境干扰小，是安装风力发电机的最佳位置。风力机应高出屋面一定距离，以避开檐口处的涡流区。

（2）楼身洞口建筑物中部开口处，风力被汇聚和强化，常产生强劲的"穿堂风"，适宜安装定向式风力机。

（3）建筑角边除了有自由通过的风，还有被建筑形体引导过来的风，此处可以安装小型风力机组，甚至可以将整个外墙作为发电机的受风体，成为旋转式建筑。

（4）建筑夹缝与建筑物之间垂直缝隙可以产生"峡谷风"，且风力随着建筑体量的增大而增大。此处适合安装垂直轴风力机或水平轴风力机组。

巴林世界贸易中心（也称巴林世贸中心或 BWTC）是一座高 240m、双子塔结构的建筑物（图 5-21）。大楼位于巴林首都麦纳麦的费萨尔国王大道，其主体包括两座 50 层的双子塔，底部是一个 3 层的基座。在巴林世界贸易中心的两座大厦之间设置了水平支持的 3 座直径 29m 的风力涡轮。风帆一样的楼体形成两座楼之前的海风对流，加快了风速。风力涡轮预计能够支持大厦所需用电的 11%~15%。在建筑设计之初，该建筑进行了详尽的风资源评估，并使用 CFD 模拟和风能分析，模拟了巴林地区的风场，预测了不同季节和高度的风速和风向。此外，工程师还使用结构分析工具，通过对结构进行详细的静态和动态分析，考虑了风力涡轮机的安装对建筑结构的影响，以确保结构的稳定性、安全性，以及对振动和荷载的适应性。最后还考虑了风力涡轮机对周围环境的影响，包括噪声、视觉影响和安全距离，以确保风力涡轮机的安装不会对周围建筑、居民或野生动植物造成不适。

图 5-21　巴林世界贸易中心风力发电
（a）巴林世界贸易中心外观；（b）风能分析

　　广州"珠江城"大厦（图 5-22）在 100m 和 200m 的高度共设立了 4 个垂直轴风力发电机，使建筑犹如一个可以运转的机器，富有活力。对比水平轴的风力发电机，垂直轴风力发电机的优势在于受风向影响小，发电效率高，结构安全性高。

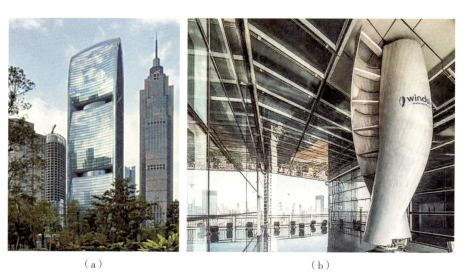

图 5-22　广州"珠江城"大厦风力发电
（a）广州"珠江城"大厦外观；（b）风机

　　以上详细介绍了太阳能、地热能、空气能和风能这四类可再生能源在办公建筑中的具体应用，表 5-5 概括总结了这四种能源的适用条件和局限性。

四种可再生能源的适用条件和局限性	表 5-5
可再生能源	适用条件和局限性
太阳能	适用条件：太阳能资源丰富，我国的太阳能资源分布参见《太阳能资源等级 总辐射》GB/T 31155—2014； 局限性：阴雨天光热光电利用效率低；光热利用需注意室外气温，平板型集热器无抗冻能力；光电利用时需注意光伏电池散热
地热能	适用条件：地热资源丰富，我国的地热资源评价参见《中国地热供暖推荐做法》； 局限性：对于具备地下水资源的建筑可以选择地下水地源热泵系统；对于缺乏地下水资源的建筑可以选择地埋管地源热泵系统
空气能	适用条件：大部分气候条件适用，极端寒冷条件效率较低； 局限性：空气温度季节性的变化影响空气源热泵机组的制热量、制冷量和能效比
风能	使用条件：建筑物迎风面尽可能正对地区主导风向；建筑周边留足开阔场地，避免高层建筑周围产生的急速涡流对周边产生影响；高层建筑平面布局随楼层增加而收缩； 局限性：风力涡轮增加了建筑物的结构负载，特别是在风力较大的情况下；风力涡轮运行可能产生噪声和震动

5.2.5 低碳办公建筑储能系统

可再生能源获得的时段和建筑需要能量的时段常常不一致，为了保证能量的利用过程能够连续进行，就需要对某种形式的能量进行储存，即储能（或称蓄能）。储能的主要任务是克服能量供应和能量需求的时间上或空间上的差别，采用一定的方法，通过一定的介质或装置，把某种形式的能量直接或间接转换成另一种形式的能量储存起来，在需的时候再以特定形式的能量释放出来。

1. 建筑围护结构储能

对建筑领域而言，最熟悉的储能技术莫过于建筑围护结构的蓄热。建筑围护结构的蓄热材料种类繁多，包括热物性参数基本不随围护结构温度变化而变化的常物性蓄热材料（即线性蓄热材料），以及在相变段有较大潜热的相变材料（即非线性蓄热性能材料）。重质围护结构对室外温度波的衰减和延迟能力很强，在冬季白天可以积蓄太阳能的热量而在夜晚释放到室内；在夏季白天则可以抵御室外的太阳辐射，同时在夜晚可以积蓄自然通风带来的冷量。线性蓄热材料制成的建筑蓄热构件在实际建筑设计中有多种应用形式。将相变材料掺入建筑材料中，可以在建筑自重增加较小的条件下大大增加建筑的热惰性，从而降低室内温度波动，改善室内热舒适程度（图 5-23）。

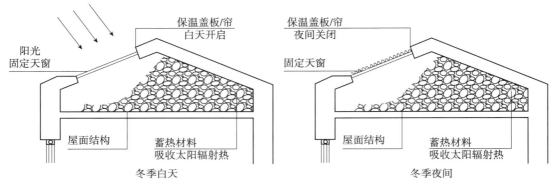

图 5-23　屋顶蓄热池

2. 电化学储能

随着全球对环保和可持续发展的日益重视，电化学储能技术以其高效、灵活、环保的特性，为建筑可再生能源的利用提供了有力的支持。在建筑领域，电化学储能技术主要应用于太阳能和风能等可再生能源的存储。通过电池等储能设备，将多余的电能储存起来，并在需要时释放，从而实现了能源的高效利用。这不仅有助于减少对传统电力的依赖，降低碳排放，而且能提高建筑的能源自给率，增强建筑的可持续性（图 5-24）。

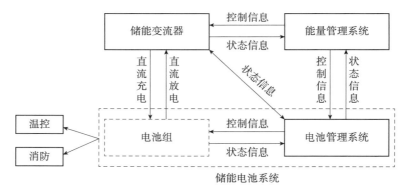

图 5-24　电化学储能原理图

随着技术的进步和成本的降低，电化学储能设备的性能也得到了显著提升，寿命也在不断延长。同时，各种新型的储能材料和系统不断涌现，为建筑可再生能源的利用提供了更多的选择。然而，电化学储能技术在建筑可再生能源利用系统中仍面临一些挑战。例如储能设备的成本、安全性、稳定性等问题，以及储能系统与可再生能源系统的协同优化等问题，都需要进一步研究和解决。

随着光伏建筑一体化（BIPV）的兴起，储能与低压直流配电技术的进一步成熟，柔性负荷的用电能动性逐步灵活可靠，"光储直柔"新型技术应用于建筑领域已成为实现碳中和的一个有效路径。"光储直柔"技术即光伏发电、分布式储能、直流配电、柔性控制技术，利用该技术可实现光伏消纳、储能与市电用电之间的负荷动态匹配（图 5-25）。

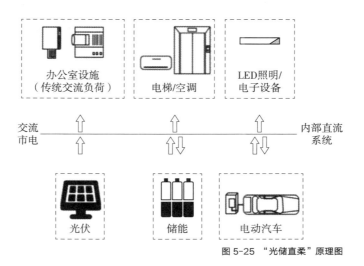

图 5-25 "光储直柔"原理图

《建筑光伏系统应用技术标准》GB/T 51368—2019 指出，建筑光伏储能系统设计应符合现行国家标准《电化学储能电站设计规范》GB 51048—2014 的有关规定。目前规模较大的用户侧储能以采用集装箱式锂电池储能装置设置于建筑室外场地的做法为主。

中建滨湖设计总部的六层和七层楼顶都安装着光伏板。大楼分布式光伏板面积总共 540m²，装机容量 86.4kW，年发电量约 6.9 万 kWh。整个建筑一、二层的示范区域照明及电脑用电，以及地下室照明和充电，都来自这些分布式光伏发电。地下室设有相当于"充电宝"的大型储能机房。办公楼一层的低碳技术示范区用电，主要由一套光储直柔微网系统供电。该系统平时由光伏供电，剩余光伏可存入地下室的这个储能机房。在市电停电时，就可以由光伏及储能形成离网系统持续供电。经过种种低能耗设计的中建滨湖设计总部，其年平均能耗降低至 40~80kWh/m²，每年可以节省用电 186 万 kWh，减少二氧化碳排放约 1027t（图 5-26）。

3. 其他储能方式

近二三十年发展迅速的浅层埋地土壤源热泵技术，也是一种季节性显热蓄热（冷）技术。它与利用中深层地热和地表水的水源热泵还是有区别的。后者可以认为是利用低品位的可再生热源。土壤源热泵本质上是"热电池"，即将热量冬储夏用或夏储冬用。就像蓄电池一样，一定规模的土壤埋管群在

（a） （b） （c）

图 5-26　中建滨湖总部
（a）中建滨湖总部鸟瞰；（b）中建滨湖总部光伏系统；（c）中建滨湖总部蓄能系统

一定的土壤物性条件下有一定的蓄热能力（热容量），且必须维持充放平衡。如果没有充放过程，土壤的热量不可能天然再生，除非经过相当长时间的缓慢恢复。

其他储能方式，如抽水储能、压缩空气储能及飞轮储能等因为目前在建筑中应用较少，故不再一一阐述。

5.3

办公建筑运行过程降碳策略

根据《中国建筑能耗与碳排放研究报告（2023 年）》，建筑运行阶段碳排放为 23.0 亿 t 二氧化碳，占全国能源相关碳排放总量的 21.6%，因此控制运行过程的碳排放在建筑生命周期是非常重要的环节。运行过程中，办公类建筑耗能的主要方式包括空调、照明、办公电器设备、电梯及其他，其中空调耗能是办公建筑耗能的最主要形式。办公建筑中的照明设备普遍开启时间较长，使用时间集中，故能耗很大，仅次于空调系统。办公电器设备耗电量受人均办公面积、工作时间长短、工作类型、办公自动化程度等因素的影响较大。

5.3.1　热湿控制的降碳技术

热湿环境调控引起的碳排放在办公建筑运行碳排放中占比非常大，高效空调系统和分时分区热环境调节可以在一定程度上降低这部分碳排放。

1. 高效空调系统降碳

目前对高效空调系统还没有明确的定义。参照高效制冷机房的定义，可以将空调系统全年能效比符合一定标准的空调系统简称为高效空调系统。表 5-6 列出了常用的提高空调系统能效的技术。

组成部分	提升技术或方法	原理
冷源设备	①提升设备性能，采用高效制冷设备； ②提高供水温度，加大供回水温差（6~8℃）； ③采用梯度利用系统； ④采用天然冷源； ⑤空调系统与储能系统结合	提高制冷效率； 利用天然能源； 结合储能
热源设备	①提升设备性能，采用高效制热设备； ②降低供水温度，加大供回水温差（10~15℃）； ③采用梯度利用系统； ④采用天然热源或废热； ⑤供暖系统与储能系统结合	提高制热效率； 利用天然能源； 利用余热； 结合储能
冷却设备	①提升设备性能，采用高效冷却设备； ②优化冷却塔布置和进排风通道，减少气流短路； ③采用风机变频技术，减少部分负荷时段的冷却塔能耗； ④干燥地区采用直接或间接自然冷却技术，利用冷却塔直接供冷	提高冷却效率； 减少冷却阻力； 利用天然能源
输送设备	①提升设备性能，采用高效且适宜的节能水泵； ②优化管网，减少水系统阻力，消除水力失调； ③采取有效措施保障供回水温差，防止大流量小温差问题； ④采用大小水泵搭配的方式，减少部分运行时水泵产生的能耗； ⑤采用双冷 / 热源变频新风机组或水泵	提高水输送效率； 减少管道阻力； 高匹配度设计； 变频技术
末端设备	①置换式通风系统与混凝土楼板储热相结合； ②利用变速风机盘管系统（FCUs）； ③采用节能的冷梁系统	利用建筑本身的性能； 高性能末端设备； 辐射制冷模式
控制系统	①采用温差控制技术或软件； ②按实际需求分区设置不同空调系统； ③温湿度独立控制空调系统	高性能高灵敏度调控； 分时分区模式； 热舒适的补偿作用

2. 分时分区热环境调节降碳

依据分时分区热需求，从时间和空间双维度对建筑环境进行供暖（图 5-27），这不仅契合了人体在不同气候、地域和昼夜生理节律波动下的差异化热舒适需求，同时也为建筑热环境调节和供暖系统设计提供了巨大的节能潜力。分时分区热需求是指系统依据建筑或建筑群热需求时间不同、热需求空间不同、热需求温度不同进行有差别、精细化的供热，从而达到降低建筑供暖能耗的目的。因此，分时分区热需求可按照热需求时间、空间和温度进行分类。其中，按照需求时间的长短可分为长分时和短分时两类，长分时又可分为假期和周末两类，短分时则指一天内昼夜的差别；按照需求空间由大到小可分为大区域之间、建筑群之间、单个建筑功能房间之间和单个功能房间的不同功能区域之间四类；按照需求温度不同可分为正常供暖温度、非正常供暖温度和非供暖三类。

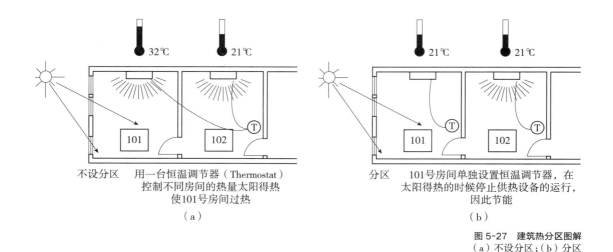

不设分区 用一台恒温调节器（Thermostat）
控制不同房间的热量太阳得热
使101号房间过热
（a）

分区 101号房间单独设置恒温调节器，在
太阳得热的时候停止供热设备的运行，
因此节能
（b）

图 5-27 建筑热分区图解
（a）不设分区；（b）分区

5.3.2 光环境控制的降碳技术

充足的室内天然采光不仅可有效地节约照明能耗，而且对使用者的身心健康有着积极的作用。各种光源的视觉试验结果表明，在相同照度条件下，天然光的辨认能力优于人工光，有利于人们的身心健康，并能够提高劳动生产率。当受到建筑本身或周围环境限制时，可采用导光、引光等技术和设备，将天然光最大限度地引入室内，以提高室内照度，降低人工照明能耗。

1. 导光管技术

用于采光的导光管主要由三部分组成，即集光器、管体部分和出光部分。集光器的作用是收集尽可能多的日光，并将其聚焦，对准管体。集光器有主动式和被动式两种，主动式集光器通过传感器的控制来跟踪太阳，以便最大限度地采集日光；被动式集光器则是固定不变的。管体部分主要起传输作用，其传输方式有镜面反射、全反射等。出光部分用来控制光线进入房间的方式，有的采用漫透射，有的则反射到顶棚通过间接方式进入室内。有时会将管体和出光部分合二为一，一边传输，一边向外分配光线。垂直方向的导光管可穿过结构复杂的屋面及楼板，把天然光引入每一层直至地下层（图 5-28）。用于采光的导光管直径一般大于100mm，因而可以输送较大的光通量。由于天然光具有不稳定性，故往往给导光管装有人工光源作为后备光源，以便在日光不足的时候作为补充。导光管适合在天然光丰富、阴天少的地区使用。

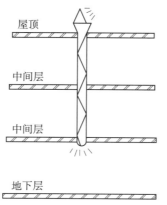

屋顶

中间层

中间层

地下层

图 5-28 导光管原理图

2. 棱镜窗技术

棱镜窗实际上是把玻璃窗做成棱镜。玻璃的一面是平的，另一面则带有平行的棱镜，以便利用棱镜的折射作用改变入射光的方向，使太阳光射到房间深处。同时，由于棱镜窗的折射作用，可以在建筑间距较小时，获得更多的阳光（图5-29）。由于太阳高度角的变化，棱镜的角度也应有所变化，因此不同的季节应更换不同角度的棱镜玻璃。棱镜窗的缺点是人们透过窗户向外看时，影像是模糊或变形的，会给人的心理造成不良的影响。因此在使用棱镜窗时，通常将之安装在窗户的顶部，即人正常视线所不能达到的地方。

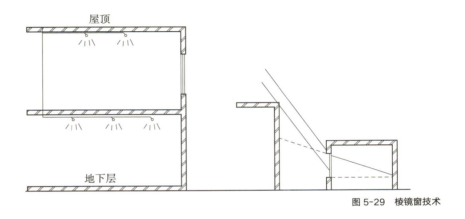

图 5-29　棱镜窗技术

在办公建筑中，选用棱镜窗改善采光应当考虑建筑室内的使用区域尺寸和棱镜的折射角度，注意近窗区域的采光效果，且在安装棱镜窗前，应当进行专业的光线分析。

3. 动态日光设计

通过将动态立面的形变方式与折纸技术相融合（图5-30a），可以构建一种新颖的动态遮阳装置，其所提出的设计日照曝光量（ASE）相比其他遮阳方式可以降低9%~42%，冷却所需的能量也显著降低。日光引导系统

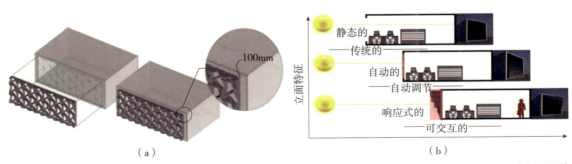

（a）　　　　　　　　　　　　　（b）

图 5-30　动态日光设计
（a）折纸式动态立面；（b）日光引导系统

（图 5-30b）通过 3D 形状变化以适应动态日光，提供交互式动态立面，具有分层过滤日光和实时控制的能力，从而提高视觉舒适度、日光性能并减少眩光。

4. 光热平衡遮阳系统

光热平衡遮阳是通过表皮遮阳系统，选择性地获取由日光带来的光与热，并取得舒适度和能耗平衡的设计技术。荷兰教育局与税务局办公综合体是欧洲可持续的办公建筑之一。由于其建筑面需要在自然采光与太阳辐射之间寻求平衡，故建筑师采用光热平衡遮阳来解决这一矛盾。建筑表皮的白色翅片导向板能够遮阳、导风及改变日光渗透率，将大量的太阳辐射热阻隔，从而减少了人们的制冷需求，将建筑的碳排放量降至最低（图 5-31）。

图 5-31　荷兰教育局与税务局办公综合体——光热平衡遮阳系统

5.3.3　空气环境控制的降碳技术

据 WHO 估计，目前世界上有近 30% 的新建和整修的建筑物受到病态建筑综合征的影响，约有 20%~30% 的办公室人员常被病态建筑综合征所困扰。建筑环境的优劣直接影响人的身心健康。随着人们对建筑环境的日益关注，建筑室内空气污染问题及建筑环境舒适度差、适老性差、交流与运动场地不足等由建筑所引起的不健康因素逐渐凸显。

1. 空气质量参数

建筑室内空气质量参数一般可分为物理性、化学性、生物性和放射性参数，其中物理性参数主要指温度、相对湿度、空气流速和新风量。化学性污染物主要指甲醛、挥发性有机化合物、半挥发性有机化合物和有害无机物。生物性污染物主要指细菌、真菌和病毒等。此外，由于 $PM_{2.5}$、油烟、纤维尘等颗粒物特性较为复杂，依据其本身粒径等物理特性及所负载物质（包括重金属、病毒等）不同，对人体常表现为复合型污染，故很难定义为单一的物理、化学或生物性参数。表5-7列出了建筑室内空气污染的主要类型和来源。

建筑室内空气污染的主要类型及来源 表5-7

污染来源	污染类型	行业
周边大气、土壤污染等导致的室内空气污染	建筑结构性污染	环境 + 建筑
建筑本身材料、构件污染		建材 + 建筑 + 建材
通风空调等设备污染		建筑 + 设备
生活所需产品等引入污染（活动家具等）	生活用品性污染	产品（制造）+ 建筑
人员本身及活动产生污染（吸烟等）	人员行为性污染	公共卫生 + 建筑

2. 通风降碳技术

通风是提升办公建筑空气品质的有效途径。建筑通风有自然通风和机械通风两种方式。自然通风设计是与气候、环境、建筑融为一体的整体设计，能否采用自然通风与当地气候有关。因此，在进行自然通风设计时应首先确定气候的自然通风能力；然后再根据建筑周围的微气候和建筑内部情况，预测自然通风驱动力，确定自然通风方案和设计气流路径；最后根据设计要求选择通风设备（主要是风口、门窗、竖井等）和安装位置。具体到建筑设计，可以通过合理设计门窗、中厅、楼梯间、太阳能烟囱、双层玻璃幕墙等引导气流的措施强化建筑室内通风。

3. 空气净化降碳技术

空气净化是指从空气中分离和去除一种或多种污染物。实现空气净化功能的设备称为空气净化器。使用空气净化器，是改善室内空气质量、创造健康舒适的室内环境十分有效的方法。空气净化是采用室内空气污染源头控制和通风稀释都不能解决问题时不可或缺的补充。此外，在冬季供暖、夏季使用空调期间，如果采用增加新风量来改善室内空气质量，则需要将室外进入的空气加热或冷却至舒适温度，故而耗费大量能源；如果使用空气净化器改善室内空气质量，则可减少新风量，降低供暖或空调能耗。

5.3.4 智能调控与降碳

智能建筑将建筑技术和信息技术相结合，以建筑物为平台，兼备信息设施系统、信息化应用系统、建筑设备管理系统、公共安全系统等，集结构、系统、服务、管理及其优化组合于一体，向人们提供安全、高效、便捷、节能、环保、健康的建筑环境。对于绿色低碳建筑来说，智能技术是智能建筑的应用要点之一，采用该技术可满足用户功能性、安全性、舒适性和高效率需求。以下介绍目前的一些智能调控方式。

1. 数字信息技术与建筑深度融合

人们利用物联网、大数据、云计算、人工智能、BIM 等新一代数字信息技术与建筑深度融合应用，在建筑数字化、智慧化运营方面做了大量实践性探索，这对于未来智慧建筑的建设和运营有着很强的参考研究价值和实际指导意义（图 5-32）。常用的数字信息系统包括：①数字孪生技术，即采用数字孪生技术，在 3D BIM 运维平台下，实现办公楼全域管理；②能源审计系统，即通过建筑内多源数据采集及处理，可按月、按年结合用能限额指标和定额指标进行分析，并输出能源审计报告；③碳排放计算平台，即通过采集或录入用电量、天然气使用量、用水量、空调冷媒逸散、废弃物及厨余垃圾等数据，根据适用碳计算标准，计算建筑物碳排量，并对碳排放评价结果进行分析。

图 5-32 数字运维平台

2. 共享空间

结合大楼自用且人员固定的特点，办公空间的工位主要分为固定工位和共享工位。工位使用信息可以通过电子地图进行呈现，员工可以通过移动端在线浏览和预约共享工位。除办公空间外，还配套共享和休闲空间，包括员工休息室、健身房、羽毛球场、乒乓球场等，员工可通过在线预约有序地使用配套资源。

通过建立设备设施电子档案，可以实现设施设备"运行状态可视，运维作业可管，运行风险可控"；通过智慧建筑运维平台的空间管理模块，可对不同功能空间分布情况进行三维展示，实现设备设施三维空间联动查询。

3. 工位个性化空调设计

以个性化送风为例，工位个性化空调设计是在实现热舒适的同时又节约能源的一种通风方式，其通过改变局部热环境来满足人员舒适性的要求。人员可以通过对各自工位送风系统的送风参数进行调节，实现对工作区微环境温度、风速、湿度等参数的控制，从而满足自身热舒适需求（图5-33）。

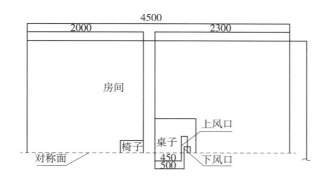

图 5-33　个性化送风示意图及送风模型

本章要点

1. 低碳办公建筑选材原则。

2. 低碳办公建筑可再生能源利用技术。

3. 办公建筑运行过程中降碳策略。

思考题与练习题

1. 低碳办公建筑选材的原则有哪些？如何从全寿命周期角度为办公建筑选择低碳建材。

2. 简述常用的低碳材料及其应用的领域。

3. 适宜低碳办公建筑的可再生能源技术包括哪些？

4. 如何将可再生能源利用系统与建筑形体、空间和构造设计巧妙结合？

5.平板集热器和全玻璃真空管集热系统的优缺点分别是什么？

6.你还能想到哪些办公建筑运行过程的降碳策略？

参考文献

[1] 佚名.中国建筑能耗与碳排放研究报告（2023年）[J].建筑，2024（2）：46-59.

[2] IPCC. Climate Change 2022：Mitigation of Climate Change[M]. Cambridge：Cambridge University Press，2022.

[3] BIBAS R，CHATEAU J，DELLINK R，et al. Global Material Resources Outlook to 2060：Economic Drivers and Environmental Consequences[M]. Paris：OECD Publishing，2019.

[4] 中国建筑节能协会.中国建筑能耗与碳排放研究报告（2021）[R].北京：中国建筑节能协会，2021.

[5] 材见船长.低碳建筑选材宝典[M].北京：中国建筑工业出版社，2023.

[6] 王清勤，李朝旭，赵海.办公建筑绿色改造技术指南[M].北京：中国建筑工业出版社，2016.

[7] 诺伯特·莱希纳.建筑师技术设计指南：采暖·降温·照明（原著第二版）[M].张利，周玉鹏，汤羽扬，等，译.董务民，校.北京：中国建筑工业出版社，2004.

[8] 米夏埃尔·鲍尔，彼得·默斯勒，米夏埃尔·施瓦茨.绿色建筑：可持续建筑导则（原著第二版）[M].王静，林毅，梁玲，译.北京：中国建筑工业出版社，2021.

第6章

低碳办公建筑案例分析

第6章 低碳办公建筑案例分析

6.1 国外低碳办公建筑案例分析

- 6.1.1 曼尼托巴水电集团总部（Manitoba Hydro Place）
  - 塔楼体形
  - 双层玻璃幕墙
  - 土壤源热泵
  - 太阳能通风塔
- 6.1.2 悉尼国际大厦（Sydney International Towers）
  - 塔楼体形
  - 遮阳系统
  - 海水制冷
  - 绿色供应链
- 6.1.3 布拉托凯亚能源楼（Powerhouse Brattørkaia）
  - 空中庭院
  - 建筑一体化光伏系统
  - 区域海水热交换器+海水源热泵
- 6.1.4 西门子中东地区总部（Siemens Middle East Headquarters）
  - 集中式布局
  - 天井采光通风
  - 首层架空广场
  - "盒中盒"围护结构
- 6.1.5 新加坡国立大学设计与环境学院4号楼（NUS SDE4）
  - 漂浮盒子
  - 凉廊
  - 遮阳系统
  - 屋面光伏系统
  - 混合制冷系统
- 6.1.6 德勤公司荷兰总部（Netherlands The Edge Deloitte Headquarters）
  - 中庭气候缓冲区
  - 建筑一体化光伏系统
  - 地下水地源热泵
  - 数字天花板

6.2 国内低碳办公建筑案例分析

- 6.2.1 中建滨湖设计总部
  - 模块化空间
  - 自然通风与采光
  - 双层表皮系统
  - 多功能屋面
- 6.2.2 华汇科研设计中心
  - 塔楼体形
  - 被动式窗墙系统
  - 地表水水源热泵+水蓄能
  - 下沉庭院
- 6.2.3 启迪设计大厦
  - 垂直院落+空中环廊
  - 塔楼体形
  - 幕墙通风器
  - 多功能屋面
- 6.2.4 深圳中海总部大厦
  - 通风竖井
  - 高效空调系统
  - 装配式建造
  - 高性能幕墙+水平遮阳
- 6.2.5 广州珠江城大厦
  - 内呼吸双层玻璃幕墙
  - 风力发电
  - 高效空调系统
  - 塔楼体形
- 6.2.6 海南生态智慧新城数字市政厅
  - 台地公园
  - 覆埋空间
  - 生物气候缓冲层
  - 庭院–冷巷体系
- 6.2.7 陕西省科技资源中心（一期）
  - 体形系数
  - 土壤源热泵
  - 遮阳系统
  - 气候环境适应性
  - 被动外循环式呼吸幕墙
- 6.2.8 清华大学环境能源楼
  - 南向退台
  - 下沉庭院
  - 紧凑的体形
  - 双层遮阳通风幕墙
  - 冷热电三联供系统

本书选取了 14 个办公建筑案例，其中国外 6 个，国内 8 个，详见表 6-1。

案例选择基于以下两点考虑：①从低碳的视角看，这些建筑都是比较优秀的案例，案例建筑大多通过了绿色建筑相关的认证，例如 LEED、BREEAM 等国际认证，或者所在国家的绿色建筑、近零能耗建筑等认证，例如中国绿色建筑、近零能耗建筑，澳大利亚 Green Star Certification，新加坡 BCA GREEN MARK 等；②案例的规模体量和所在地区气候条件具有多样性、丰富性和代表性，比较全面地展示了建筑师主导的设计团队是如何根据项目目标、场地环境、气候条件、资源状况等因素，因地制宜地制定设计策略、选择技术手段、整合设计过程，以实现包括低碳目标在内的诸多设计目标。通过案例学习，可以借鉴关于低碳建筑设计的经验并获得启发。

案例建筑一览表　　　　　　　　　　　　　　　　　　表 6-1

案例名称	所在城市	气候区	体量规模	项目认证
曼尼托巴水电集团总部（Manitoba Hydro Place）	温尼伯（加拿大）	半干旱草原气候	地上 22 层，地下 1 层 6.4 万 m²	LEED 铂金级
悉尼国际大厦（Sydney International Towers）	悉尼（澳大利亚）	亚热带季风性气候	地上 39~49 层，地下 2 层 30.6 万 m²	Green Star 六星级 WELL 铂金级
布拉托凯亚能源楼（Powerhouse Brattørkaia）	特隆赫姆（挪威）	温带海洋性气候	地上 8 层，地下 1 层 1.8 万 m²	BREEAM 杰出级
西门子中东地区总部（Siemens Middle East Headquarters）	阿布扎比（阿联酋）	热带沙漠气候	地上 5 层 2.3 万 m²	LEED 铂金级
新加坡国立大学设计与环境学院 4 号楼（NUS SDE4）	新加坡（新加坡）	热带雨林气候	地上 5 层，地下局部 1 层 8500m²	BCA GREEN MARK 铂金级 WALL 金级
德勤公司荷兰总部（Netherlands The Edge Deloitte Headquarters）	阿姆斯特丹（荷兰）	温带海洋性气候	地上 15 层，地下 2 层 4 万 m²	BREEAM 杰出级
中建滨湖设计总部	成都市（中国）	夏热冬冷地区（3A）	地上 6 层，地下 2~3 层 7.8 万 m²	中国绿色建筑三星级 近零能耗建筑 中美近零能耗合作示范项目
华汇科研设计中心	绍兴市（中国）	夏热冬冷地区（3A）	地上 23 层，地下 2 层 4 万 m²	中国绿色建筑三星级
启迪设计大厦	苏州市（中国）	夏热冬冷地区（3A）	地上 23 层，地下 3 层 7.8 万 m²	中国绿色建筑三星级 LEED 金级
深圳中海总部大厦	深圳市（中国）	夏热冬暖地区（4B）	地上 21 层，地下 5 层 6.1 万 m²	中国绿色建筑三星级 近零能耗建筑 LEED 铂金级
广州珠江城大厦	广州市（中国）	夏热冬暖地区（4B）	地上 71 层，地下 5 层 21.03 万 m²	LEED 铂金级
海南生态智慧新城数字市政厅	澄迈县（中国）	夏热冬暖地区（4B）	地上 4 层 1.1 万 m²	—
陕西省科技资源中心（一期）	西安市（中国）	寒冷地区（2B）	地上 9 层，地下 1 层 4.5 万 m²	中国绿色建筑三星级 LEED 金级
清华大学环境能源楼	北京市（中国）	寒冷地区（2B）	地上 10 层，地下 2 层 2 万 m²	中意双边清洁发展机制 CDM 项目基地

注：国内案例所在城市的气候区属依据《民用建筑热工设计规范》GB 50176—2016。

6.1.1 曼尼托巴水电集团总部（Manitoba Hydro Place）（图 6-1）

1. 基本信息

建筑设计	KPMB Architects
项目地点	温尼伯（加拿大）
建成时间	2009 年
主要功能	高层塔楼办公，裙房商业
体量规模	地上 22 层，地下 1 层 6.4 万 m²
项目认证	LEED 铂金级

图 6-1　曼尼托巴水电集团总部建筑实景

2. 项目简介

2004 年曼尼托巴水电集团决定选址温尼伯市中心的地块新建总部大楼，将 2000 名员工从郊区租赁的办公室搬回市区。温尼伯市冬季漫长，是世界上最寒冷同时也是一年中温差最大的城市之一，气温从冬季的零下 50℃（风寒效应）到夏季的 40℃（湿热因素）不等。同时，常年充足的南向风力和日照也是这个城市重要的气候特点。

设计团队与业主方一起讨论并确定了 6 个必须达成的核心目标：建筑应成为集团的标志并提升温尼伯市中心的形象；促进温尼伯市中心更新和未来的可持续发展；能源效率达到世界先进水平，比加拿大国家建筑能源规范（National Energy Code of Canada for Buildings，NECB）的标准提升 60%；创造健康、高效、高适应性的办公环境；LEED 金级认证；合理的财务投资和高性价比的建设成本控制。

大楼的设计和建造是多专业团队密切协作的集成过程，计算机模拟分析工具也在设计过程中被广泛应用，例如 CFD 风环境分析、动态热工模型模拟预测被动式系统的效率，以及全年日光自主模拟等。建成后实测的数据显示，大楼能源效率比加拿大国家建筑能源规范的标准提升了 70% 以上，能耗小于 85kWh/（m²·a），远低于同地区传统办公楼 300kWh/（m²·a）。

大楼投入使用后还提升了该地区非工作时间的活跃度和街道活力。一方面，公司不提供自助餐厅或健身房等设施，鼓励员工使用市中心的现有设施；另一方面，80%的员工通勤不再使用私家车，而是使用便利的公交或骑自行车。

3. 建筑降碳设计

（1）建筑布局与形体控制：大楼占据了一个完整的街区，体量由高层办公塔楼与3层裙房构成。裙房体量基本满铺用地，仅在南侧留出一块三角形用地，打造了户外活动的绿化广场（图6-2、图6-3）。裙房功能由商业、办公大堂和南北走向的步行公共通廊构成。3层通高的公共通廊联系基地南北的街区和道路，并在南向引入日照，吸引市民穿行其中，成为具有城市特征的公共空间。在通廊中布置了两个灵感来自水电站大坝的大型水景，用来美化环境并调节空气湿度。

图6-2 曼尼托巴水电集团总部总平面布局　　　图6-3 曼尼托巴水电集团总部实景鸟瞰

塔楼形体通过严格的日照分析，经过多方案比较，最终确定为由东、西两翼夹角形成的三角形布局（图6-4）。两翼在北端融合，向南面张开，既可以减小对基地北侧街道和公园的日照阴影，又能充分利用来自南方的气流

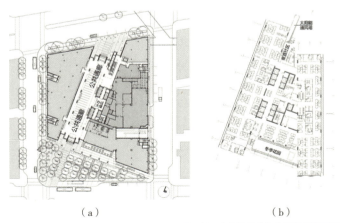

（a）　　　　　　　　　　　　　　（b）

图6-4 曼尼托巴水电集团总部主要楼层平面图示
（a）首层平面图；（b）标准层平面图

和日照。两翼夹角的位置朝向正南，竖向叠加布置了 3 个 6 层通高的共享边庭——冬季花园（图 6-5），视线正对远方的曼尼托巴省议会大楼和历史中心。塔楼北端竖向叠加布置了 6 个 3 层通高的边庭——垂直社区，与冬季花园一起作为共享空间与办公区共生。楼层间通过共享空间和景观楼梯连接，促进内部沟通和跨部门的交流。

图 6-5　冬季花园实景

（2）自然采光：标准层的办公空间主要布置在东、西两翼，办公空间进深的确定经过对桌面的自然采光照度模拟分析（进深方向柱距轴线尺寸 12m），尽可能利用自然采光，以降低人工照明能耗。

（3）围护结构：东、西两翼的围护结构采用双层玻璃幕墙，高性能的围护结构为应对极端的室外气候提供了缓冲，从而减少了供暖 / 制冷负荷，双层幕墙内、外层上的开启窗在适当季节可以打开进行自然通风；南、北边庭的围护结构为单层幕墙，边庭空间与办公空间之间有落地窗分隔。

（4）太阳能通风塔：借助太阳能通风塔的烟囱效应，春、夏、秋三季新风从冬季花园引入，经过处理后进入办公空间，废气则经垂直社区空间汇集后进入太阳能通风塔排放掉，这个被动式系统提供 100% 全新风运行。冬季太阳能通风塔顶部开口关闭，废气经通风塔被风机送到地下，一部分用于车库供暖，另一部分经过热回收设备后排掉，回收的余热用来加热从冬季花园引入大楼的新风。冬季花园和垂直社区一南一北两个共享空间既是气候缓冲区，又能起到空气交换、处理和竖井的作用（图 6-6）。

（5）地源热泵系统：建筑空调系统的冷热源采用地源热泵。夏季制冷量全部由地源热泵系统提供，冬季由系统提供 80% 以上的制热量，高效冷凝锅

夏季和过渡季节模式
新风通过可开启的外窗进入南向的"冬季花园"

冬季花园
6层高的边庭，像建筑的"肺"引入新风，并在进入办公空间前进行预处理

冬季模式
新风通过机械装置引入并利用地热能加热

水幕
24m高，用于调节新风的空气湿度

地下车库

太阳能通风塔
115m高

夏季和过渡季节模式
空气汇集到"垂直社区"，利用空气热压差和烟囱效应经太阳能通风塔排出

混凝土楼板低温辐射供暖（制冷）系统

架空地板送风
全年100%新风

冬季模式
关闭太阳能通风塔顶部开口；通过机械排风将空气送至地下，部分用于车库供暖，部分经热交换装置回收余热用于预热冬季花园引入的新风

地源热泵系统

新风　　排风　　供暖和制冷系统

图6-6　空调通风系统图示

炉在最冷的月份提供补充。空调末端为混凝土楼板低温辐射供暖（制冷）系统（图6-6）。

（6）可再生能源利用：①空调系统利用地热能作为主要的冷热源；②利用太阳能加热通风塔，形成烟囱效应促进大楼被动式通风，南向冬季花园利用太阳能集热。

（7）建筑材料的选择考虑了含能量，优先选用当地材料。从基地原有建筑回收的冷杉木被用于大楼内部装饰和制作公共空间中的休息长凳。

6.1.2 悉尼国际大厦（Sydney International Towers）（图6-7）

1. 基本信息

建筑设计	Rogers Stirk Harbour + Partners
项目地点	悉尼（澳大利亚）
建成时间	2017 年
主要功能	超高层办公，裙房商业
体量规模	地上 39~49 层，地下 2 层 30.6 万 m²
项目认证	Green Star 六星级 WELL 铂金级

图 6-7　悉尼国际大厦建筑实景

2. 项目简介

巴兰加鲁区（Barangaroo）位于悉尼 CBD 和悉尼港之间的滨水区域，是澳大利亚首个获得碳中和认证的地区。悉尼国际大厦作为巴兰加鲁区标志性的建筑，由三栋超高层塔楼和多层住宅组成，其中超高层部分的主要功能包括办公和裙房商业。悉尼国际大厦相比同类办公建筑，其碳排放减少了50%。

悉尼地处澳大利亚东海岸，气候温和，夏季月平均气温在 21~23℃，冬季月平均气温在 13~14℃，全年降雨比较平均。该地区建筑一般不考虑冬季供暖，夏季虽然月平均气温不高，但太阳辐射十分强烈，故遮阳和通风往往是夏季防热的常用措施。

3. 建筑降碳设计

（1）建筑布局与形体控制：项目用地为矩形，南北长，东西窄，东、北、西三边临城市道路。城市设计希望加强港口滨水区域与用地东侧城市区域的联系，打开从城市到港口的视野，故用地内设置了三条东西走向的步行街道来实现这一意图。步行道将地块切分为三块，由南至北分别布置三栋板式高层。最南侧高层为正南北朝向，另外两栋的朝向分别向南偏西方向扭转，这样既可获得更好的视野，也契合东南—西北走向的步行道切分出的地块形状。板式超高层的东、西两端设计为半圆形，可以减小东、西向的幕墙面积，降低西晒影响。三栋塔楼都将北侧设计为交通核和公共服务空间（服务、休息和会议空间），称为"垂直村落"，凸出主体，对主要办公空间形成自遮阳。"垂直村落"使楼层间能够建立视觉和交通联系，促进人与人之间的社交互动。裙房布置办公大堂及餐饮、零售和休闲功能的商铺，营造出界面连续、尺度亲切、富有活力的街区景象。整个用地的建筑共用2层地下室，设置机动车停车库和设备用房（图6-8、图6-9）。

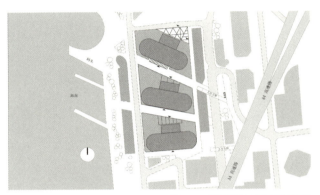

图 6-8 悉尼国际大厦总平面布局

（2）自然采光：交通核布局和办公空间进深设计合理，使自然采光得以充分利用（图6-9）。

（3）围护结构与建筑遮阳：根据位置朝向等具体状况，每栋楼的幕墙与外遮阳设计都进行了专项研究并通过量化分析和模拟来优化设计参数，以减少室内空间的太阳辐射和眩光，改善自然采光。围护幕墙外安装了垂直和水平两种遮阳构件。构件尺寸随着高度变化，可使高楼层获得较少的日光，低

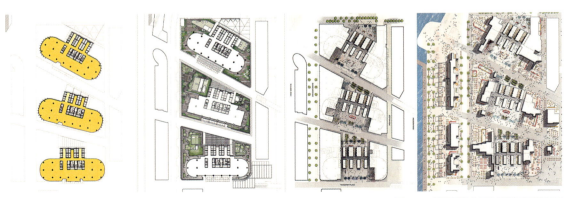

图 6-9 悉尼国际大厦主要楼层平面图示

楼层获得较多的日光。遮阳构件最大尺寸达到 1.8m 深，3.7m 高，可以承受 150km/h 的飓风。三栋塔楼的外遮阳构件采用了不同的材质和色彩，形式统一又有各自的识别性（图 6-10）。

（4）屋面花园：裙房屋面设计为花园和开放的休憩空间。

（5）新技术及节能系统的应用：共用的地下室集中设置设备用房，包括区域供冷站、电网嵌入系统、废水回收处理机房等。其利用海水作为冷冻水机房的冷却水，不使用传统的冷却塔，冷冻水机房和水泵采用了高效的变频技术。空调末端采用了节能的冷梁系统，新风系统采用 100% 的全新风运行。

（6）智能照明控制系统：照明采用了智能照明控制系统，该系统使用可寻址部件，允许更个性化和精细化地控制。

（7）可再生能源利用：①利用海水作为冷冻机房的冷却水；②多个建筑屋面共设置了 6 000m² 的太阳能光伏板，产生电力用于雨水回收系统运行和建筑公共区域照明。

（8）水资源的回收利用：地下室的水回收处理机房每天处理约 1 000m³ 的废水；采用节水设备与洁具，包括低流量龙头、高效冲厕系统等；每栋塔楼都配备 90m³ 雨水储蓄池，用于灌溉景观绿植及厕所冲水等。

（9）绿色建筑材料的选择：项目通过建立绿色供应链以减少建筑隐含碳，推动供应商和承包商寻找更加低碳的方法与材料，并对 20 多种主要材料进行了全寿命周期分析。与传统的建设相比，悉尼国际大厦减少了 20% 的建筑隐含碳（图 6-11）。

图 6-10　外遮阳构件实景

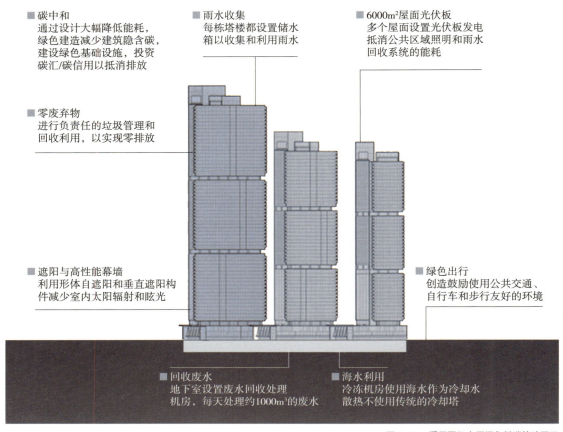

■ 碳中和
通过设计大幅降低能耗，
绿色建造减少建筑隐含碳，
建设绿色基础设施，投资
碳汇/碳信用以抵消排放

■ 零废弃物
进行负责任的垃圾管理和
回收利用，以实现零排放

■ 遮阳与高性能幕墙
利用形体自遮阳和垂直遮阳构
件减少室内太阳辐射和眩光

■ 雨水收集
每栋塔楼都设置储水
箱以收集和利用雨水

■ 6000m²屋面光伏板
多个屋面设置光伏板发电
抵消公共区域照明和雨水
回收系统的能耗

■ 绿色出行
创造鼓励使用公共交通、
自行车和步行友好的环境

■ 回收废水
地下室设置废水回收处理
机房，每天处理约1000m³的废水

■ 海水利用
冷冻机房使用海水作为冷却水
散热不使用传统的冷却塔

图 6-11　悉尼国际大厦绿色低碳策略图示

6.1.3　布拉托凯亚能源楼（Powerhouse Brattørkaia）（图 6-12）

1. 基本信息

建筑设计	Snøhetta Architects
项目地点	特隆赫姆（挪威）
建成时间	2019 年
主要功能	办公
体量规模	地上 8 层，地下 1 层 1.8 万 m²
项目认证	BREEAM 杰出级

图 6-12　布拉托凯亚能源楼建筑实景

2. 项目简介

Powerhouse 是挪威的一个能源创新和气候适应性建筑开发的合作组织，由开发商、建筑商、设计机构、能源工程机构和环保组织等机构联合成立。多行业协同、跨专业合作的团队为建设项目减少碳排放和能源消耗，以及更具可持续性奠定了基础。布拉托凯亚能源楼是该组织开发的 Powerhouse 系列能源积极型建筑中的第三座。建筑位于挪威中部地区北纬 63° 的特隆赫姆市，当地属于温带海洋性气候，冬季寒冷多雨，夏季温和，一年四季的太阳光照量差异极大。作为世界上最北端的能源积极型建筑，该项目旨在建立未来建筑的新标准：建筑全寿命周期内产生的能源要多于其消耗的能源，包括建造、运行、拆除及建筑材料蕴含的能源。要达成项目能源目标，获取并存储太阳能及最大限度降低运行能耗成为设计与建造的关键挑战。

大楼主要为包括建筑业和航运业公司在内的租户提供办公空间，同时还支持了一项重要的公共项目：首层设置游客中心面向公众开放，阐释大楼的节能概念，为公众认识和讨论有关可持续发展的议题提供信息支持。

3. 建筑降碳设计

（1）建筑布局与形体控制：基地北侧毗邻港口轮渡码头，南侧为铁路线，上跨铁路线的人行天桥将基地和轮渡码头与特隆赫姆中央车站联系起来。大楼的形式是遵从环境的产物。建筑平面设计为北窄南宽的直角梯形，临水的北立面面宽与相邻建筑尺度协调统一；同时，在基地西侧朝向轮渡码头留出开放广场，优化了从中央车站方向延伸过来的人行天桥与港口码头之间的空间关系。大屋面设计为 19° 斜坡顶，北高南低，在高纬度地区可以更有效地收集太阳能。建筑体量的中心位置三层以上被挖掉，植入了一个椭圆形平面的空中庭院，既增加了办公空间的自然采光，又巧妙地与中央车站和城市中心区建立了视觉和空间上的联系，其标志性的形象成为 Søndre Gate 大街空间轴线的端景（图 6-12、图 6-13）。大楼造型简洁，体形系数控制较

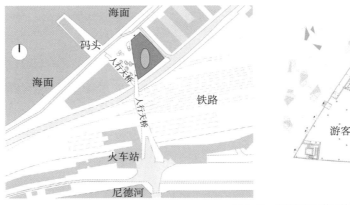

首层平面图

图 6-13　布拉托凯亚能源楼总平面布局与首层平面图

好，配合高隔热性能的外围护结构，大大降低了大楼的热损失。

（2）自然采光与通风：三层植入的空中庭院不仅使其周围环绕的办公空间获得自然采光和远眺城市风光的视野，而且庭院周边设置的天窗还为下部二层的餐厅引入了自然光。此外，可开启的外窗在室外温度适合的季节可以引入自然通风（图6-14、图6-15）。

（3）围护结构：高隔热性能的外围护结构表面覆盖有黑色铝板和光伏板，斜屋面采用与建筑一体的光伏系统（图6-16）。

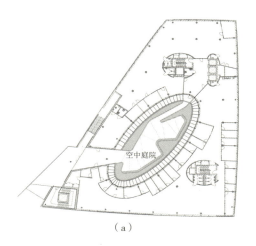
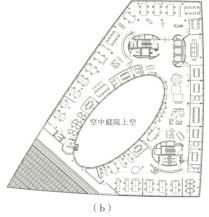

（a）

（b）

图6-14 布拉托凯亚能源楼主要楼层平面图示
（a）三层平面图；（b）五层平面图

图6-15 空中庭院实景

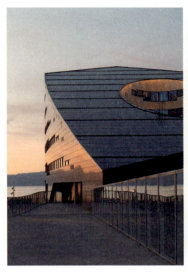

图 6-16　屋面光伏系统实景

（4）空调系统：特隆赫姆冬季寒冷，夏季气候温和，故冬季供暖是主要的能源负荷。大楼采用了置换式通风系统与混凝土楼板储热相结合的技术。冬季系统运行模式如下：白天工作时段，引入新风通过地下室热回收装置与排风换热后再进入区域海水热交换器（需要时启动海水源热泵），进一步加热至比室温略低后通过地板送风系统低速送入，室内空气随着使用者的自身散热和设备散热而升温汇集在顶棚底，通过排风系统经楼梯间和通风竖井送至地下热回收装置，经热交换后排至室外；夜晚非工作时段，关闭新风进口，通过海水源热泵系统循环加热室内空气将热能储存到混凝土楼板中，白天工作时段再缓慢向室内放热（图6-17）。楼板所用混凝土由建筑商斯堪斯卡（Skanska）集团的专家为该项目专门研发，碳含量比行业标准低60%以上。室内吊顶为简单的格构形式，确保混凝土楼板与室内空气的接触面积最大化。夏季系统工作模式与冬季类似，空气制热变成了制冷，排风不再进行热回收，而是直接经楼梯间和通风竖井顶部排出室外。当室外气温在舒适范围的时节时，大楼可关闭置换通风系统，开启外窗进行自然通风。

（5）照明系统和热回收系统：大楼照明采用了"液体光"（Liquid Light）的设计概念，即根据空间内部人员的活动差异，照明系统可以智能化地柔和调节照度。布拉托凯亚能源楼的照明耗能大约是目前当地同等规模商业办公楼的一半。此外，大楼还采用热回收系统来回收灰水（除厕所外的所有废水）中的热量，并大规模使用节能电器的，采用能耗监测系统，使能源消耗可视化。

（6）可再生能源利用：①采用了海水源热泵系统和区域海水热交换器实现供暖和制冷；②倾斜的大屋面和南立面外墙共安装了 2800m² 的太阳能光

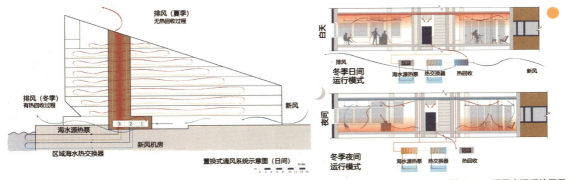

图 6-17　通风空调系统图示

伏电池板，每年可发电大约 50 万 kWh，日均发电量是消耗量的两倍多，同时设置了能源存储设施用房，以应对不同季节日照条件的变化。大楼在为自身供电的同时，还通过当地的微电网为周边建筑、电动公交车、新能源汽车与船只提供电力，成为城市的小型发电站。

6.1.4　西门子中东地区总部（Siemens Middle East Headquarters）（图 6-18）

1. 基本信息

建筑设计	Sheppard Robson Architects
项目地点	阿布扎比（阿联酋）
建成时间	2014 年
主要功能	办公，底商
体量规模	地上 5 层 2.3 万 m²
项目认证	LEED 铂金级

图 6-18　西门子中东地区总部建筑实景

2. 项目简介

西门子中东地区总部大楼位于阿布扎比市的马斯达尔城，紧邻阿布扎比国际机场。马斯达尔城是阿联酋政府规划建设的世界上首个以零碳、零废弃物为发展目标的新城。当地为典型的热带沙漠气候，年降雨量极少，全年日照充足，平均气温在 25℃以上，夏季的地表温度可高达 50℃。项目设计始于一个简单而重要的目标：最大限度地提高能源效率，减少资源消耗。设计团队与马斯达尔城当地团队和顾问机构的成员紧密协作，将办公建筑设计的经验和参数化分析方法整合起来，寻求形式、功能、成本和环境影响之间的平衡；同时研究当地的气候条件和环境，使用计算机建模技术来优化遮阳、自然采光、架空空间的通风等。

西门子中东地区总部大楼是中东地区最具可持续性的办公楼之一，其高效紧凑的形式减少了用材和隐含碳，并且在商业方面也取得了成功，单方建设成本与阿联酋传统的总部办公楼相差无几。运营第一年，大楼仅部分入驻，用电量和用水量分别比阿布扎比典型的办公楼减少了63%和52%，碳排放减少50%。

3. 建筑降碳设计

（1）建筑布局与形体控制：西门子中东地区总部借鉴了当地传统建筑群布局紧凑、建筑间相互遮阳、减少外墙得热的策略，建筑空间布局相对集中，相互形成自遮阳，体形方正，立面简洁。平面中部通过天井来引入自然采光并促进自然通风（图6-19）。首层架空形成的公共广场完全处在上部办公楼层的遮蔽之下，相对阴凉的环境鼓励行人在场地中的活动。一系列外部空间、零售单元和两个全透明的办公大堂进一步强化了这一共享公共空间。广场地坪顺应自然地势高差设计为阶梯式，将北侧城市道路和南侧建筑及轻轨站连接起来（图6-20）。

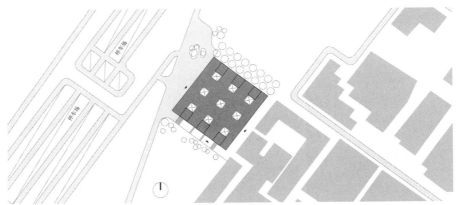

图6-19 西门子中东地区总部大楼总平面布局

（2）围护结构与建筑遮阳：围护结构被设计成"盒中盒"的形式，即立面分为内层围护结构和外层遮阳系统。围护结构尽可能简洁紧凑，减少与室外环境接触的表面积，具有高效的隔热性能和气密性，降低了热传导率。大楼的窗墙比减少到约0.35，且玻璃窗的位置可使自然光渗透到各楼层。光洁的围护结构也减少了沙尘天气后灰尘和沙子的积附。外层遮阳系统采用了表面涂覆反射涂层的铝板，以防止室内因太阳辐射得热而增加空调负荷，同时

图 6-20　首层架空广场实景

也可大幅度增加进入建筑内部的漫射光。固定的遮阳板针对不同朝向进行了参数优化，形状各不相同。大楼未采用电动遮阳系统，因为沙漠地区机械装置往往会因沙子进入而无法动作，可靠性低。基于环境因素的外表皮系统成为该建筑造型最大的特色（图6-21）。

（3）自然采光与通风：办公层每层建筑面积约4500m²，布置了9个方形天井，将自然光引入各层平面的中部位置，从而减少人工照明的需求（图6-22、图6-23）。天井的拔风效应也促进了首层架空广场的自然通风。

（4）结构设计：大楼的结构竖向支撑由布置在建筑周边的6个核心筒和跨度15m的结构柱构成，楼板采用创新的后张预应力混凝土空心大板。大跨度的结构体系提升了空间的使用效率，减少了60%的结构用材，为办公空间划分和随时间变化的改造提供了极大的灵活性（图6-22）。

（5）空调系统：空调系统方案经过热工模型建模分析，采用变速风机盘管系统（FCUs），新风则采用了带热回收和除湿的系统。

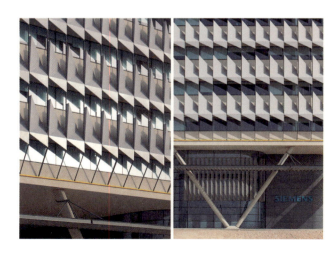

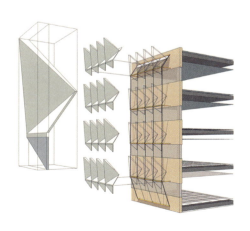

图 6-21　外遮阳系统实景与图示

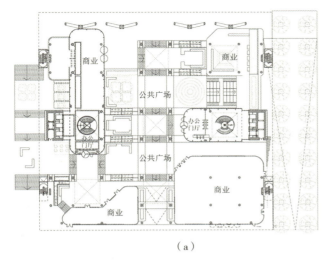
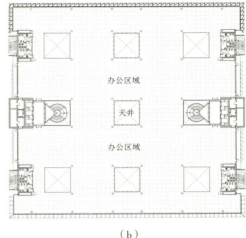

（a）

（b）

图 6-22　西门子中东地区总部大楼主要楼层平面图示
（a）首层平面图；（b）标准层平面图

（6）楼宇管理系统：大楼设计安装了一系列全面集成的楼宇管理技术，以提高能源资源利用效率，最大限度地节约运营成本。楼宇管理系统会感知房间人员活动，相应地调整照明，控制变速风机盘管系统的启停与新风输送。

（7）水资源的节约：建筑采用了一系列技术来大幅减少耗水量。这些技术包括使用低流量阀门和装置，以及安装了传感器的水龙头、节水型洁具等；设置雨水收集和储存装置；采用低耗水景观。此外，灰水和黑水也被收集并输送到城市处理厂以回收利用。

（8）可再生能源利用：大楼屋面安装了太阳能集热系统，用于提供生活热水。建筑未大面积使用光伏发电系统，一方面因为资金原因，另一方面是项目附近已建成了马斯达尔城 10MW 太阳能光伏电站。

图 6-23　天井实景

6.1.5　新加坡国立大学设计与环境学院 4 号楼（NUS SDE4）（图 6-24）

1. 基本信息

建筑设计	Serie and Multiply Architects
项目地点	新加坡（新加坡）
建成时间	2019 年
主要功能	工作室、实验室、设计教室
体量规模	地上 5 层，地下局部 1 层 8500m²
项目认证	BCA GREEN MARK 铂金级 WELL 金级

图 6-24　新加坡国立大学设计与环境学院 4 号楼建筑实景

2. 项目简介

新加坡国立大学设计与环境学院 4 号楼位于肯特岗校区，是在原有三幢教学楼用地附近为建筑学、室内设计、景观和工业设计等专业扩建的工作室、实验室、设计教室。新加坡地处热带雨林气候区，常年高温多雨，故空调制冷能耗很高，通常会达到建筑物总能耗的 60%。同时，当地年平均太阳辐照度为 1580kWh/ m²，太阳能利用潜力巨大。设计借鉴东南亚传统建筑的做法，以建筑遮阳和自然通风的被动式策略为主，以优化的主动系统为辅助，并利用太阳能发电，建筑实现了零能耗和低碳排，能源使用强度（EUI）为 45.5kWh/（m²·a），每年减少二氧化碳排放 71t。

3. 建筑降碳设计

（1）建筑布局与形体控制：大楼建在草坡之上，坐北朝南，北侧有 2 层人行天桥与原有教学建筑相联系，南向朝当地主导风向敞开。建筑与周围的地形和林木融为一体，繁茂的植被与建筑紧密相邻，提供了多层次遮阳，可缓解城市热岛效应，改善空气质量（图 6-25）。形体和空间组织使用"漂浮盒子"的概念，不同功能空间的体块像盒子一样被松散地堆叠起来，盒子之间创造出大量尺度形态各异的半室外公共空间供人自由地活动与探索。这种如同东南亚建筑中"凉廊"的空间，作为室内与室外的过渡区域，具有隔热缓冲与促进社交互动的作用。走廊和开敞楼梯将这些空间彼此连通，营造出连续、活跃、共享的空间状态。

（2）建筑遮阳：各层松散堆叠的体块被出挑巨大的屋面完全覆盖，东、西两个立面以穿孔铝板构成外皮并悬出主体结构，大屋面与东、西立面外皮

图 6-25　新加坡国立大学设计与环境学院 4 号楼总平面布局

共同形成了覆盖建筑的遮阳外壳。此外，南向部分外窗还设有水平遮阳构件。多层次的建筑遮阳使各种使用空间免受太阳直射，为维持适宜的热工环境提供了良好的基本条件（图6-26、图6-27）。

（3）自然采光与通风：建筑形体沿东西方向展开，南北方向进深较小且空间通透；主要功能用房设计为大面宽、小进深，松散堆叠的功能空间与通透连续的半室外空间有机结合；主要房间都设置可开启的落地窗。这一系列通过设计整合起来的做法，有效促进了建筑内部交叉通风和自然采光的充分利用（图6-28~图6-30）。

图 6-26　南向遮阳大屋面实景

图 6-27　东、西立面穿孔铝板实景

185

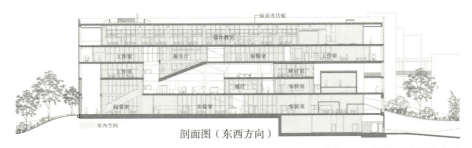

剖面图（东西方向）

图 6-28　新加坡国立大学设计与环境学院 4 号楼通透的剖面图（一）

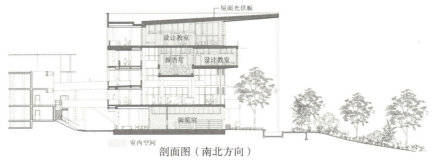

剖面图（南北方向）

图 6-29　新加坡国立大学设计与环境学院 4 号楼通透的剖面图（二）

图 6-30　松散通透的空间组合实景

（4）混合制冷系统：空调系统设计没有局限于空调设备自身的节能技术，而是研究了当地人群的热舒适接受范围，即当空气流速较快时，较高的温度和湿度是可以接受的。空调系统设计创新性地将主动式空调制冷与吊扇结合形成混合制冷系统，室内温度由恒温器控制在 27~28℃；当被动式通风无法维持室内设定的空气温湿度时，系统会启动空调送风制冷，并利用吊扇加速空气流动。该系统的空气温湿度设置相较于传统空调系统都要高，导致制冷负荷降低，从而显著降低建筑运行能耗（图 6-31）。

（5）建筑内广泛使用节能的照明灯具和其他电气装置，90% 的照明采用了 LED 灯具并可通过调光器控制。此外，建筑还具有多项智慧能源管理系统，例如房间外窗安装感应器，当窗扇开启时，系统会自动关闭该房间的空调。

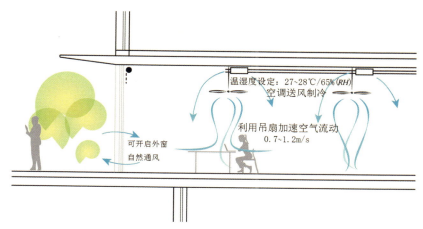

图 6-31　混合制冷系统图示

（6）可再生能源利用：建筑巨大的屋面在遮阳的同时，也为 1225 块太阳能光伏板提供了安装平台。太阳能光伏板每年可发电 500MWh，与建筑年能耗相当。因天气原因不能有效发电时，可使用电网供电。

（7）雨水收集与利用：与景观生态结合，室外的生物滞留盆地会接纳 1/3 的屋顶雨水径流，这种低维护与低成本的人工微自然系统可以有效吸收、过滤雨水径流。其余 2/3 径流会储存在 6 层的雨水回收箱中，可以满足建筑物 4 天的非饮用水需求（如洗涤与灌溉）。

（8）大楼的部分立面材料来自本地区快速生长的人工林，只需简单加工即可投入建设。成熟的预制工艺可缩短 35% 的施工时间并减少材料生产和运输过程中的能源消耗与环境污染。

6.1.6　德勤公司荷兰总部（Netherlands The Edge Deloitte Headquarters）（图 6-32）

1. 基本信息

建筑设计	PLP Architecture
项目地点	阿姆斯特丹（荷兰）
建成时间	2015 年
主要功能	办公
体量规模	地上 15 层，地下 2 层 4 万 m²
项目认证	BREEAM 杰出级

图 6-32　德勤公司荷兰总部建筑实景

2. 项目简介

项目位于阿姆斯特丹的泽伊达斯（Zuidas Area）商务区，是为德勤公司荷兰总部办公开发建造的（图6-32）。其功能以办公为主，底层还安排有咖啡馆、餐厅、展览空间和其他休闲空间等；地下2层用作机动车、自行车停车库及设备用房。当地为温带海洋性气候，冬季寒冷潮湿，平均气温4℃左右；夏季温暖多雨，平均气温18℃左右。设计团队优先考虑被动式策略，对当地气候和文脉作出回应，最终为使用者创造一个健康舒适的工作环境。设计过程使用数字工具进行迭代的前期建筑性能分析，包括空间热舒适性、外观、视觉舒适性、碳排计算等，为设计决策提供信息并促进与顾问机构的合作。德勤公司荷兰总部其耗电量比同类写字楼少70%，据估算，10年内可减少二氧化碳排放约4万t。

3. 建筑降碳设计

（1）建筑布局与形体控制：项目场地位于泽伊达斯商务区边缘，隔绿化带（生态走廊）与A10高速公路相邻。楼层平面呈"U"形，北侧围合一个15层高的中庭（图6-33、图6-34）。中庭既是大厦的社交核心，也被用作办公空间的气候缓冲区，并可以隔绝来自高速公路的噪声。从高速公路上看过来，玻璃中庭犹如一个巨大的橱窗，展示着建筑内部充满活力的景象。从中庭北望，可以远眺风景，视野开阔（图6-35）。

（2）围护结构：根据建筑不同的朝向和功能，围护结构的材料构造也不相同。东、西、南三个朝向外围护结构开窗小，窗墙比大约1：1，窗间实体部分设有可开启的通风面板。南向围护结构窗间位置铺设建筑一体化的光伏板（图6-36）。北向围护结构内为中庭空间，采用了透明低辐射玻璃幕墙，为中庭及相邻的办公区引入均匀的自然光。

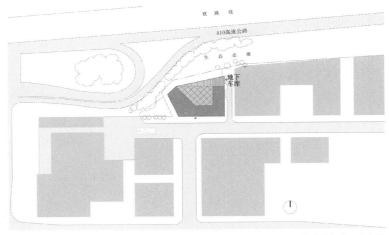

图6-33　德勤公司荷兰总部总平面布局

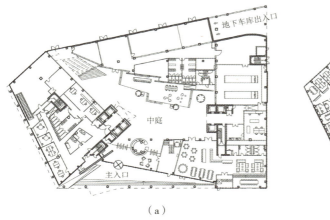
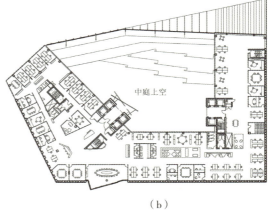

（a）

（b）

图 6-34　德勤公司荷兰总部主要楼层平面图示
（a）首层平面图；（b）十层平面图

图 6-35　中庭实景

图 6-36　南立面光伏板实景

（3）空调系统及排风：空调系统利用了地热能，采用地下水地源热泵系统提供冷热源，末端采用节能的冷梁系统；各层办公空间的排风汇集到中庭，通过中庭顶部进入屋顶机房，经热回收装置回收余热后排出。

（4）智能楼宇管理平台：大楼采用了"SmartStruxure"系统实现对关键楼宇数据的实时访问和监测，并用于分析和改进楼宇机电设备的运行状况。楼宇的实时能源消耗数据通过中庭的显示屏向工作人员和访客公开。

（5）"数字顶棚"：用以太网连接的 LED 灯具组成的照明系统为大楼打造的"数字顶棚"，集成了 3 万多个传感器不间断地监测空间使用状况，调节控制室内照度、温度、湿度和新风系统。该系统允许员工使用 Interact Office 智能手机应用程序对照明和温度进行个性化调节，可以为管理人员提供大楼运营和活动情况的实时数据，以便改进运营效率并降低大楼的二氧化碳排放量。

（6）可再生能源利用：①建筑的南立面和屋面合计设置了 1920m² 太阳能光伏板，还租用邻近建筑屋面，设置了 2280m² 太阳能光伏板，合计产能大于建筑能耗；②利用地热能作为空调系统的冷热源。

（7）雨水收集与利用：屋顶设储水箱收集雨水，用于冲洗卫生洁具，以及浇灌中庭绿色露台和建筑周边花园绿地的植物。

6.2.1　中建滨湖设计总部（图 6-37）

1. 基本信息

建筑设计	中国建筑西南勘察设计研究院有限公司	
项目地点	成都市（中国）	
建成时间	2021 年	
主要功能	办公	
体量规模	地上 6 层，地下 2~3 层 7.8 万 m²	
项目认证	中国绿色建筑三星级 近零能耗建筑 中美近零能耗合作示范项目	

图 6-37　中建滨湖设计总部建筑实景

2. 项目简介

　　项目位于成都市天府新区，南邻兴隆湖湿地公园。基地北高南低，高差 5m，四周均邻城市道路。作为中美近零能耗合作示范项目，中建滨湖设计总部确立了以探索夏热冬冷地区的低碳节能办公建筑设计为目标，结合工业化建造手段和新型围护材料研发，以及人性化办公环境营造，实现项目的综合最优。

设计团队改变了传统建筑设计的流程与机制，制定了建筑设计与节能课题研究、工业化技术研发、建材新产品开发、可再生能源应用等4个领域同步推进的新设计流程；以建筑师为主导，围绕设计需求开展多专业、多机构协作创新，包括联合院绿建中心、工业化中心、BIM中心、幕墙中心、智能化中心；同时积极整合外部高校、施工单位与材料厂家的技术资源，形成协同创新的工作机制。

3. 建筑降碳设计

（1）建筑布局与形体控制：建筑布局将规划要求和滨湖坡地的自然条件有机结合，竖向设计顺应南北地势，以双首层模式应对地形高差。建筑体量由模块化的空间单元堆叠构成，由南向北渐次升高，形成多个朝向湖面退台的屋顶花园（图6-38）。研究表明，成都地区气候条件不同于北方寒冷地区，体形系数不是该地区建筑控制能耗的关键因素，在大幅提升外墙热工性能的前提下，优化建筑自然通风、缩短空调使用时间对于节能更有意义。建筑通过堆叠的形体建立更多与外部光、热、风环境的双向交互的开放界面，成为一个呼吸的建筑生命体。此外，基于对使用需求和未来发展变化研究的模块化空间设计，也为预制装配式工业化建造创造了条件。

（2）自然采光与通风：提升建筑的气候适应性、促进建筑自然通风是本项目降低运行能耗的关键。

①设计团队根据成都地区建筑夏季空调制冷能耗远高于冬季供暖能耗的气候特点，研究建立了基于建筑自然通风与预冷通风的设计理论与方法，提

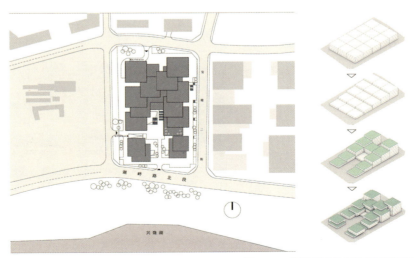

图6-38 中建滨湖设计总部总平面布局与体块生成

出了"通风季节"和"通风时段"两个通风概念及划分方法，推导出夏热冬冷区自然通风与预冷通风舒适区温度范围和舒适通风预冷潜力小时数计算公式等，用于优化设计。

②基地处于湖泊和陆地纵深之间，剖面设计比较通透，近地面楼层结合公共空间预设了风道空间，从而在加强建筑自然通风的同时，也促进了湖面的冷岛效应向内陆方向输送。建筑核心的共享中庭设置了天窗以引入自然天光，塑造光线、视线、动线交互的戏剧化场景，风雨感应的天窗可开启以促进自然通风。平面布置多个天井庭院，甚至将庭院下沉到地下车库和地下二层的餐厅，从而创造了很多室内空间与自然气候直接交互的界面，有效促进了建筑自然通风与采光（图6-39~图6-41）。建筑平面、剖面整体协同设计，增强了自然通风效能，有效缩短了夏季空调的运行时长。

图 6-39　中建滨湖设计总部首层平面图

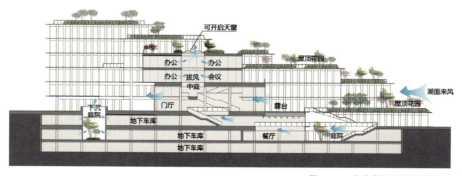

图 6-40　中建滨湖设计总部剖面图

图 6-41　中庭天窗与下沉庭院实景

　　（3）围护结构与建筑遮阳：围护结构和建筑遮阳被设计整合为双层复合表皮系统。系统内层为通透的高性能双中空隔热三银玻璃幕墙，设有单元化的可开启通风窗，外层则由连续的水平遮阳挑板和垂直绿化遮阳构成。整合的表皮系统和形体设计匹配度高，整体统一（图 6-42）。

　　（4）多功能屋面：朝向湖面退台的屋面总面积达 8000m²，作为多功能集成平台，内容包括生态花园、天空农场、运动设施，以及安装太阳能光伏板、屋面光导管等设备的技术平台。屋顶花园和外墙面垂直绿化的植被不仅具备观赏、隔热、遮阳功能，而且其被动蒸发冷却效应也有助于营造宜人的微气候。植物的光合作用能发挥积极的固碳功能，据计算每年可以固碳 15t（图 6-43）。

图 6-42　表皮系统实景与图示

图 6-43　多功能屋面实景

（5）低碳健康行为引导：设计倡导健康工作理念，鼓励步行和运动，使楼层间交通减少对电梯的依赖。围绕中庭组织了一个开放的步行系统，景观楼梯和空中连廊形成连续的公共路径，覆盖了 6 个主要功能楼层约 80% 的办公区域，串联起员工餐厅、咖啡吧、报告厅、展厅等共享公共空间节点。室内步行系统在提升交通效率的同时，更建立起人与空间、人与人的积极关系。

（6）空调系统：①主要办公区域采用分区运行的高显热 VRV 空调模块机组加直膨式新风机，公共区域、餐厅、报告厅及对外展示区采用预冷型溶液除湿全空气系统。全楼拆分为数十个冷热源单元，适应使用部门相对独立、加班多、时间分散的组织特点。分单元计量的方式使能耗费用与部门成本挂钩，引导员工的行为节能。②空调系统采用温湿度独立控制设计理念，解除热湿"耦合"处理，在提升室内舒适度的同时，由于蒸发温度的提高，可大幅提升制冷效率。③办公区域空调设计理念由"全室空调"向"个人环境调控"发展，探索性地应用了个人调节单元——桌面工位送风，具有较高的通风效率且实现使用者的自主调节，提升背景空调温度，带来节能潜力。④空调系统运行管理均采用自动控制，包括主要设备的启停机、负荷调节及工况转换、设备自动保护、故障诊断及能量计量等。空调自控系统和计量系统作为控制子系统纳入楼宇控制系统。

（7）办公区域均为开敞式大空间，采用网络架空地板，顶棚管线裸顶外露，水电末端设计标准化、模数化、适应性强，方便工位未来的变化调整。办公工位照明采用了智能控制技术，可以根据使用工况自动调节照明效果，实现节能运行和健康照明。

（8）可再生能源利用：①良好的通风设计在夏季可以充分利用"空气能"实现日间降温和夜间蓄冷，是因地制宜、行之有效的可再生能源利用策略。建成后的实测数据表明，建筑具有优越的自然通风效能，可有效缩短夏季空调制冷时间约 1 个月，从而大幅减少建筑能耗。②顶层屋面平台设置了约 1000m² 太阳能单晶硅光伏板，为公共区域照明提供能源，电力也可储存到地下室的蓄电柜中，为电动车充电。整套直流电力系统作为太阳能"光储直柔"技术的研究测试样板，为后续其他项目积累工程经验。

6.2.2 华汇科研设计中心（图 6-44）

1. 基本信息

建筑设计	华汇建设集团有限公司
项目地点	绍兴市（中国）
建成时间	2017 年
主要功能	办公
体量规模	地上 23 层，地下 2 层 4 万 m²
项目认证	中国绿色建筑三星级

图 6-44 华汇科研设计中心建筑实景

2. 项目简介

华汇科研设计中心项目位于绍兴市解放大道与梅山路交汇处西南角，东临梅山江。绍兴属夏热冬冷地区，建筑必须充分满足夏季防热并兼顾冬季保温要求。设计从被动式策略出发，研究规划布局和建筑形态，采用具有气候适应性的围护结构。同时，从设备和系统、可再生能源利用及节水技术三个方面采取措施，实现建筑的低能耗和低碳化。项目运用 BIM 技术管控设计、建造和运营的各个环节，对生命周期的总成本、能源消耗、环境影响等进行分析、预测和控制。2018 年大楼能耗监测系统统计表明，当年大楼总能耗为 2 091 518kWh，单位面积能耗 59.8kWh/（m²·a），远低于同气候区同类建筑的能耗水平。

3. 建筑降碳设计

（1）建筑布局与形体控制：项目的裙房沿解放大道展开布置，充分借用东面梅山江的滨河景观资源。主楼偏北布置，有利于减少对西侧居住小区的

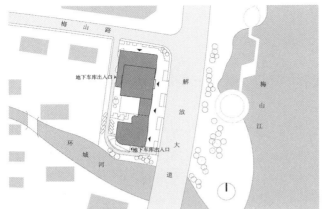
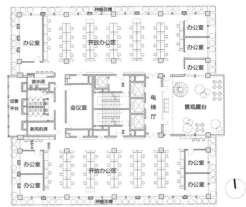

图 6-45　华汇科研设计中心总平面布局与标准层平面图

日照影响。标准层接近正方形，形体规整，体形系数良好，南北朝向布置建筑主要工作区，以避开冬季的主导风向，减少冷风渗透。基地中部设计开放的城市空间，结合水景、绿化，自然形成大楼的礼仪入口，并为人车分流提供足够的缓冲空间（图 6-45、图 6-46）。

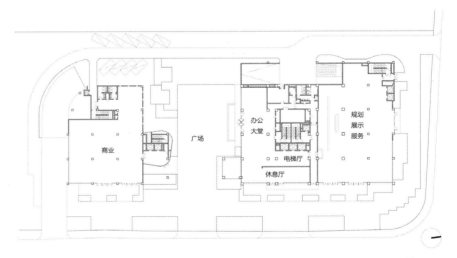

图 6-46　华汇科研设计中心首层平面图

（2）导光遮阳通风复合被动式窗墙系统：大楼在围护结构上运用了被动式窗墙系统这一专利技术，不仅整合解决了办公区自然采光、通风、遮阳等问题，且水平花槽还可降温增湿，美化环境（图 6-47）。

（3）光导管系统：为充分利用自然采光，降低照明能耗，大楼在员工餐厅和地下室设置了多套光导管系统，晴天可全部依靠光导管照明，每年可节电 2465kWh。

图 6-47　被动式窗墙系统图示与实景

（4）空调采用水源热泵空调系统＋水蓄能设计：大楼利用梅山江优质水源作为冷、热源，与水源螺杆机组进行高效的冷热交换，末端采用干式风机盘管及数字化除湿新风机组，实现温湿度独立控制。水蓄能装置利用消防水池扩容改建而成，在夜间低谷电价时段主机运行蓄能，白天向室内系统提供恒温、变流量的冷（热）媒水，解决传统水系统在室内低负荷状态下的输送能耗问题。此外，大楼设置传感器对室内二氧化碳浓度进行检测，并与新风系统联动，按空气品质实现全新风模式或混风模式运行。

（5）大楼能耗监测管理系统：能耗监测管理系统采集建筑内部各个用能系统的能耗和运行信息，形成能耗的分类、分项、分区域统计分析，实现能源管理数据的"可视化"。该系统对照明、风机、水泵、空调等设备的运行状态进行监控并实现自动化控制，从而充分挖掘设备运行的节能潜力。

（6）可再生能源利用：①大楼太阳能光伏系统采用建筑一体化设计，以自发自用为主。主楼屋顶和中庭顶部安装面积约 $1190m^2$，裙楼城市客厅顶安装了薄膜式发电板，光伏系统所发电量占建筑全年用电量约 6%。裙房和主楼均设有光热系统集热器，面积约为 $140m^2$，为健身房浴室和员工餐厅提供热水。②采用地表水源热泵技术，空调年用冷（热）量的 75% 取自梅山江水。

（7）节水措施及雨水收集与利用：大楼的生活用水、食堂用水和绿化灌溉，皆使用一级用水效率等级的节水器具。在地块西南侧设置了模块化蓄水池，收集处理屋面及场地道路的雨水，用于景观水池补水、绿化浇洒、垂直绿化微灌等。年非传统水源用量为 904t，利用率约 7.38%。

（8）景观绿化：项目用地紧凑，地面绿地率仅为 10%。通过屋顶花园、屋顶农场、垂直绿化等做法，选用适宜本土气候的植物，增加了约 $4500m^2$ 绿化，既美化了环境，又改善了建筑微气候，还可以固碳。

6.2.3　启迪设计大厦（图 6-48）

1. 基本信息

建筑设计	启迪设计集团股份有限公司
项目地点	苏州市（中国）
建成时间	2023 年
主要功能	办公
体量规模	地上 23 层，地下 3 层 7.8 万 m²
项目认证	中国绿色建筑三星级 LEED 金级

图 6-48　启迪设计大厦建筑实景

2. 项目简介

项目位于苏州工业园金鸡湖东岸的 CBD 核心区域，是启迪设计集团的总部大楼。其地下功能为办公配套用房、车库和设备用房，地上为商业裙楼和科研办公塔楼。项目的总体目标是建成绿色三星、健康三星和 LEED 金级的绿色低碳高品质大厦。项目建筑设计将功能组织、空间组合及建筑造型与自然通风采光、建筑遮阳、景观绿化、太阳能利用等绿色低碳设计策略有机整合，并借助软件模拟进行优化设计。同时，基于大楼使用特点的分析研究，选用了高效的设备与系统和智慧化运维平台。此外，设计过程采用 BIM 正向设计，实现各专业实时互动的三维可视化设计协同，同时也为智慧化建造和运维提供了重要支持。目前大楼已获得中国绿色建筑三星级和 LEED 金级认证。

3. 建筑降碳设计

（1）建筑布局与形体控制：基地东、南两边临城市道路，北侧为中央河景观带，西侧邻地为银行高层办公楼。建筑体量由高层塔楼＋裙房组成，塔楼布置在基地北侧，一方面可以远眺到周边更多的景致，另一方面可以使布置在塔楼西、南两侧的裙房屋面花园、运动场地不受塔楼日照阴影的影响。塔楼标准层基本形为正方形，结构规整，体形系数良好，并通过楼层外挑规律的变化，形成单元体块竖向堆叠错动的造型。大厦的交通核居中布置，南北朝向为主要的工作区，东西朝向则布置辅助与服务功能。结合造型特点，塔楼西北角每4层设计了一个3层通高的边庭——"垂直院落"，作为办公区的共享交流空间，可以俯瞰中央河和远眺东方之门；塔楼外围每4层设计一个"空中环廊"，为高层办公创造了休憩、观景和亲近自然的空间。裙房平面进深较大，在居中位置植入庭院空间并下沉至地下一层，以引入自然采光，并利于组织自然通风（图6-49）。

（2）自然采光与通风：中心景观庭院的植入减小了裙房进深并引入自然光，同时使地下一层的餐厅、健身房、多功能厅前厅等主要办公配套用房获得自然采光。结合场地风环境模拟分析，裙房东、西两侧在首层架空形成风道，与中心庭院连通，以促进自然通风（图6-50、图6-51）。幕墙分格及构

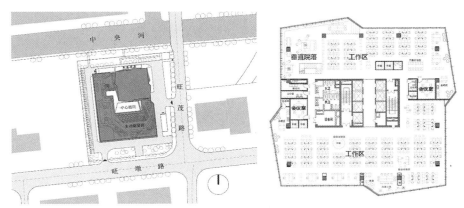

图 6-49　启迪设计大厦总平面布局与标准层平面图

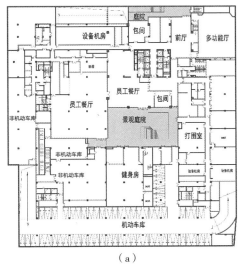

（a）

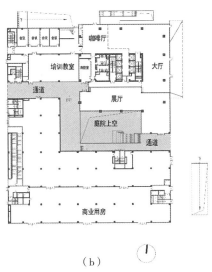

（b）

图 6-50　启迪设计大厦主要楼层平面图示
（a）地下一层平面图；（b）首层平面图

造设计设置了通风器（图6-52），使过渡季节大楼室内自然通风良好区域面积比例超过90%。此外，裙房屋面结合景观设计了光导管，为三层的内走廊和柱跨中心等采光不利位置引入自然光。

（3）建筑遮阳：塔楼竖向单元体块的外立面扭转和每4层的内凹环廊都结合造型特点形成了自遮阳（图6-53）。立面结合铝板幕墙设置了竖向遮阳板，有效遮挡东西向太阳辐照。塔楼屋面设置羽毛球场和跑道，场地上空加设结构梁架，梁架间铺设光伏板，对屋面起到良好的遮阳作用（图6-54）。

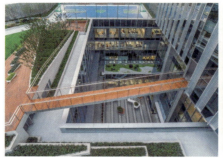

图 6-51　中心庭院实景

图 6-52　幕墙通风器实景

图 6-53　空中环廊实景

图 6-54　塔楼屋面运动场实景

（4）多功能屋面：除了设备平台，裙房屋面还集成了多种功能，包括多功能草坪、生态农场、运动设施和安静的园林空间。屋面植被不仅具备观赏、隔热、遮阳功能，而且其被动蒸发冷却效应也有助于营造宜人的微气候（图 6-55）。塔楼屋面以运动功能为主，设置羽毛球场、云端跑道和攀岩等健身设施。

图 6-55　多功能屋面实景

（5）空调与设备系统：设计团队通过研究大楼的使用特点优化系统设计，选用高效节能的设备，实行智能控制。大楼采用智慧设备与能源管理平台，一方面管理建筑能耗，不断优化能源使用方案；另一方面管控设备设施，降低维保费用，延长主要设备设施使用寿命。

（6）智能控制的照明设计：照明设计采用分区、分回路、定时等智能控制，照明和自然采光、电动遮阳设施联动，采用节能灯具和绿色光源。

（7）可再生能源利用：塔楼屋面运动场上空加设结构梁架，梁架间铺设光伏板，既利用了太阳能又减少屋面太阳辐照。裙房屋面设有太阳能集热板，制备热水用于员工厨房和健身房。

（8）非传统水源利用：收集屋面与洁净硬质路面雨水，采用自动运行的生态滤池处理后，用于水景补水、绿化浇灌和冲洗杂用。

（9）设计建造大量采用预制装配技术，装配率为 40.5%。

6.2.4　深圳中海总部大厦（图 6-56）

1. 基本信息

建筑设计	香港华艺设计顾问（深圳）有限公司
项目地点	深圳市（中国）
建成时间	2023 年
主要功能	主楼办公，裙房商业、会议等
体量规模	地上 21 层，地下 5 层 6.1 万 m²
项目认证	中国绿色建筑三星级 近零能耗建筑 LEED 铂金级

图 6-56　深圳中海总部大厦建筑实景

2. 项目简介

基地东侧为中心河，南侧为城市绿地，西侧为超高层建筑，北侧为公园。大厦功能分布以第六层架空层为界，六层以下为办公大堂、商业、会议展厅等公共功能；七至二十一层为办公楼层（图 6-56）。深圳市位于夏热冬暖气候区，故空调制冷为运行阶段最主要的能耗。大厦设计优先考虑采用被动式策略，从规划布局、自然通风、自然采光及围护结构等方面，最大限度地降低建筑用能需求。大厦综合节能率达到 61%，可再生能源利用率达到 12.3%，满足近零能耗建筑标准要求。建筑运行阶段可通过绿电和碳交易中和剩余阶段碳排放，实现零碳目标。

3. 建筑降碳设计

（1）建筑布局与形体控制：项目处于高强度开发的商务区，用地方正狭小。建筑形体顺应地形由正方形的标准层竖向堆叠形成，底层大面积架空，向城市释放公共空间。竖向交通可接驳地下公共交通和二层城市慢行系统。标准层采用交通核＋通风天井中置的布局，主要办公空间环绕四周，以便获得自然采光和对外的视野。标准层还设置了南北贯穿式的边庭阳台，从而有助于形成自然对流通风（图 6-57）。

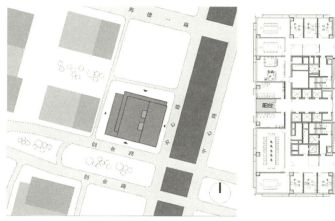

图 6-57 深圳中海总部大厦总平面布局与标准层平面图

（2）围护结构：节能幕墙及外遮阳系统的应用，使大厦每年能够减少 40% 的太阳辐射量（图 6-58）。

（3）自然通风：采用通风竖井的做法是大厦自然通风最重要的组成部分。通常情况下，腔体贯通造成防火设计困难，故在高层办公建筑设计中鲜少出现。项目设计采用 C 类防火玻璃与水幕喷淋技术，克服了潜在的消防问题，使得通风竖井得以应用。方案设计阶段即对自然通风展开专项研究，运用 CFD 软件 Phoenics 进行仿真模拟，分析建筑形体、通风竖井、开窗细部等多个设计要素对自然通风的影响，以优化建筑自然通风效果。大厦全年可实现 2300h 的自然通风，减少碳排放约 180t（图 6-59）。

（4）空调系统：项目建筑设计通过能量分级输送、高效设备、系统优化、精密控制等策略，使大厦全年平均能效比由平均水平 3.5 提升到 6.4 的行业顶级水平。制冷机房根据实际负荷与工况情况，提供 2 套制冷系统：①中温系统，供 / 回水温度

图 6-58 幕墙水平遮阳板实景

图 6-59 深圳中海总部大厦剖面图

19/16℃，为冷梁、地下室数据机房及电房供冷；②低温系统，供／回水温度13/6℃，为风机盘管、空气处理机组供冷。机房始终运行于高效区间，大幅度提升运行能效。办公空间空调末端采用主动式冷梁，温湿度独立控制，实现系统节能约20%。此外，项目还利用数据机房余热回收、新风全热回收等技术，进一步提升系统能效。

（5）可再生能源利用：结合项目实际，大厦利用屋面空间设置了约500m² 的光伏组件，年发电量约为 12.5 万 kWh，用于地下室照明和 LED 显示屏。

（6）多层次立体绿化：尽管项目用地狭小，所处区域开发强度很高，建筑设计仍利用架空层、出挑露台和屋面增加室外绿化空间，实现多层次立体绿化，给使用者创造更多亲近自然的机会。

（7）工业装配化建造：工业装配化建造是大厦零碳策略的重要部分，其幕墙标准化设计单元板块占比 72%，100% 实现装配式安装；室内装修除大堂等特殊功能空间外，约 60% 的公区实现装配式装修交付，涵盖主要的机电设备及装修材料。

6.2.5 广州珠江城大厦（图 6-60）

1. 基本信息

建筑设计	SOM 建筑设计事务所、广州建筑属下市设计院集团
项目地点	广州市（中国）
建成时间	2013 年
主要功能	超高层办公
体量规模	地上 71 层，地下 5 层 21.03 万 m²
项目认证	LEED 铂金级

图 6-60 广州珠江城大厦建筑实景

2. 项目简介

珠江城大厦位于广州中央商务区，定位为超甲级写字楼，是世界上最节能的超高层建筑之一。2017 年度经实测，珠江城大厦单位建筑面积能耗为

58.27kWh/（m²·a），与同期广州写字楼平均能耗相比降低了 45%。2023 年该大厦荣获世界高层建筑与都市人居学会（Council on Tall Building and Urban Habit，CTBUH）全球奖十年奖，表彰其建成运营所展现的突出价值。

3. 建筑降碳设计

（1）建筑布局与形体控制：310m 高的塔楼从选址布局到建筑形体等多方面考虑对风能、太阳能的充分利用。大厦的独特的曲线型外观是在考虑了广州本地的气候和复杂严谨的风能系统的基础上形成的。塔楼南偏东 12.6° 的朝向和形体完全契合广州本地四季的主要风向，且在建筑 100m 和 200m 高度共设计了 4 个风洞，用于安装风力涡轮系统来捕获风能发电。风能被很好地引导和利用，大大降低超高层结构的风荷载和玻璃幕墙承受的风压。同时，大厦的朝向也与基地东侧城市绿带建立了更好的对话关系，使更多的办公室能获得较好的景观视野，并减少午后西晒。交通核的位置采用超高层建筑最常用的居中布置方式，办公空间环绕四周，办公进深控制可以充分利用自然采光（图 6-61、图 6-62）。

（2）围护结构：大厦围护结构为智能型内置遮阳百叶的内呼吸双层玻璃幕墙（图 6-63），由多层材料系统组成，包括玻璃围闭系统、可调节遮阳系统、光控系统、温度调节阀、外区湿度调节系统等，是机电、建筑、环境设计、管理一体化等多专业交叉的设计产物。内呼吸系统的功能需与旁置的干式风机盘管配合才能形成：夏季，内层玻璃内表面的温度超过设定值，风机盘管的电动风阀开启，在双层幕墙间形成冷幕；冬季，外层玻璃内表面温度高于室内时，风机盘管的电动风阀开启，幕墙间的热空气被引入，可以降低供暖能耗。此外，大厦东、西两侧幕墙外侧还设置有密集的遮阳百叶，以降低太阳辐射得热。

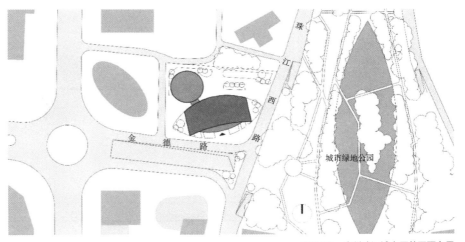

图 6-61　广州珠江城大厦总平面布局

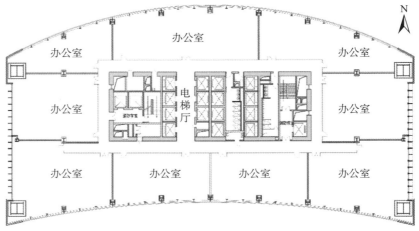

图 6-62　广州珠江城大厦标准层平面图

（3）空调系统：①考虑到广州夏季炎热潮湿的特点，大厦采用温湿度独立控制的系统，办公空间内区采用吊顶冷辐射板，周边外区采用干式风机盘管系统，架空地板下布置 VAV 新风送风系统（图 6-63）。②冷辐射板和风机盘管承担室内显热负荷，风机盘管还可以降低顶棚结露的风险，强化冷辐射板的对流换热。③新风系统承担房间潜热负荷和调控湿度，可根据人流密度变化而改变送风量，确保新风供应量合理、准确，节能效果明显。系统非接触式全热回收装置避免了空气的交叉污染，提高热回收量，减小了空调负荷。④系统还解决了低负荷过渡季节的节能运行，冷热源系统、冷水输送系统等方面也结合项目特点进行了技术优化组合，并获得比较理想的节能效果。

（4）照明系统：金属冷辐射板和 LED 照明系统被集成为整体吊顶，照明系统可以根据自然光状况自动调节照度。

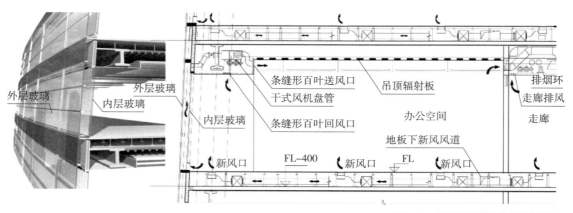

图 6-63　内呼吸双层幕墙与通风空调图示

（5）可再生能源利用：①大厦对风能的利用，是将超高层建筑形体、结构特点与可再生能源利用高度整合的典范。与水平轴的风力发电机相比，垂直轴发电机受风向影响小，发电效率高，结构安全性高（图6-64）。②大厦屋顶和三十一层以上外遮阳百叶外缘设置了光伏发电板，从而实现光伏发电建筑一体化。

图 6-64　风力发电机组实景

6.2.6　海南生态智慧新城数字市政厅（图 6-65）

1. 基本信息

建筑设计	清华大学建筑设计研究院素朴建筑工作室 北京清华同衡规划设计研究院有限公司
项目地点	澄迈县（中国）
建成时间	2022 年
主要功能	展览、公共服务、文创办公
体量规模	地上 4 层 1.1 万 m²
项目认证	—

图 6-65　海南生态智慧新城数字市政厅建筑实景

2. 项目简介

　　数字市政厅位于海南省直辖县澄迈县的海南生态智慧新城的门户位置。作为新城的城市公共服务项目，其使用功能包括首层的展厅、公共服务和二层以上的文创办公区。新城建设发展相对成熟后，数字市政厅的功能将转变为现代艺术馆。海南省在中国建筑热工设计分区中属于夏热冬暖地区（4B），建筑应满足隔热要求，强调自然通风和遮阳设计。设计团队秉持基于整体思维的可持续设计理念，从亚热带地区气候策略出发，引入自然景观台地，以及一系列高低贯通的庭院—冷巷体系和半室外中庭，与不同功能空间体块相互嵌合设计，以减少对空调、人工照明等设施设备的使用和依赖，营造适应当地气候特点、多样开放的立体园林院落式公共空间。项目在设计阶段采用了最新的建筑环境模拟软件，辅助和优化设计决策。

3. 建筑降碳设计

（1）建筑布局与形体控制：基地西、南两侧为城市干道，东、北两侧为园区内部道路。按照新城总体规划对本地块确定的"自然向外"的原则，基地西、南两侧被设计为景观绿地，建筑出入口设在东、北两侧，通向内部道路。建筑首层、二层为展厅和公共服务等功能的大进深空间，设计通过植入一系列庭院冷巷，增加建筑形体对外的界面和空间的通透性，为利用自然通风和自然采光创造条件。西、南两侧的景观绿地被设计为台地公园的形态，既丰富了景观层次，增加游玩乐趣，又使展厅等成为覆埋空间，利用覆土的热稳定性降低空调设备的使用强度。台地公园与城市道路衔接并对城市开放，可以沿景观步道抵达建筑三层。三、四层平面内收形成进深适宜的办公空间，外侧设计有悬挑的狭长平台庭院，为办公空间提供遮阳。建筑东南角二层以上设计了有顶覆盖遮阳的半室外通高中庭，顶部设有采光与通风系统，为相邻的室内空间提供了良好的气候缓冲过渡。中庭东、南两面对自然和公众开放，供市民休憩游玩和灵活举办各种活动（图 6-66～图 6-68）。

（2）自然采光与通风：精心设计的庭院—巷道体系保证了建筑的自然采光和自然通风，各个庭院均是自然通风的路径和自然采光的节点（图 6-69）。

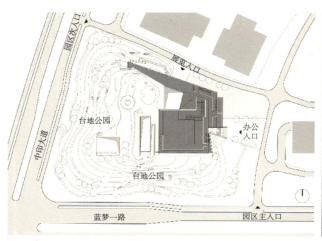

图 6-66　数字市政厅总平面布局与实景鸟瞰

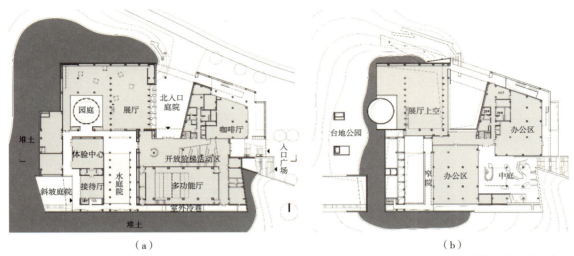

（a）

（b）

图 6-67 数字市政厅平面图（一）
（a）首层平面图；（b）二层平面图

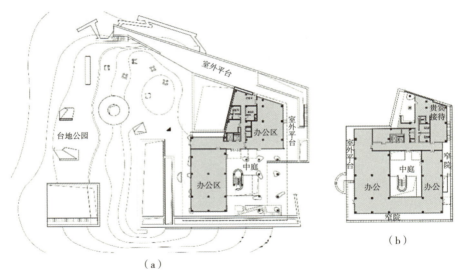

（a）

（b）

图 6-68 数字市政厅平面图（二）
（a）三层平面图；（b）四层平面图

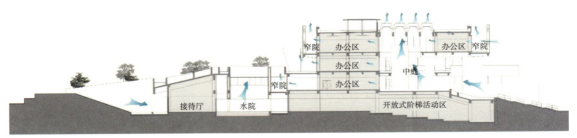

图 6-69 数字市政厅剖面图

数字市政厅的主要庭院为北入口绿墙庭院、圆形中心庭院、狭长的水庭院和斜坡绿植庭院（图 6-70）；巷道包括多功能厅外狭长的冷巷，以及各层办公区外的庭院和遮阳系统构成的窄院（图 6-71）。此外，各个覆土区域还使用天光系统引入自然采光。

图 6-70　庭院体系实景

图 6-71　窄院与冷巷实景

（3）围护结构与建筑遮阳：建筑遮阳系统与自然采光和自然通风一起被设计团队作为重要的气候调节手段。核心的半室外通高中庭（图 6-72）、建筑的庭院—巷道体系、错落的平台共同构成了建筑自遮阳。办公空间外窄小的空中花园，利用陶板砌块砌筑成花砖墙体，达到遮阳和通风的效果，且不遮挡向外观看的视野。此外，景观覆土植被和顶层屋面上连续的钢构凉廊也是建筑遮阳系统重要的组成部分。由于建筑遮阳和自然通风采光设计已经为室内空间创造了大量适应地方气候特点的半室外过渡空间，且形成了优良的气候缓冲层，故建筑的围护结构仅采用常规的材料和构造做法。

（4）空调系统：建筑设计没有局限于空调设备系统本身的高效节能，而是在技术策略层面采用空调区域与非空调区域结合的做法。①控制使用空调

图 6-72 中庭实景

的空间范围，办公和展示区域利用空调设备实现高舒适度，而建筑半室外区域则设计为非空调区域，并回应当地气候特点，以及对公众开放的使用性质，充分利用建筑形体自遮阳和自然通风，满足气候适宜性。②非空调区域和覆土层等形成生物气候缓冲层，并作为过渡空间，为空调区域提供良好的气候边界界面，从而降低空调设备的使用强度，有利于节能降碳。

（5）绿化设计：与建筑一体化设计的景观大量采用了场地平整过程挖出的火山岩石和乡土植物。景观水体与繁茂的植被既能美化环境，又可调节微气候，在节能降碳和固碳方面发挥了积极作用。

（6）可再生能源利用：顶层屋面安装了太阳能集热系统，用于提供生活热水。

6.2.7　陕西省科技资源中心（一期）（图 6-73）

1. 基本信息

建筑设计	中联西北工程设计研究院有限公司	
项目地点	西安市（中国）	
建成时间	2012 年	
主要功能	科研办公、公共服务	
体量规模	地上 9 层，地下 1 层 4.5 万 m²	
项目认证	中国绿色建筑三星级 LEED 金级	图 6-73　陕西省科技资源中心（一期）建筑实景

2. 项目简介

陕西省科技资源中心位于西安市高新技术产业开发区，共分两期建设。一期建筑主要由两栋 5 层对外服务楼、一栋 9 层研发楼、兼具展示功能的中庭，及地下车库组成。项目的设计目标为：①建设成为具有真正意义的超低能耗节能建筑，与自然和谐共生；②期望对于西北地区的生态节能建筑发展起到引领和科技示范作用；③获得中国三星级绿色建筑标识和美国 LEED 金级标准双认证。

西安年最高气温 40℃左右，年最低温度零下 8℃左右，雨量适中，四季分明，在中国建筑热工设计分区中属于寒冷地区。项目建筑设计必须满足冬季保温和夏季防热的要求，其中建筑室内供暖空调能耗最高，约占全年总能耗的 70%。

针对设计目标，结合该地区的气候特征和建筑能耗特点，设计团队制定了设计策略：以建筑的体形、构造、遮阳措施强化气候环境适应性，利用土壤源热泵作为供暖和制冷的主要能耗来源，并辅助其他节能技术，如节材、节电、节水、太阳能利用等，减少建筑对环境的负荷，实现超低能耗目标。项目建成使用一年后经实测，其节能率达到了 68.4%。随着后续运营管理水平的提升，其节能效率将会更加出色。

3. 建筑降碳设计

（1）建筑布局与形体控制：基地地形方正、地势平坦，建筑采用南北方向布置，在力求自然采光与通风最大化的同时，简化形体，控制体形系数（建筑体形系数为 0.19），降低围护结构的表面积，为建筑节能提供有利条件。通过计算机模拟技术，对建筑的采光和视野进行了二次优化设计，使项目的自然采光满足率达到 76.87%，视野满足率达到 96%。设计将景观广场、建筑内庭绿化、屋顶花园、下沉式花园等生态绿化相结合，既提高了建筑整体环境品质，又为室内外空间环境营造了良好的场地微气候（图 6-74）。

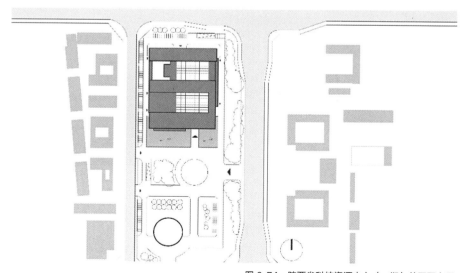

图 6-74　陕西省科技资源中心（一期）总平面布局

（2）围护结构：①提高围护结构的保温隔热性能，控制外墙、屋面、外门窗的传热系数，减少建筑对于空调等设备的依赖。②玻璃幕墙采用被动外循环式呼吸幕墙体系，外层为单层玻璃结构，内层由中空玻璃与断热型材组成，双层幕墙间形成的通风换气层两端装有进风和排风装置，并设置百叶等遮阳装置（图 6-75）。该幕墙体系的综合传热系数仅为 1.0W/（m² · K），远低于国标的设计要求，相比传统玻璃幕墙节约能源 40%~60%，隔声性能可达 55dB。③建筑外墙饰面采用天然陶土为原料制成的通风雨幕外墙系统，陶土一次污染小，全寿命周期长，可以回收利用。陶土板具有空腔结构，安装时其背面也有一定的空气层，不仅可以有效降低传热系数，起到良好的保温隔声效果，而且还可以避免产生冷凝水，使建筑外墙保持干燥，对结构墙体起到保护作用（图 6-76）。

（3）建筑遮阳：项目综合运用了多种形式的遮阳系统。①南立面日照受高度角影响较大，采用水平金属机翼遮阳板，可根据太阳高度自动调节百叶的角度。东、西立面以实墙面来减少太阳辐射强度，开窗位置设置固定遮阳。②中庭顶部设置了电动遮阳膜系统，可以根据太阳辐射的强弱，以及温度的改变自动进行图案变化，防止因温室效应而造成温度过高。图案变化组合是通过大量的计算机模拟，得出遮阳膜开启面积与室内温度的耦合关系。该系统为国内领先的创新设计，其开启方式与控制已经获得两项国家专利认证（图 6-77、图 6-78）。

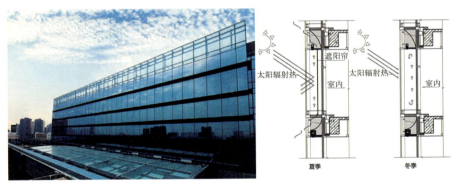

图 6-75 外循环式呼吸幕墙实景与图示

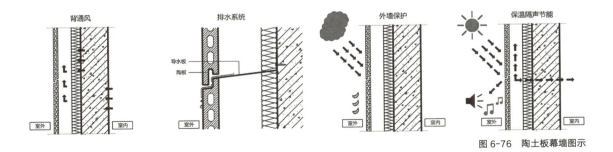

图 6-76 陶土板幕墙图示

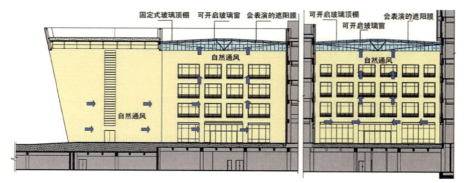

固定式玻璃顶棚　可开启玻璃窗　会表演的遮阳膜　可开启玻璃顶棚　会表演的遮阳膜
可开启玻璃窗

自然通风　　　　　　　　　自然通风

自然通风

图 6-77　陕西省科技资源中心（一期）南、北中庭剖面图示

图 6-78　中庭遮阳实景

（4）空调系统：大楼根据地域和气候特点采用了"土壤源热泵＋高温水制冷系统"，节能效率达到 50％ 以上。西安地区夏季累计负荷大于冬季负荷，为保证地下换热器的热平衡，建筑设计选用了土壤源热泵复合式系统。冬季土壤源热泵机组承担全部供暖负荷，夏季除土壤源热泵机组外，还另加 1 台常规冷水机组共同承担负荷。同时，根据该地区地下土壤温度常年保持 14℃ 的特点，以及土壤源热泵系统从地下完成能量交换后冷媒温度略大于 14℃ 的工况条件，空调末端选用了"高温水制冷"的吊顶式诱导冷梁技术（图 6-79）。土壤源端的转换水直接进入诱导冷梁工作，有效地解决了通常在过渡季节里压缩机仍需工作耗能的做法，从而大幅降低了能耗。

图 6-79　吊顶式冷梁实景

（5）建筑智能管理系统：项目采用了建筑设备智能控制系统、智能照明系统、一卡通系统等，以最大限度地整合、提高各节能技术的工作效率，进而有效地节省建筑运行费用与降低资源消耗。

（6）太阳能的利用：建筑屋面分别安装了 $400m^2$ 的多晶硅太阳能光电板和 $300m^2$ 的太阳能联箱式集热器，实现了整个建筑的生活热水供应及部分公共照明的自给自足。

（7）雨污水回用系统：项目设计了雨污水回用系统，以雨水作为景观补水的重要来源，实现雨水、中水、景观水的优化回用，使非传统水源率达到 40% 以上。

6.2.8　清华大学环境能源楼（图 6-80）

1. 基本信息

建筑设计	Mario Cucinella Architects
项目地点	北京市（中国）
建成时间	2007 年
主要功能	科研办公、教学培训
体量规模	地上 10 层，地下 2 层 2 万 m^2
项目认证	中意双边清洁发展机制 CDM 项目基地

图 6-80　清华大学环境能源楼建筑实景

2. 项目简介

清华大学环境能源楼集办公、科研、教学和技术展示为一体，采用高效先进的环保和节能技术设计建造。大楼作为中意两国在环境和能源领域发展长期合作的平台，也为中国在建筑物降碳潜能方面建立了示范。

北京市在中国建筑热工设计分区中属于寒冷地区，最热月平均气温 27.1℃，最冷月平均气温零下 2.9℃，累年最低日平均温度零下 11.8℃，建筑设计必须满足冬季保温和夏季防热的要求。基于项目目标和气候条件，设计遵循被动式策略优先的 6 项原则：①紧凑的体形；②最大限度地减少建筑热损失；③冬季最大限度地利用太阳能；④外露立面采取必要的遮阳；⑤太阳能光电板（PV 板）结合建筑造型一体化设计；⑥促进自然通风。大楼于 2007 建成投入使用，每年可减少 CO_2 排放 1220t，碳排量远低于国内同类公共建筑。

3. 建筑降碳设计

（1）建筑布局与形体控制：基地位于清华大学东校区，被周边高层建筑（10~11 层）所包围。建筑设计从一开始就采用日照遮阳模拟、能耗预测分析和通风模拟组织等软件来研究确定建筑体形。经过综合比较，设计采用了 U 形平面，北侧围合，南向敞开环抱中心花园，东、西两翼呈阶梯状由北向南对称跌落，楼层退台能够接收到最大限度的日照并创造多个屋面花园的空间。平面布局还将管道间、卫生间等辅助空间和实验室布置在朝北一侧。基地西北侧种植常绿高大乔木，以减小冬季西北风对建筑的不利影响（图 6-81）。

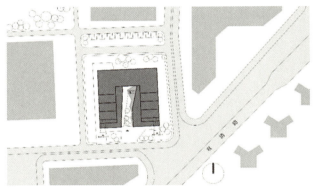

图 6-81　清华大学环境能源楼总平面布局

（2）自然采光与通风：办公空间进深的控制使其可以利用自然采光和过渡季节的自然通风；地下室四周设置了连通的窗井以改善其通风采光，下沉的中心花园为地下一层空间引入自然采光和景观；中心花园空间北部的建筑体量架空 3 层，有利于夏季通风，促进基地南北空间视线和交通的联系，提升了花园的开放性与共享性（图 6-82、图 6-83）。

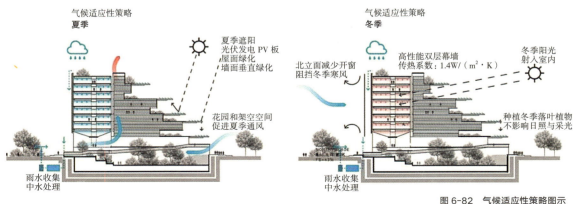

图 6-82　气候适应性策略图示

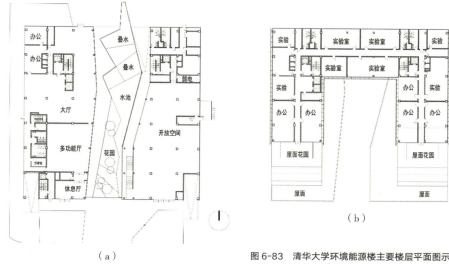

（a）

（b）

图 6-83　清华大学环境能源楼主要楼层平面图示
（a）首层平面图；（b）五层平面图

（3）围护结构：①大楼东、西立面为带金属检修走廊的双层幕墙。其外层采用丝网印刷玻璃，内层上、下为填充岩棉的坎墙，中部为透明玻璃窗。双层幕墙不仅能有效阻挡日照，还可利用幕墙间形成的空气对流通风散热，减少夏季空调系统能耗。北立面在不影响室内采光的前提下减少开窗，以降低冬季西北风的影响。南向凹空间的东、西、北三侧设计了另外一种双层幕墙（图 6-84），其外层由玻璃百叶构成，其中部分百叶可由计算机控制调整

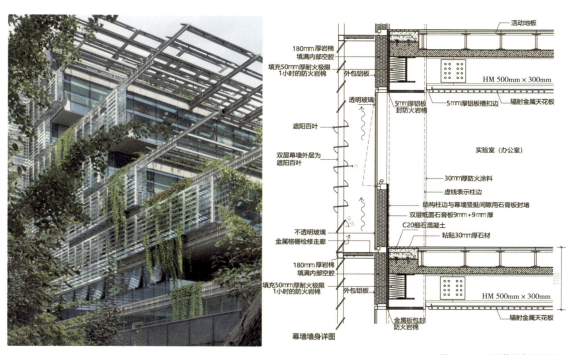

图 6-84　双层幕墙实景与图示

217

角度，反射阳光至室内顶棚，形成均匀的室内自然光，减少人工照明需求。双层幕墙间的空气可以形成对流通风，减轻夏季空调负荷和能耗。所有幕墙系统的内层玻璃均为高热工性能的 Low-E 玻璃。②大屋面为架空板上人屋面，保温层采用挤塑型保温板。南侧层层退台的屋面为绿化种植屋面，既美化了环境，又可提高隔热和保温性能。

（4）建筑遮阳：南向出挑钢架上置遮阳与光伏一体化的 PV 板，依据北京冬至和夏至正午太阳高度角进行设计，夏季阻挡太阳辐射，冬季允许阳光进入室内（图 6-85）；东、西立面设置双层幕墙，外层采用丝网印刷玻璃遮阳；南向凹空间的东、西、北

图 6-85　遮阳与光伏一体化的 PV 板实景

三个立面，双层幕墙的外层均设计了玻璃遮阳百叶。

（5）供电与动力系统：大楼的供电与动力系统与通常做法不同，采用了两个不同的电力来源。一个是从"分布式能源"概念发展起来的"冷、热、电三联供"系统，其运行的控制策略为以电定热，设置两台天然气内燃式发电机组；另一个来源是城市电网。发电机组在发电的同时，产生了大量的热能被回收用于空调制热或制冷，以及制备生活热水，能源综合利用率可达83%，节能高效。夏季若不能完全满足空调制冷量时，控制系统可根据计算出的冷量缺口启动电制冷机组补充；冬季若不能完全满足空调制热量时，控制系统可根据缺口启动燃气锅炉。不需要空调的过渡季节、夜间和节假日等耗电低的时段，因发电机能源效率低下，控制系统会切换为电网供电。

（6）空调系统：大楼室内采用架空地板送新风加金属板辐射吊顶空调方式，新风也承担夏季消除室内湿负荷的作用。全楼新风由设于屋顶的两台变风量新风空调机组提供，室外新风与楼内的排风（不包括卫生间的排风）进行全热交换。室内新风末端由设在房间排风短管内的二氧化碳传感器及房间内的红外线传感器控制，可根据有人与否及空气质量自动调节新风量；红外线传感器也可控制辐射板的供冷供热。此外，房间内设置可开启窗的状态探测器，外窗开启时会自动关闭变风量末端，并关闭辐射板的供水阀。

（7）楼宇管理系统：大楼采用了 BMS（Building Manage System）系统管理整栋建筑。系统不仅能对楼宇冷热电联产、变配电、送排风、给排水、室内外照明进行智能控制，而且能够探测和监控室内温湿度、二氧化碳浓度、照度、人员情况等。这套系统具有高水平、多目标的控制策略，基于

PC 技术的操作界面实现人与控制系统间的及时交互，从而提高能源利用率，保证建筑物的能源消耗始终保持在合理的范围内。

（8）可再生能源利用：建筑南侧层层退台设置了光伏发电 PV 板，并与遮阳功能整合在一起。PV 板的总功率为 20kW，以展示为主，没有作为大楼的主要能源供给。

（9）地下二层设有雨水贮水池和中水处理站，处理本楼内的全部生活废水。处理后的中水与雨水混合，用于卫生间便器冲洗、车库地面冲洗等。

（10）地上主体采用钢结构，施工速度快、精度高，材料可以回收循环再利用。

本章要点

1. 低碳办公建筑设计是建筑师主导的多专业协同设计的过程。

2. 低碳办公建筑设计应综合考虑地域、文化、气候、环境等资源条件，结合功能、技术、美学和经济约束等多个因素，通过优化设计策略，实现项目综合最优。

3. 遵循"被动优先"的设计原则，塑造具有"气候适应性"的建筑本体，对办公建筑节能降碳具有显著的作用。

4. 运用模拟软件建模，进行计算、分析、评估和优化对低碳设计非常重要，特别是在方案设计阶段。

思考题与练习题

1. 请以办公建筑为对象，尝试思考和总结：在我国不同的气候区，设计具有"气候适应性"的建筑本体常用的策略。

2. 本章介绍的建筑案例展示了多种可再生能源的利用，请尝试从场地环境、气候条件、建筑体量等方面总结一下不同种类的可再生能源利用应具备的基本条件。

参考文献

[1] 褚冬竹，戴志中. 批判的地域主义观念下的建筑设计实践：加拿大曼尼托巴水电集团办公楼设计 [J]. 城市建筑，2007（6）：17-20.

[2] JALIA A, BAKKER R, RAMAGE M. The Edge, Amsterdam-Showcasing an Exemplary IoT Building[R]. London: University of Cambridge, 2018.

[3] 刘艺. 人工与自然的平衡：中建滨湖设计总部项目设计与思考 [J]. 建筑学报，2023（5）：24-27.

［4］ 路越.中建滨湖设计总部 [J].暖通空调，2020，50（9）：22-23.

［5］ GRIFFITH T.珠江城大厦 中国广州 [J].世界建筑导报，2022，37（6）：86-88.

［6］ 刘谨，李继路，黄伟.广州珠江城大厦空调系统节能设计 [J].暖通空调，2012，42（6）：11-13+68.

［7］ 胡兴华，赖敏祺.绿色建筑设计与实现：华汇科研设计中心实践 [J].建筑技艺，2020，（S2）：7-9.

［8］ 方雨航，王鹭箐，罗晓予.基于健康和低碳双目标的办公建筑设计实践 [J].中外建筑，2022（6）：107-114.

［9］ 吴卫平，顾宗梁，周秀腾，等.启迪设计总部大厦绿色、健康、低碳给排水设计思考 [J].给水排水，2023，59（6）：101-108.

［10］ 佚名.海南生态智慧新城数字市政厅 [J].建筑学报，2022（5）：57-61.

［11］ 宋晔皓，陈晓娟，解丹，等.整体思维的可持续设计：海南生态智慧新城数字市政厅设计 [J].建筑学报，2022（5）：52-56.

［12］ 宋晔皓，陈晓娟，解丹，等.海南生态智慧新城数字市政厅 [J].建筑技艺，2023，29（1）：13-26.

［13］ 张雨馨，陈竹，陈日飙，等.高层建筑自然通风井的作用与效能：以深圳中海总部大厦为例 [J].建筑学报，2023（S1）：134-141.

［14］ 倪欣，兰宽，邢超，等.绿色节能技术在西北地区的综合运用：陕西省科技资源中心节能策略解析 [J].建筑技艺，2013（2）：116-123.

［15］ 张通.清华大学环境能源楼：中意合作的生态示范性建筑 [J].建筑学报，2008（2）：34-39.

［16］ 金跃.清华大学环境能源楼设计 [J].暖通空调，2007，37（6）：73-75.

［17］ 王亚冬，李凤栩.节能理念在清华环境能源楼的应用 [J].智能建筑电气技术，2007（4）：66-69.

第7章
低碳办公建筑的未来发展

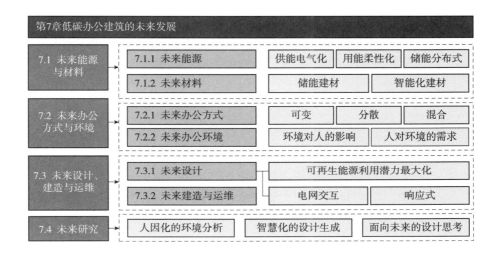

问题引入

请想象一下：未来 30 年、50 年、100 年后的新建办公建筑会是什么样子？它们的设计、建造和使用会有什么特点？与今天的办公建筑有什么不同？有可能是什么原因造成了这些特点或不同？它们对未来的办公建筑设计会产生怎样的影响？

7.1.1　未来能源

1. 新的供能方式——电气化

国际能源署（IEA）研究报告显示，在净零碳排放情景中，提高能效和电气化是建筑降碳和脱碳的两大主要驱动力。电气化的供能方式，将使未来建筑的电力需求稳步上升，预计到 2050 年达到建筑能源消费总量的 66%。因此，新建建筑和既有建筑改造设计中，如何尽可能多地增加太阳能光伏系统的可安装面积，将成为重要议题。

2. 新的用能方式——柔性化

预计未来建筑实现零碳情景下，风电、光电在电源总容量中的占比将升至 83%，届时由风、光作为主力电源将对整体电网的性质带来巨大变化。由于风、光等可再生能源发电系统的电力输出情况高度依赖于天气状况，且受到日照、风力和气温等自然环境因素变化的直接影响，故电力输出常常无法与电力需求在时间上互相匹配。因此，建筑用能的"柔性化"将成为未来用能的关键。所谓"柔性化"，具体涉及能源供给随使用者需求而变化、能源供给随用能需求而变化等方面。这在很大程度上将影响未来办公建筑的设计理念、标准规范和策略措施。

3. 新的储能方式——分布式

分布式新型储能解决方案，可以使建筑成为潜在的储能站，由此将重新定义储能的未来格局。例如，城市中大量的高层和超高层办公建筑可以成为大号电池。采用电梯储能技术，可使高层建筑中的电梯在空闲时储存能量，从而将其转变为动态存储单元。这将为未来城市的能源供给提供一种具有较好成本效益的替代方案（图 7-1）。

7.1.2　未来材料

为实现净零碳排放，应力求减少建筑材料的碳排放。预计到 2030 年，新建建筑单位建筑面积隐含碳排放量将减少 40%；到 2050 年，水泥和钢的用量将比现在减少 50%。与此同时，新的多功能材料将得到快速发展。

1. 储能建材

由于风能、太阳能和潮汐能的输出时间通常与用电高峰不对应，因此需要进行大量储能。未来能否向大规模可再生能源应用顺利过渡，在很大程度上取决于大容量、低成本储能解决方案的应用。在建筑领域，一些创新解决

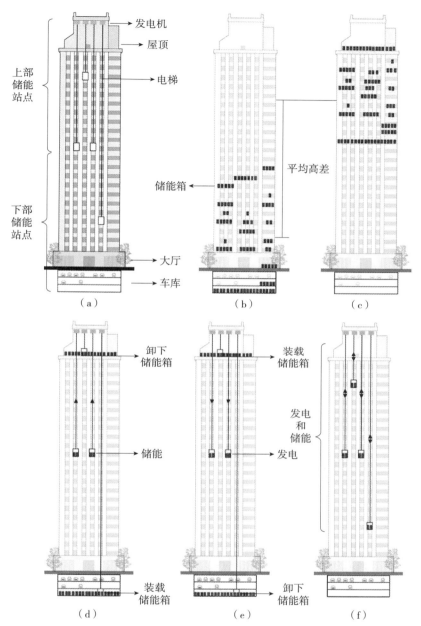

图 7-1　高层建筑电梯成为等效电池

（a）系统组件；（b）未储能状态；（c）完全储能状态；（d）储能模式；（e）发电模式；（f）辅助服务模式

方案正在迅速发展。例如，水泥和砖等常规建材可以成为新的储能材料。

（1）电气化水泥

麻省理工学院（MIT）研究人员结合水泥、水和炭黑，创造了一种被称为"电气化水泥"的化合物。通过纳米复合材料使水泥成为超级电容器，能够以前所未有的速度储存和释放电能。电气化水泥的独特性能在于，它能够在空隙中形成卷须状，从而充当电线以增强材料的导电性。这种材料可用于建筑地基和路面，为附近的建筑和电动汽车提供可持续能源。电气化水泥技术的优势在于，水泥无处不在，因此由其制成的超级电容具有巨大潜力（图 7-2）。研究团队计算显示，一块 45m³ 的纳米炭黑掺杂混凝土，相当于一个边长约 3.5m 的立方体，可以提供 10kWh 的电能，大约为一个家庭的平均日用电量。这种材料制成的房屋地基可以储存太阳能光电或风电设备一天产生的能量，并可以随时使用，且充放电速度比现有普通蓄电池快很多。

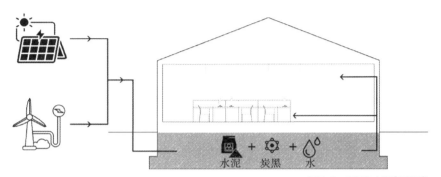

图 7-2　电气化水泥应用示意

（2）砖、岩石和沙子制成热电池

总部位于美国加利福尼亚州的 Rondo Energy 公司开发了一种由砖制成的热电池，其由带有电加热元件的砖块组成，能将可再生能源产生的电能转化为热能储存起来。此外，总部位于以色列的 Brenmiller Energy 公司将火山岩转化为持续的蒸汽供应体；总部位于芬兰的 Polar Night Energy 公司开发了一种热电池，利用沙子或类似材料作为媒介将电能储存为热能，可以作为区域供热网络的一部分。这些技术利用既有常规建筑材料，为能源存储和使用提供了新的可行且可扩展的解决方案，可以将低成本、间歇性的电力转化为热量，并以过热空气或蒸汽的形式传递。这些技术的优势在于，系统可按需启停或连续输送热能，并且可以全天候输送（图 7-3）。

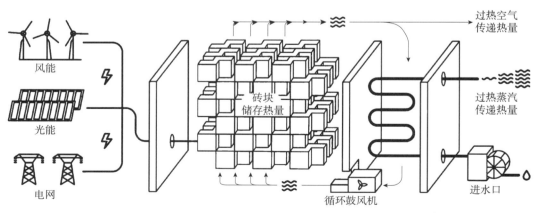

图 7-3　砖块作为热电池应用示意

2. 智能化建材

（1）自修复建材

自修复建材是具有自愈合能力的材料，能在受到损伤后自动修复。采用这种材料可以延长建筑的使用寿命，减少维护和修复成本。例如，混凝土微生物修复技术可以通过微生物的作用，填补混凝土中的微小裂缝，使其保持结构的完整性，从而最大限度地减少维护需求。所用微生物产生的孢子可以在没有食物或氧气的情况下存活长达50年，并且能够自然地修复和堵塞混凝土中可能出现的任何裂缝，因而可以降低混凝土结构或构件的维护成本，提高建筑寿命，并由此减少大量潜在的碳排放。

（2）温湿调控材料

水陶瓷是水凝胶气泡与陶瓷材料的组合物，在外界温度升高时可以蒸发水分并降低温度。其原型结构类似三明治，最外层是有锥形孔、允许水和空气进入水凝胶的黏土外层；第二层是可吸收水凝胶挥发出的水分、保护和固定水凝胶的纺织布；最底层由黏土制成，很薄且表面穿孔，可增加冷却效果（图7-4）。水陶瓷可用于建造需要被动冷却的墙壁（建造形式类似砖或瓷砖），其主要功效在于，在天气炎热时为建筑蒸发降温；在下雨和降温时，会吸收空气中的水分，使其气泡大小增加并重新分解成为隔热体，从而提高建筑的热舒适性能。

（3）自清洁材料

光催化材料中含有二氧化钛纳米颗粒，这是一种光催化剂，当暴露于阳光下时可以利用太阳能发挥表面自清洁、净化空气、杀菌消毒等功效，适合用于建筑立面和屋顶。光催化材料具有极高的稳定性和较长的寿命，在基材表面喷涂一次光催化材料，其自清洁效果可以保持5~10年，因此特别适合用于高层建筑。光催化材料的主要功效在于，在有效保持建筑表面清洁的同时，减少清洗维护费用，减少资源消耗，降低高空人工作业风险。除表面自清洁以外，在自然或人工光的作用下，光催化剂还可以释放自由基，分解氮氧化物等污染物并减少气味，改善城市空气质量，因此在改善环境质量、降低能耗、减少碳排等方面具有广泛的应用前景。

（4）智能调光材料

电致变色玻璃是典型的智能调光材料，在外加电场作用下，其对光的反射率、透过率、吸收率等会发生可逆的改变，从而实现对光环境的主动调控。采用电致变色玻璃，可以选择性地吸收或反射外界热辐射和阻止室

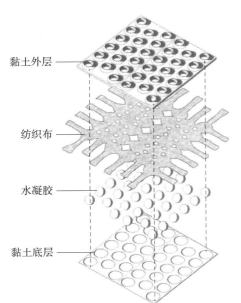

黏土外层

纺织布

水凝胶

黏土底层

图7-4　水陶瓷结构示意

225

内热量散失，在保持室内热舒适和减少能耗的同时，还可代替遮阳设备减少眩光，提高室内光舒适度。电致变色玻璃的典型结构从外到内依次为：玻璃等透明基底材料、透明导电层、电致变色层、电解质层、离子存储层、透明导电层和玻璃等透明基底材料。

SageGlass电致变色玻璃可以根据光照强度和温度自动调整透光度（图7-5）。其内置了传感器和控制系统，能监测室外的光照强度和温度变化，并根据所收集的数据调整玻璃的透光度，以确保室内光线均衡舒适。SageGlass电致变色玻璃在阳光强烈时，会自动调暗以防止过多光线进入室内，避免眩光和过热；阴天时，则会自动增加透光度，以提供更多自然光。

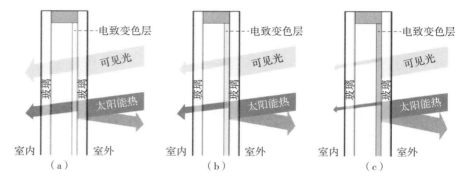

图7-5 SageGlass电致变色玻璃调节过程示意
（a）高透光度；（b）中透光度；（c）低透光度

液晶调光玻璃是一种透视性能可变的玻璃。其构造及原理是：两片玻璃之间夹入一个液晶薄膜层。在自然状态下，液晶分子无规则排列，将光线散射到各个方向，此时玻璃呈现乳白色雾化状态；通电时，液晶分子重新排列，使入射光线完全透过，此时玻璃呈无色透明态（图7-6）。

（5）智能隔热材料

智能隔热材料可以根据外界温度变化调整其隔热性能，从而减少室内与室外的能量交换。这种材料可用于建筑外墙、屋顶等部位，以提高建筑能效。例如，气凝胶（Aerogel）是一种内部网络结构充满气体、外表呈现固体状且密度极低的多孔材料，可通过排除凝胶中的液体制得，几乎没有重量，并且可以拉长成薄片气凝胶织物，具有超强的隔热性能。因气凝胶轻若薄雾且泛蓝色，故又被称为"蓝烟"，是目前最轻的固体材料。北极科考站是极端寒冷环境下的重要研究设施，对材料隔热性能要求极高。气凝胶在北极科考站的应用显著改善了建筑的保温性能，使极寒气候条件下的室内温度相对稳定，不仅提高了科考站工作生活环境的舒适性，也降低了供暖和制冷能耗。此外，气凝胶还有助于减轻建筑重量，从而在一定程度上减少建筑的建造和运营成本。

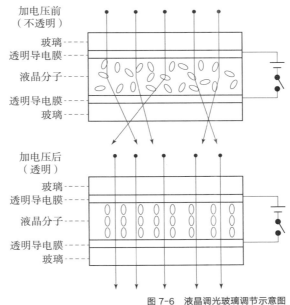

加电压前
（不透明）
玻璃
透明导电膜
液晶分子
透明导电膜
玻璃

加电压后
（透明）
玻璃
透明导电膜
液晶分子
透明导电膜
玻璃

图7-6　液晶调光玻璃调节示意图

（6）智能声学材料

智能声学材料可以根据声波的频率和强度来调整其声学特性，以实现对声音的控制。动态声学面板（Kinetic Acoustic Panel）是一种由智能声学材料制成的面板，具有可移动性和可调性。其内部集成了吸声材料、反射材料等，工作原理类似于一个可移动的墙面。通过根据不同声学需求调整面板的位置、角度和朝向，动态声学面板可以改变声音在房间内的传播路径和反射方式，以实现对声音定向、聚焦、扩散等不同效果的精确控制，故可用于办公建筑的报告厅、多功能厅等需要良好或特殊声环境的场所。

7.2.1　未来办公方式

1. 可变办公

有预测认为，随着科技的急速发展，在不久的将来，办公室可能无处不在，并且可以是任何人们想要的样子。人们想象会有一种"虚拟化""感知化"的设计技术产生，应用这种技术，可以为使用者提供个性化、定制化的环境体验。同时，使用者通过智能交互，也可以轻松影响和改变自己的办公环境，根据当下的喜好和需求灵活设计，使之成为自己想要的各种形态。例如，可以调节办公环境的温度、灯光、音乐和背景，将其打造成家、图书馆或度假胜地；办公室的墙面可以用于显示实时的分析数据，或转换为能激发灵感的空间等。

2. 分散办公

未来，伴随线上交流的日益便捷和普及，全球总部可能逐渐消失。应对办公室分散的人员情况，以及分布越来越广的办公场所，取而代之的可能是遍布全球的一系列工作舱（Work Pod）。人们可以在世界各地登录工作舱并随意停留工作，而不再有网络、设备等固定设施的限制。在这些工作舱里配置"感知化"技术，可以应对工作中遇到的各种状况。例如，可以随时改变工作舱的环境氛围，从而与来自不同地区的客户进行更加融洽的会谈。

3. 混合办公

高度发达的网络、信息和虚拟现实等新技术，可以为人们提供极为便捷的远程交流工具和方式，但同时也让人们分隔得越来越远。有分析认为，"居家办公"模式虽然可以带来在家的舒适和满足感，而且借助VR/AR等技术设备，身处天南海北的同事也可以聚在一起交谈和互动，通过共享的虚拟屏幕或3D模型就能对新方案、新产品及时进行修改和调整；但人们终究还是会渴望见面交流的氛围。因此，部分时间在公司上班、部分时间分散办公的"混合办公"方式或许是更符合人性多元需求的形式。

7.2.2 未来办公环境

1. 环境对人的影响

工业社会时代背景下产生的办公建筑，其室内空间的设计与营建多以建筑的使用功能为核心，对人自身需求的关注相对不足。未来办公建筑的环境营建，将更加注重建筑对人的健康及工作效率的影响，包括对热舒适、光舒适、声景观、空气污染、精神压力等健康因素的调控机理探讨等，并从多层面、多角度更加深入地关注建筑环境对人的影响。

21世纪以来，随着电脑和网络的快速普及，办公建筑中人的工作界面已从传统的水平桌面变为垂直的电脑屏幕。人们坐姿工作和目视电子屏幕的时间大大延长，对人的颈椎、腰椎、视觉、心理等方面都产生了不同以往的深刻影响。未来AI、混合现实、沉浸式三维重现等不断涌现的新技术是否会对人产生新的影响，尚有待基于更多体验去不断发现和探明。

2. 人对环境的需求

个性化的环境调控方式，是人因化设计的重要体现。例如，在办公建筑中，可以将送风口放在工位旁边，使员工可以根据各自的感觉，自主调控附近环境的温湿度、风速、二氧化碳浓度和照度等，这是促进员工健康和提升降碳效果的有效方式。为了实现这样的效果，就必须从方案设计阶段开始，保障建筑专业的功能布局设计，能够与暖通、电气等专业的技术设计进行紧密配合。

随着新的网络、通信、沉浸式混合现实等技术的不断快速出现，未来的办公模式可能是多种全新模式的整合，未来的办公活动也可能在各种不同的空间或场所进行，因而对数据的便捷获取、环境的智能响应、空间的灵活可变等提出了更高的要求。此外，随着对自我认知的不断提升，预计在未来的办公建筑中，人们在关注声、光、热、空气、水等物质层面环境需求的同时，也会更加关注社会交往、情绪价值、精神能量等非物质层面的环境需求。

7.3.1　未来设计

1. 可再生能源利用潜力最大化设计

为实现低碳建筑、零碳建筑或零碳就绪建筑，需要在建筑中尽可能多地集成利用当地可以获取的可再生资源，例如太阳能光伏/光热、生物质能源、地热等。为此，未来的低碳办公建筑设计中，应尽可能使建筑对太阳能光伏或其他可再生能源的获取和利用潜力达到最大（包括使可获取日照辐射和安装太阳能光伏/光热系统的外表面积最大化等），这是低碳办公建筑设计的关键环节之一。

国内外既有研究中，已探讨了大量与太阳辐射获取/利用相关的建筑形态布局设计指标，例如朝向、高宽比、日照体形系数、天空视域因子、日照遮挡因子等，可用于导控建筑形体设计，使其具备最大的太阳辐射获取/利用潜力。未来低碳办公建筑设计中，可以参照相关研究成果进行实践应用。

2. 电网交互式设计

未来的低碳办公建筑设计，将面临对新型供能、用能及储能方式的配合。在此趋势下，建筑与能源系统的互联互通，以及建筑的能源共享和高效利用，成为未来设计发展的另一个重要方向（图7-7）。

如果将储能解决方案集成到建筑中，就有可能出现电网交互式建筑（Grid-interactive Efficient Building，GEB）。此类建筑可以与当地电网联通，并根据电网实时数据流调整其运行和管理。如果建筑围护结构可以作为热电池运行，建筑的气候控制可以与供暖、热水和电力储能无缝融合，可再生能源和热电池提供的能源可以在各建筑物间进行调配，就能显著减少对集中式用能的需求，进而推动韧性城市的发展。因此，未来的低碳办公建筑设计中，有可能需要基于以上技术和应用需求，进行多专业紧密配合的电网交互

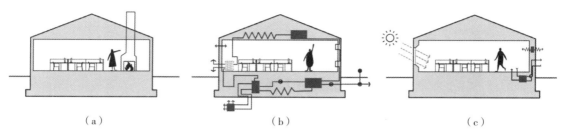

图 7-7　19—21 世纪建筑能源形态变化示意
（a）19 世纪；（b）20 世纪；（c）21 世纪

式设计，这对建筑学专业思维广度的扩展和综合设计能力的提升都提出了新的要求。

3. 响应式设计

（1）响应式设计的概念

建筑的响应式设计，是指通过设计，使建筑内部空间的环境性能可以根据外部环境条件，或建筑中人的活动情景及需求进行响应。典型的响应式设计，是可以根据气候条件或人对环境的需求而弯曲、收缩或扩展的表皮结构设计。通过响应式设计形成的响应式表皮，也被称为动态表皮、可变表皮、自适应表皮、交互式表皮、动力学表皮、智能表皮等，是指形态功能可以动态变化，以适应不同外部环境条件和内部使用需求的建筑表皮。

相比于普通的建筑外墙，响应式表皮不仅是立面的造型元素，更是建筑主动适应外部环境条件、动态调节内部环境状态的重要功能构件。通过响应式设计所形成的动态表皮系统常被嵌入建筑体系之中，并由计算系统和动力系统进行智能化操作和控制。在低碳和可持续发展的视角下，响应式设计已成为未来建筑设计研究中不可或缺的重要组成部分。

（2）响应式表皮的构成及作用

响应式表皮通常由智能控制系统（包括传感器、处理器、执行器等）、建筑构造材料（如光敏或相变材料）及相关机械系统组合而成，其中可以集成主动/被动式节能技术措施，以及各类适宜的建筑材料。通过分层设计，加上动态控制，可以使每层表皮系统具有不同的功能；将其组合在一起，可以构成一个复杂的系统。

响应式表皮通过动态可逆地改变其自身形态，用来适应和协调来自内部和外部的差异性条件和需求，从而显著减少建筑能耗和碳排放。其中，外部条件既包括日照、温度、湿度、风速等自然气候条件，也包括能源供给等人工环境条件；内部需求既包括建筑使用者在不同时间对风、光、热、声、空气品质等环境的健康舒适需求，也包括建筑空间在不同时间具体运行方式和用能方式下的环境适配需求等。通过响应式表皮设计，有助于协调满足建筑冬季保温与得热、夏季遮阳与太阳能利用、冬季保温与夏季散热、室内通风与密闭，以及光热协同等方面的差异性或矛盾性需求。

（3）人因化设计

未来的办公建筑设计，将更加关注人的体验和需求，并基于以人为本的研究和探索，不断提出更新的人因化环境设计策略、营建方法和技术产品。例如，基于人的健康舒适需求，在办公空间中融入娱乐空间、健身空间、绿色空间、放松空间等；以及根据不同个体或群体的行为习惯或心理需求，形成各类灵活可变的（如私密或开敞、连通或隔绝、明亮或幽暗、安静或活跃等）人因化和包容性办公空间。同时，未来的办公空间，应更有利于吸引和聚集人群和能量，促进人们在真实可触的空间环境中，开展更加丰富多元的人际互动。

7.3.2 未来建造与运维

智能化的未来建造，主要指在智能感知与操作系统及相关技术设备支持下，实现感知与操作协同的建造。智能建造技术主要包括机器人建造、3D打印等技术。通过智能化建造，可以实现精准的建筑构件加工和组装，高效、精准地建筑施工，从而减少材料浪费和能源消耗，最终实现降碳建造。

智慧化的未来运维主要涉及感知、评价与调控协同的运维控制技术，以及动态化、智能化的办公环境监测技术。数字孪生是一种通过数字化技术对建筑进行实时监测和仿真模拟的手段，可以帮助建筑管理者优化建筑的运行和维护，从而降低能源消耗和减少碳排放。该技术可以通过传感器和大数据分析，实时监测建筑的能耗、室内环境等情况，并根据模拟仿真提出优化建议，实现低碳管理。在数字孪生技术的支持下，以数字驱动为特征的低碳运维将成为未来低碳办公建筑发展的重要方向之一。

7.4

未来研究

1. 人因化的环境分析

建筑是为人服务的，应有利于促进人的身心健康，并提升愉悦感、幸福感和工作效率。未来低碳办公建筑设计，需要围绕人的需求，从人与建筑环境相互关联的视角，研究办公环境对其中使用者身心健康的影响机理，包括对健康影响的短期和长期效应等。如何针对人的身心健康舒适需求进行环境营建，将是未来低碳办公建筑研究的重要方面。

此外，未来的低碳办公建筑设计，需要更多地考虑人在建筑中活动的具体时间和空间，并配合其需求进行高效环境保障。现有环境调控设备通常是全时间、全空间开启。如果根据人在建筑中实际停留的时间和空间，进行相应的供暖、制冷、通风、照明等高效环境保障，就可以采取部分时间、局部空间的环境调控，从而显著减少建筑的总体能耗和碳排放。为此，未来低碳办公建筑需要进一步探讨如何从建筑的空间组织、功能分区、流线安排等方面，为人因化的分时、分区环境调控提供最大的灵活性和可能性。

2. 智慧化的设计生成

低碳办公建筑的未来研究，将是具有明显学科交叉特征的数据密集型研究，智慧化的设计成长将成为主要领域之一，且该方向研究将主要依赖不断更新的算法工具和人工智能（AI）技术。

算法在设计中的应用，是未来建筑设计领域的重要研究方向之一。在建筑设计方案初期阶段，快速定量的性能评价为设计和迭代提供了及时反馈，是实现高性能低碳建筑的重要保障。传统的性能模拟耗时耗力、计算量大、速度慢，难以满足方案初期的设计需求。基于统计模型和机器学习算法的代理模型，具有参数少、速度快的优势，可以有效提升设计参数优化效率。目前，代理模型多针对特定问题建立，不具有通用性，且局部参数优化的性能提升有限，而未来需要研究更大范围的形体生成和优化，以及形体通用性更强的代理模型。同时，局部的参数优化对性能提升仍有局限。既有低碳办公建筑设计生成的智能算法主要包括：人工神经网络、形式语法、聚类算法、集群智能、元胞自动机等。对于未来低碳导向下基于算法的设计生成，仍有待开展更加深入的探索和研究。

未来智慧化的设计生成，在很大程度上将与 AI 技术的发展和应用密切相关。AI 可用于建筑设计中的能源模拟、材料选择、系统优化等。通过 AI 技术，不仅可以模拟建筑在不同设计方案下的能耗情况，帮助设计师选择最佳设计方案和材料，以降低能耗和减少碳排放；而且可以分析建筑运营数据，识别节能潜力并提出改进建议，从而持续改善建筑能效和性能。近年来，AI 算法已经越来越多地被用于建筑生成设计中。目前关于平面布局的设计生成研究较多，而对建筑碳排放影响更大的形体生成研究相对较少。未来低碳导向下的 AI 设计生成，需要更加注重设计生成对建筑性能的影响；同时有必要开展更多性能化设计生成的未来研究。

3. 面向未来的设计思考

"变化"已成为当今时代的一个流行词。流动的社会和日新月异的技术创新，似乎让未来变得不可预测。然而，大多数建筑的设计仍然假定自身处于不变的环境之中，面向未来的设计，不仅需要更多的设计智慧，而且需要突破思维定势和具备更加长远的眼光。

可以说，不断进步的科技将使建筑更加智能化，给人们提供更加舒适、更加便捷和更加健康的工作环境；同时也对建筑设计提出了新的要求。有分析提出，面对未来更加瞬息万变的世界，需要将建筑的耐久性与可变性结合起来，设计更多非专用功能或功能可变的建筑，以允许使用者在永久但灵活的系统内自由安排办公或使用其他功能。也有分析认为，未来的数字化通信工具，将使工作沟通变得更加容易，因此打造让员工更幸福、更具创造力的空间已成为未来办公空间的演进趋势。随着 5G、AI、VR/AR、数字孪生等技术的普及和发展，这一趋势还将进一步加速。

未来的 30 年、50 年或 100 年中，究竟会发生什么？未来的办公方式会是怎样的，对建筑空间及环境会提出什么新要求？未来的城市形态会发生怎样的变化？材料、技术会出现怎样的创新？为满足和适应不断变化的社会需求、环境条件、城市更新和技术发展，需要以怎样的新策略、新工具、新路径和新方法来设计未来的办公建筑？这些问题并无确切的答案，它们都需要人们在未来低碳办公建筑的研究和设计实践中不断地思考、探索和解答。

本章要点

在时代快速发展变化的背景下，未来的低碳办公建筑，将在能源、材料、环境、办公方式、设计方式、建造与运维方式等众多方面发生明显变化，对此有必要保持开放的头脑、灵活的思维和长远的眼光，并进行不断深入的研究探索和设计实践。

思考题与练习题

未来正在快速到来，当下的低碳办公建筑设计，应如何应对未来发展的需要？

参考文献

[1] 中国技术经济学会. 低碳办公评价：T/CSTE 0146—2022[S]. 北京：中国技术经济学会，2022.
[2] 中国城市科学研究会. 低碳建筑评价标准：T/CSUS 60—2023[S]. 北京：中国建筑工业出版社，2023.
[3] 中华人民共和国住房和城乡建设部. 零碳建筑技术标准（征求意见稿）[EB]. 住房和城乡建设部官方网站，（2023-07-24）[2024-08-18].
[4] 清华大学建筑节能研究中心. 中国建筑节能年度发展研究报告 2021（城镇住宅专题）[M]. 北京：中国建筑工业出版社，2021.
[5] 周子骞，高雯，贺秋时，等. 建筑设计领域人工智能探索：从生成式设计到智能决策 [J]. 工业建筑，2022，52（7）：159-172+47.

1. 环境性能模拟工具

建筑性能化设计是指利用建筑环境性能模拟技术，依靠专业模拟软件工具，建立建筑性能模型，模拟仿真建筑物实际使用中的各种工况与性能，从而获得实现相应的建筑环境所需要的设计参数，并寻求有效的技术手段加以实现。其中，环境性能模拟工具的应用是完成建筑性能化设计的关键，也是实现低碳建筑的有效手段。低碳建筑设计常用的建筑性能模拟包括建筑能耗及热环境模拟、风环境模拟和光环境模拟。

1）建筑能耗及热环境模拟

建筑能耗从广义上讲，是在全寿命周期内与建筑相关的能源消耗，包括材料的生产及运输用能，建筑的建造、运行和维修过程中的能源消耗；从狭义上讲，即为建筑运行过程中的能耗，包括供暖、空调、照明、通风、炊事等用能。本书重点关注建筑运行能耗。

建筑能耗及热环境模拟是计算分析建筑性能、辅助建筑系统设计运行与改造、指导建筑节能标准制定的常用方法，将能耗模拟软件用于低碳建筑设计阶段，可以对方案的优化和调整起到参考价值。建筑能耗模拟软件可以动态模拟建筑及设备系统的用能情况，因而能够预测即时的室内热环境，以及建筑逐时、逐月甚至全年的能源消耗。大部分建筑能耗模拟软件包含四项功能模块，即负荷模块、系统模块、设备模块与经济模块。负荷模块，模拟建筑冷热负荷，反映建筑围护结构、内部使用状况与外部环境间的相互影响；系统模块，模拟 HVAC 系统各功能设备，主要包括风机、盘管、空气输送设备的运行情况；设备模块，用于模拟供应能源的锅炉、热泵等设备的实际工作状况；经济模块，模拟预测一定时期内建筑运行所消耗的能源费用。并非所有软件都兼具四项功能，有些软件不含经济模块，有些则把设备模块与系统模块合二为一。

目前，世界范围内建筑能耗模拟软件超过 100 种，国内应用较多且通过国家有关部门技术认定的模拟软件主要包括以下类型。

（1）DOE-2 是开发最早、应用也最广泛的模拟软件之一，并作为计算核心衍生了一系列模拟软件，如 eQuest、绿建斯维尔等。

（2）EnergyPlus 是美国能源部支持开发的新一代建筑能耗模拟软件，目前仅是一个无用户图形界面的计算核心，以此为核心开发的软件有 DesignBuilder 等。

（3）其他独立核心的建筑能耗模拟软件，如 IES、TRNSYS、DeST 等。

需要注意的是，对于不同的建筑能耗模拟软件，其核心算法、信息输入的复杂程度、结果输出的内容与形式差别很大，实际应用时应根据需要合理选择。通常，简单操作的模拟软件适用于设计前期方案的快速比较，而对输入信息的准确度和详细性要求较高的复杂软件则主要用于施工图阶段的定量评估。

2）风环境模拟

风环境模拟是将建筑室内外的立体空间网格化，以网格为基本对象，辅以室外来流风风向和风速，依质量、动量和能量守恒定律，计算网格内空气的受力和运动状态，最后得到每个网格空气流动的速度和方向。根据研究对象的不同，风环境模拟可以分为室外风环境模拟和建筑自然通风模拟两种类型。

室外风环境模拟的目标是通过风环境分析，指导建筑在规划设计时合理布局建筑群，避开冬季主导风向的不利影响，优化场地的夏季自然通风。冬季条件下，强烈的寒冷气流会在一定程度上影响建筑周边微气候及室内自然通风效果，使行人产生强烈的吹风感，且即使室外温度稍有提高，也不足以弥补恶劣风环境造成的不舒适感。研究表明，当平均风速 $V<5m/s$ 时，无论此风速的出现频率如何，行人感觉都是舒适的。因此，冬季典型风速和风向条件下，建筑物周围人行区域距地 1.5m 高处的风速应小于 5m/s。当某个区域的流场分布不均匀时，也会影响行人的舒适感，例如当小于 2m 的范围内平均风速的变化率达到 70% 时，行人就会感觉到明显的变化和不舒适，故风速放大系数也不宜超过 2。夏季、过渡季节条件下，通畅的气流会给高温下活动的人们带来明显舒适感。如果通风不畅则会严重阻碍气流流动，在建筑周边某些区域会形成涡旋区和无风区，这不仅对于室外散热和污染物消散非常不利，同时也会严重影响行人的舒适度，设计时应避免出现这种情况。此外，若冬、夏两季主导风向相反，则冬季防风与夏季通风所采取的措施上并无突出矛盾；但当冬、夏两季主导风向基本相同时，则应考虑协调两者的矛盾，保证在冬季挡风的同时不对夏季通风产生过大的影响。实际工程中，可采用计算机模拟程序，合理确定边界条件，基于典型的风向、风速进行模拟分析。

建筑自然通风是保证室内热舒适和室内空气品质（IAQ）的重要途径。在设计和评价阶段都需要对通风进行预测，保证室内的环境质量健康和舒适。对于办公建筑，过渡季典型工况下主要功能房间平均自然通风换气次数不小于每小时 2 次的面积比例不宜小于 70%，若办公建筑有大进深内区，或者由于别的原因不能保证开窗通风面积，使单纯依靠自然风压与热压不足以实现自然通风，则需要进行自然通风优化设计。自然通风模拟根据侧重点不同有两种模拟方法：一种为多区域网络模拟方法，其侧重点为建筑整体通风状况，为集总模型，模拟输出结果为建筑各房间通风次数，可与建筑能耗模拟软件相结合；另一种为基于 CFD 的分布参数计算方法，可以详细描述单一区域的自然通风特性，模拟输出结果包括建筑各房间通风次数、房间平均流速、室内温度分布、室内空气龄分布等。常用的模拟软件包括：ANSYS Fluent、OpenFOAM、Phoenics、STAR-CD、ENVI-met、WindPerfect、绿建斯维尔等。

3）光环境模拟

充足的室内天然采光不仅可有效地节约照明能耗，而且对使用者的身心健康有着积极作用。在相同照度条件下，天然光的辨认能力优于人工光，有利于人们的身心健康，并能够提高劳动生产率。常用的采光性能指标包括：采光系数、天然光照度、采光均匀度、不舒适眩光指数（Daylight Glare Index，DGI）、全天然采光时间百分比（Daylight Autonomy，DA）、有效天然采光照度评价（Useful Daylight Illuminances，UDI）等。在《建筑采光设计标准》GB 50033—2013 中对前四项指标给出了相应的规定。

在采光模拟领域，所研究对象的尺度从立面细部尺度到城市社区尺度，范围很广，但最基本的模拟算法都是相同的。光环境模拟分为静态和动态两种方法：静态光环境模拟软件可以模拟某一时间点上的天然采光和人工照明环境的静态亮度图像及光学指标数据，常用的软件有 Desktop、Radiance、Ecotect、Dialux 等；动态光环境模拟软件主要用于模拟建筑在全年中的天然采光性能及相关的照明能耗，代表性的软件如 Daysim，使用 Radiance 的核心算法，计算全年中不同天空状况下随时间步长的照度序列，以求解一系列动态光环境模拟评价指标。此外，DIVA（Design Iterate Validate Adapt）集成了 Radiance 和 Daysim 进行天然采光模拟，并且可以进行简单平面的单区域空间的能耗模拟，便于对多种设计方案的采光和能耗进行同步分析。

综上仅介绍了建筑能耗及热、风、光性能模拟的目的、作用及常用软件，各性能的标准化方法及参数设置可参考行业标准《民用建筑绿色性能计算标准》JGJ/T 449—2018 的相关规定。模拟软件的具体介绍及操作可参见官方网站。

2. 集成化设计工具（建筑信息模型：BIM）

BIM（Building Information Modeling）是一种基于三维模型的集成化、数字化设计和建造模拟工具，其综合应用了计算机辅助设计（CAD）、数据库管理及数字化建筑模型等技术，实现对建筑全寿命周期的管理和优化。与传统的二维 CAD 工具不同，BIM 能够以三维模型的形式展现建筑物的各个构件和关联信息，从而方便建筑师和工程师进行协同工作。此外，BIM 还能够模拟建筑物在不同时间和空间的变化，以方便进行设计优化和决策分析。

BIM 技术可以模拟并管理办公建筑项目的各个阶段。在设计阶段，BIM 技术可以帮助建筑师通过真实、精确的虚拟建筑模型提供各种详细信息，以便作出决策。例如，BIM 技术可以快速模拟不同设计方案的能源消耗和碳排放情况，帮助建筑师选择最佳设计方案，从而避免传统设计方式中繁琐的计算和试错过程。在施工阶段，BIM 技术有利于实现建筑材料和资源的有效利用。通过 BIM 技术，施工方可以在建筑模型中准确定位和管理建筑材料和设备，优化材料的使用和交付过程。设计和施工团队可以在建筑模型中进行协同工作，共享信息，减少物料浪费和错误，提高施工效率。在运营阶段，建筑运营者可以实时监测建筑的能源消耗和室内环境质量，并根据需要进行调整。BIM 技术将建筑模型与建筑设备连接起来，实现了对建筑系统的集中控制和管理。

BIM 技术在低碳办公建筑中的优势是可以使建筑师、施工方和建筑运营者在全寿命周期内共享建筑信息，减少能源消耗、碳排放和资源浪费，提高建筑的可持续性和经济效益。首先，BIM 技术可以优化贯彻低碳建筑设计理念，通过与性能模拟软件对接，实时分析建筑物的供暖、制冷照明等能源消耗及采光、通风、热舒适等环境性能情况，辅助设计者有效地控制并改善设计方案，充分考虑低碳办公建筑设计要求，大大减少因不符合低碳建筑设计标准而重新设计的工作量。其次，BIM 技术能够改进施工过程中的管理和协调，及时找出建造活动在空间和时间发生的冲突，从而更有效地提高工程竣工质量，减少再制造和施工中浪费的资源及时间。第三，BIM 技术能够有效跟踪施工过程中的材料使用，结合价格信息，帮助施工者更好地选择高性价比材料，以降低建造成本，有效减少非必要的能源消耗。第四，BIM 技术可以帮助建造成本核算和行业安全监管更有效率，使企业减少过多的安全投入，也有助于减少能源消耗。目前，基于 BIM 技术的软件设计平台包括 Autodesk Revit、Archi CAD、Micro Station 等，可以与这些 BIM 设计软件进行数据交换的模拟软件包括 EnergyPlus、IES VE 等。

3. 碳排放计算工具

碳排放测算与管理正朝着数字化、智能化的方向迈进。在建筑领域，随着建筑业智能化的迅速推进，越来越多的碳排放智能测算软件应运而生。常见的计算工作包括以下 4 款软件：绿建斯维尔建筑碳排放计算软件 CEEB 2023（以下简称"CEEB 2023"）、PKPM-CES 建筑碳排放计算软件 V3（以下简称"PKPM CES V3"）、东禾建筑碳排放计算分析软件和 T20 天正建筑碳排放分析软件等。上述软件各有特点，因此，选择并合理使用适当的碳排放测算软件成为碳排放管理的关键。下面分别简要介绍这 4 款软件。

1）CEEB 2023

CEEB 2023 是一款专业的建筑碳排放计算工具，旨在为用户提供全面的数据模型和计算方法，以便准确评估建筑物的碳排放情况。其主要功能如下。

（1）提供数据模型和计算方法：CEEB 2023 提供了各种数据模型和计算方法，用于建筑碳排放的准确计算。这些模型和方法都基于行业标准和科学研究，确保了计算结果的可信度和准确性。

（2）支持多种建筑类型和能源系统：该软件支持多种建筑类型，包括但不限于住宅、商业建筑和工业厂房，并且能够适应不同的能源系统，包括电力、天然气、燃油等，以满足不同用户的需求。

（3）提供可视化界面和数据可视化功能：CEEB 2023 具有直观的可视化界面，使用户能够轻松输入数据并进行计算。此外，它还提供数据可视化功能，让用户可以清晰地分析和展示计算结果，帮助他们更好地理解碳排放情况。

（4）适用范围广泛：除了适用于各种建筑类型和规模之外，CEEB 2023 还适用于各种项目，包括建筑设计、节能改造和碳减排项目等。无论是新建建筑还是现有建筑，用户都可以借助该软件评估其碳排放情况。

运用 CEEB 2023 进行建筑碳排放计算的过程大致包括以下步骤。

（1）输入建筑基本信息：用户首先需要输入建筑的基本信息，包括建筑类型（如住宅、商业、工业等）、面积、所采用的材料及能源系统等。这些信息将为后续的计算提供基础数据。

（2）输入能源消耗数据：用户需要输入建筑使用的各种能源的消耗数据，例如电力、天然气、燃油等。这些数据将用于计算建筑的能源消耗量和碳排放量。

（3）输入其他碳排放数据：除能源消耗数据外，用户还需输入其他与碳排放相关的数据，例如施工阶段的碳排放数据和建筑材料的碳排放系数。这些数据对于综合评估建筑的碳排放情况至关重要。

（4）进行计算并生成报告：CEEB 2023 根据用户输入的数据进行碳排放计算，并生成相应的报告和可视化结果。这些报告和结果可以帮助用户全面了解建筑的碳排放情况，并采取相应的措施进行改进。

尽管 CEEB 2023 提供了多种计算方法和数据模型，能够较准确地评估建筑碳排放情况，但是用户在使用过程中仍需注意数据的准确性和完整性。不准确或不完整的数据可能会影响计算结果的准确性，因此用户在输入数据时需要尽可能确保其准确性，以获得更可靠的计算结果。

2）PKPM-CES V3

PKPM-CES V3 是一款广泛应用的建筑碳排放计算工具，旨在为用户提供全面的数据模型和计算方法，以支持建筑项目的碳排放评估和管理。其主要功能如下。

（1）提供基础数据和模型：PKPM-CES V3 提供了建筑碳排放计算所需的基础数据和模型，为用户提供了进行碳排放计算的基础。

（2）支持多种建筑类型和能源系统：该软件支持多种建筑类型和能源系统的碳排放计算，能够适用于不同类型的建筑项目，包括新建建筑和现有建筑。这种灵活性使其成为一个适用于各种场景的工具。

（3）提供在线支持和培训资源：PKPM-CES V3 提供了在线支持和培训资源，帮助用户学习和使用软件。这种支持确保用户能够充分利用软件的功能，并正确进行碳排放计算。

（4）适用于各种建筑项目：该软件适用于各种建筑项目，包括建筑设计、能源管理和碳减排项目。无论是在规划阶段还是在运营阶段，用户都可以使用 PKPM-CES V3 进行碳排放评估和管理。

使用 PKPM-CES V3 进行建筑碳排放计算的过程主要包括以下步骤。

（1）输入建筑基本信息：用户需要输入建筑的基本信息，包括建筑类型（如住宅、商业、工业等）、面积、所采用的材料和能源系统等。这些信息将为后续的计算提供基础数据。

（2）输入能源消耗数据：用户需要输入建筑使用的各种能源的消耗数据，如电力、天然气、燃油等。这些数据将用于计算建筑的能源消耗量和碳排放量。

（3）输入其他碳排放数据：用户还需输入其他与碳排放相关的数据，如施工阶段的碳排放数据和建筑材料的碳排放系数。这些数据对于准确评估建筑的碳排放情况至关重要。

（4）进行计算并生成报告：PKPM-CES V3 根据用户输入的数据进行碳排放计算，并生成相应的报告和可视化结果。这些报告和结果可以帮助用户全面了解建筑的碳排放情况，并采取相应的措施进行改进。

虽然 PKPM-CES V3 提供了多种计算方法和数据模型，能够较准确地评估建筑碳排放情况，但是用户在输入数据时仍需注意数据的准确性和完整性，以确保计算结果的准确性。

3）东禾建筑碳排放计算分析软件

东禾建筑碳排放计算分析软件是一款全面的建筑碳排放计算工具，具体功能如下。

（1）提供多种建筑碳排放计算模型和算法：东禾建筑碳排放计算分析软件的核心优势之一是其多样的计算模型和算法。这些模型和算法可能包括基于建筑类型、地区、材料特性等方面的不同方案。例如，针对不同建筑类型可能采用不同的能耗模型，以更准确地估算碳排放量。

（2）支持建筑能耗模拟和碳排放情景分析：软件支持建筑能耗模拟，这意味着用户可以模拟不同能源使用情景下的能耗情况，并进一步评估其碳排放量。这种功能使用户能够通过模拟不同的能源管理策略，优化建筑的能源使用，从而降低碳排放。

（3）提供多种数据输入和输出格式：多种数据输入和输出格式的支持使用户能够方便地与其他软件集成和数据交换。这种灵活性意味着用户可以将软件的结果与其他建筑设计软件、能源管理系统等进行无缝对接，从而更好地实现数据共享和协作。

（4）适用于各种建筑项目：该软件不仅适用于新建建筑和现有建筑的碳排放评估，还适用于建筑设计、能源管理和碳减排项目。这意味着无论是建筑设计师、能源经理还是政策制定者，都可以在各自的领域中使用该软件进行碳排放分析和管理。

（5）适用于学术研究和政策制定：除了在实际项目中的应用外，该软件还适用于学术研究和政策制定。学术研究者可以利用软件进行碳排放模型的开发和验证，政策制定者可以借助软件评估不同政策方案对碳排放的影响，从而制定更科学、更有效的碳减排政策。

运用东禾建筑碳排放计算分析软件计算主要包括以下步骤。

（1）输入建筑基本信息：用户首先需要提供建筑的基本信息，包括建筑类型（如住宅、商业、工业等）、面积、所采用的材料及能源系统。这些信息将为后续的碳排放计算提供基础数据。

（2）进行能耗模拟：软件支持能耗模拟，用户可以利用该功能对建筑的能耗进行模拟和预测。用户可以根据实际情况设定不同的能源使用情景，例如不同季节、不同工作时间段等，以模拟建筑的实际能耗情况。

（3）输入其他碳排放数据：用户还需输入其他与碳排放相关的数据，例如施工阶段的碳排放数据和建筑材料的碳排放系数。这些数据将用于计算建筑在不同阶段的碳排放量。

（4）进行计算并生成报告：最后，软件将根据用户提供的数据进行碳排放计算，并生成相应的报告和可视化结果。报告可能包括建筑的总碳排放量、各阶段的碳排放贡献、能耗模拟结果等，通过可视化结果，用户可以直观地了解建筑的碳排放情况，从而制定相应的管理和优化策略。

东禾建筑碳排放计算分析软件提供高度灵活的计算模型和算法，这意味着软件能够根据不同建筑类型、地区和能源使用情况进行精准的碳排放评估。这种灵活性不仅提高了软件的适用性，而且能够为用户提供更准确的碳排放数据，为建筑的碳减排提供科学依据。用户在使用软件时，需要特别注意数据的准确性和完整性。任何输入数据的偏差或遗漏都可能导致计算结果的不准确性，进而影响建筑的碳排放评估和管理效果。因此，用户在输入数据时务必进行认真核对，确保数据的准确性和完整性，从而保证计算结果的可靠性和准确性。

4）T20天正建筑碳排放分析软件

T20天正建筑碳排放分析软件是一款专业的建筑碳排放计算工具，旨在帮助建筑设计师在设计过程中评估和优化碳排放情况。该软件不仅提供了基础数据和模型，还支持多种建筑类型和能源系统的碳排放计算。其与天正建筑设计软件的集成使得碳排放评估可以直接在设计软件中进行，从而为设计师提供了方便快捷的工具，有助于设计师在设计阶段就考虑和解决碳排放问题，以及优化建筑设计方案。

T20软件的功能主要包括以下几个方面。

（1）提供基础数据和模型：为用户提供所需的基础数据和模型，包括建筑材料的碳排放系数、能源系统的能耗数据等，为碳排放计算提供必要的支持。

（2）多种建筑类型和能源系统的支持：支持多种建筑类型（如住宅、商业、工业等）和不同能源系统（如电力、天然气、太阳能等）的碳排放计算，满足不同类型建筑的需求。

（3）与天正建筑设计软件集成：与天正建筑设计软件紧密集成，使得碳排放评估可以直接在设计软件中进行，方便用户在设计过程中进行碳排放评估和优化设计方案。

T20软件的使用流程可以分为以下几个步骤。

（1）建筑设计方案输入：用户首先在天正建筑设计软件中输入建筑设计方案，包括建筑类型（如住宅、商业、工业等）、结构、所采用的材料及能源系统等信息。这些信息将作为计算的输入参数。

（2）碳排放计算：根据用户输入的建筑设计方案，利用T20软件的碳排放计算模块进行碳排放计算。软件将根据输入的参数和模型进行计算，并生成碳排放数据。

（3）结果分析与优化：用户可以分析计算结果，了解建筑的碳排放情况，发现潜在的问题和改进空间，并根据分析结果优化建筑设计方案以降低碳排放，如采用更环保的材料、优化能源系统设计等。

T20软件的优势主要体现在以下几个方面。

（1）集成设计软件：与天正建筑设计软件集成，使得碳排放评估可以直接在设计软件中进行，简化了用户的操作流程，提高了工作效率。

（2）多种建筑类型支持：支持多种建筑类型和能源系统的碳排放计算，适用范围广泛，满足不同用户的需求。

（3）专业数据支持：提供丰富的基础数据和模型，为碳排放计算提供了必要的支持，保证了计算的准确性和可靠性。

（4）设计优化指导：通过分析计算结果，用户可以及时发现建筑设计中存在的碳排放问题，并优化设计方案，从而降低碳排放，达到节能减排的目的。

在使用T20软件进行建筑碳排放计算时，用户需要注意以下几点。

（1）数据准确性：输入的建筑设计方案和相关数据需要尽可能准确和完整，因为计算结果的准确性直接取决于输入数据的质量。

（2）模型选择：根据具体情况选择合适的模型和参数进行计算，以保证计算结果的准确性和可靠性。

（3）结果解读：对计算结果进行合理的解读和分析，发现其中的问题和改进空间，并根据需要调整设计方案。

T20天正建筑碳排放分析软件是一款功能强大、方便实用的工具，可以帮助建筑设计师在设计过程中及时评估和优化碳排放情况，为建筑节能减排提供了重要的技术支持。

总的来说，CEEB 2023、PKPM-CES V3、东禾建筑碳排放计算分析软件和T20天正建筑碳排放分析软件都是常用的建筑碳排放计算工具，它们在功能、适用性和结果准确性等方面各有优劣。用户在选择合适的工具时应根据项目需求和实际情况进行综合考虑，并在使用过程中注意确保输入数据的准确性和完整性，以提高计算结果的准确性。

5）小结

总的来说，CEEB 2023是一款早期的建筑碳排放计算工具，其功能相对基础，主要提供了建筑碳排放计算所需的基础数据和模型。相比之下，T20天正建筑碳排放分析软件不仅提供了基础数据和模型，还支持多种建筑类型和能源系统的碳排放计算，并且可以与天正建筑设计软件集成，使得碳排放评估可以直接在设计软件中进行。这一集成特性提高了工作效率，简化了用户的操作流程。

PKPM-CES V3在功能上也较为全面，支持多种建筑类型和能源系统的碳排放计算，但相较于T20天正建筑碳排放分析软件，其是否与其他建筑设计软件集成并未明确提及。东禾建筑碳排放计算分析软件与T20天正建筑碳排放分析软件相比，功能和支持的建筑类型和能源系统可能存在一定差异，然而具体差异还需要更详细地比较和分析。

在使用流程方面，T20天正建筑碳排放分析软件的步骤清晰，用户首先在天正建筑设计软件中输入建筑设计方案，然后进行碳排放计算，最后分析结果并优化设计方案。相比之下，其他软件的使用流程可能会有所不同，用户可能需要根据具体软件的要求进行不同的操作步骤。

T20天正建筑碳排放分析软件的优势主要体现在其与建筑设计软件的集成、多种建筑类型支持、专业数据支持及设计优化指导等方面。其他软件可能也具有一定的优势，例如PKPM-CES V3在功能丰富性方面有所突出，而东禾建筑碳排放计算分析软件在某些特定建筑类型或能源系统方面有优势。

在使用这些软件时，用户需要注意确保输入数据的准确性和完整性，选择合适的模型和参数进行计算，并对结果进行合理的解读和分析。这些软件在建筑碳排放计算方面都是有力的工具，用户可以根据自身项目需求和实际情况进行选择和应用。

附录2 低碳办公建筑相关标准

1.《低碳建筑评价标准》T/CSUS 60—2023

建筑领域相关碳排放约占社会总碳排放的50%左右，范围涵盖了建材生产制造、建筑施工、运行使用及维护、改造和拆除，由于产业链长、涉及的主体多，与电力和工业相比，其具有整体实施难度高、影响因素多的特点。低碳建筑的研究在十余年前就已有开展，随着环境影响评价工作的深入推进，以及建筑碳排放相关标准的完善，在"双碳"目标战略背景下，其成为建筑领域应对气候变化的最直接体现。为了深入贯彻住房和城乡建设部、国家发展和改革委员会、生态环境部等相关部委关于城乡建设绿色发展、建筑领域碳达峰实施方案等政策的要求，促进民用建筑从设计、建造、运行到报废、拆除全过程绿色低碳发展，降低建筑全寿命期碳排放，在广泛调研国内外相关研究成果的基础上，编制了该评价标准。

我国各地区在气候、环境、经济发展水平、民俗文化与可再生能源资源等方面都存在较大的差异，导致建筑节能降碳工作的重点和难点不同，为平衡建筑使用需求与节能减排要求，该标准将因地制宜作为评价内容编写的基本原则，在该原则指引下，要求对低碳建筑的评价内容应综合考量建筑所在地域的气候、环境、经济、文化和可再生能源资源等条件的特点，分别在设计、建造、使用及拆除各阶段予以充分体现，最终实现兼顾不同阶段的全寿命期碳排放性能评价。

该标准适用于民用建筑从设计与选材、施工与用材、使用与维护、拆除与处置四个阶段全寿命期内的低碳性能评价，包括公共建筑和住宅建筑。

2.《低碳办公评价》T/CSTE 0146—2022

办公场所作为组织内部活动的核心场景之一，不仅消耗大量能源，还直接关系到员工的行为和组织的低碳转型。因此，推动办公场所的低碳化转型，对于实现全社会的碳减排目标具有重要意义。为了引导组织通过现代化管理举措和技术手段降低碳排放，中国标准化研究院和企业绿色发展研究院等机构合作编制了团体标准《低碳办公评价》T/CSTE 0146—2022。该标准的发布旨在为企业和组织提供一个科学、合理的低碳办公评价框架，推动其实现低碳转型。

该标准的评价指标体系分为基础评价指标和创新评价指标两部分。基础评价指标包括"制度及宣导""组织低碳行为""员工低碳行为"三个方面，制度及宣导方面考察了组织内部的碳减排政策和信息宣传；组织低碳行为关注组织是否制定了低碳行为准则；员工低碳行为则评估员工在工作和日常生活中的低碳表现。创新评价指标则侧重于管理创新、技术创新和文化创新。该部分鼓励组织采用科学创新的管理方式及先进的降碳技术，倡导低碳文化，激励员工低碳行为等方面全方位降低组织办公碳排放。

该标准的发布，为企业和组织提供了低碳办公的科学依据，有助于其制定具体的低碳转型计划和目标。同时，通过鼓励组织在技术创新方面的探索和实践，有助于推动低碳技术的研发和应用，降低组织的碳排放；通过评估员工在工作和日常生活中的低碳表现，有助于提升员工的低碳意识，促进员工积极参与低碳办公实践；通过引导组织实现低碳转型，有助于推动全社会的低碳发展，为实现碳达峰和碳中和目标作出贡献。

3.《建筑碳排放计量标准》CECS 374：2014

随着国际社会对建筑碳排放的日益关注，如何实现建筑碳排放的科学计量成为亟待解决的问题。目前国际上还未形成统一的建筑碳排放计量方法，只有德国、英国及美国等少数西方发达国家，提出或正在制定基于本国建筑设计建造标准及产品材料数据库的建筑碳排放计量或评估方法。我国的建筑立项设计施工运营管理体系与上述发达国家差异显著，需要建立和形成自己的方法和体系，以满足相关部门和人员的技术需求。

该标准是基于"十二五"国家科技支撑计划项目"城镇低碳发展关键技术集成研究与示范"（2011BAJ07B00）中的第二课题"城镇建筑碳排放计量标准及低碳设计关键技术集成研究与示范"（2011BAJO7B02）的研究成果，以国际碳排放计量通则为基础，针对建筑全寿命周期碳排放的数据采集、数据核算及数据发布等方面提出相关标准，对于实现我国建筑碳排放的规范化计量，推动建筑领域的节能减排有着重要意义。

对于新建建筑，可对不同建筑方案的全寿命周期碳排放量进行分析比较，为选择和优化建筑设计，材料选用、施工，运行维护、拆解及回收方案提供依据；对于改、扩建和既有建筑，可用于报告已经历的全寿命周期阶段碳排放情况，明确碳排放控制的关键环节，比较不同的建筑运行与改造方案碳排放情况，实现对未来生命周期阶段碳排放的预测及管理，减少建筑碳排放。

4.《建筑碳排放计算标准》GB/T 51366—2019

根据联合国环境规划署计算，建筑行业消耗了全球大约 30%~40% 的能源，并排放了几乎占全球 30% 的温室气体，如果不提高建筑能效，降低建筑用能和碳排放，到 2050 年建筑行业温室气体排放将占总排放量的 50% 以上。

随着我国城镇化进程的不断深入和人民生活水平的日益提高，建筑能耗不断攀升。提升建筑能效，降低建筑能耗，发展清洁能源、可再生能源在建筑中的应用技术是未来建筑领域低碳减排的必要途径，也将是我国实现碳减排目标的重要手段。中国应对气候变化国家自主贡献文件《强化应对气候变化行动——中国国家自主贡献》确定二氧化碳排放 2030 年左右达到峰值并争取尽早达峰，单位国内生产总值二氧化碳排放比 2005 年下降 60%~65%。

通过该标准相关计算方法和计算因子规范建筑碳排放计算，引导建筑物在设计阶段考虑其全寿命周期节能降碳，增强建筑及建材企业对碳排放核算、报告、监测、核查的意识，为未来建筑物参与碳排放交易、碳税、碳配额、碳足迹，开展国际比对等工作提供技术支撑；通过对不同建筑设计方案的全寿命周期碳排放量进行计算比较，可优选建筑设计方案、能源系统方案和低碳建材，为建筑物低碳建造和运行提供技术依据。

5.《零碳建筑技术标准（征求意见稿）》

为实现国家 2030 年前碳达峰、2060 年前碳中和目标，降低建筑用能需求，提高能源利用效率，营造健康舒适的建筑室内环境，发展可再生能源和零碳能源建筑应用，引导建筑和以建筑为主要碳排放的区域逐步实现低碳、近零碳、零碳排放，制定该标准。该标准适用于新建与既有改造的低碳、近零碳、零碳建筑与区域的设计、建造、运行和判定。

零碳建筑，即适应气候特征与场地条件，在满足室内环境参数的基础上，通过优化建筑设计降低建筑用能需求，提高能源设备与系统效率，充分利用可再生能源和建筑蓄能，在实现近零碳建筑基础上，可结合碳排放权交易和绿色电力交易等碳抵消方式，符合该标准第 3.2.5 条或 8.4.7 条规定的建筑。

6.《碳中和建筑评价导则》

我国民用建筑在运行使用过程中消耗的能源及其产生的碳排放占全国碳排放的比例约为 21%，如果考虑建材生产、运输，建筑施工等产生的碳排放，则建筑产业碳排放占全国碳排放的比例将高达 50% 左右。因此，城乡建设领域是实现我国"双碳"目标战略的关键部分。依靠当前的建筑技术，难以实现建筑全寿命周期的零碳排放，即使是实现运行阶段零碳排放也有较大的局限性。如果从建筑部门整体出发，要实现全建筑类型、全功能、规模化的建筑零碳排放，则势必需要借助一定的外部碳抵消措施，例如核证减排量等碳减排产品，这也是当前部分标准、部分建筑宣称实现零碳的主要方式。

然而，无论是住房和城乡建设部门还是生态环境部门均认为，直接地、单纯地采用碳减排产品抵消碳排放的做法，逃避了自身应进行节能降碳的义务，存在漂绿（Greenwash）嫌疑，转移了碳减排的压力和责任，并不利于社会整体碳达峰和碳中和工作的推进和目标的达成。因此，必须对建筑碳抵消的实施基础、抵消措施和应用条件进行约束，避免"漂绿"行为泛滥破坏建筑零碳工作部署，保护先行先试高水平碳中和建筑的健康发展环境。

　　基于上述背景，该导则以绿色建筑作为碳中和评价的基础，立足于当前技术成熟、经济可行的做法，采取分级评价的方式，鼓励具备条件的项目挑战新技术、新产品的应用和实践，引导建筑从易到难、分阶有序地实现高质量零碳。在此过程中，亦希望通过创新实践和规模化应用解决建筑降碳新技术、新产品、新体系推广初期应用成本高、实施难度大的问题，导则也将根据"双碳"目标战略其工作的推进情况，及时调整评价内容和要求，实现持续优化、引领助力，加速城乡建设领域"双碳"目标的实施进程。